计算机应用基础项目化教程

黄红波　主编

科学出版社
北　京

内 容 简 介

本书是根据教育部颁布的《计算机应用基础教学大纲》的要求和全国计算机等级考试（一级 MS Office）的考试大纲，结合办公自动化的实际应用，按照基于工作过程导向的课程开发思路编写而成的。本书共六个模块，包括初识计算机、网上冲浪、利用 Word 2003 处理文档、利用 Excel 2003 处理电子表格、利用 PowerPoint 2003 制作演示文稿、Office 2003 综合应用。每个模块都由一个完整的项目将零散的知识点有机结合在一起，学完一个模块就完成一个整体项目。

本书可作为应用型、技能型人才培养的计算机基础课程教材，也可供办公应用方面的培训和初学者参考使用。

图书在版编目(CIP)数据

计算机应用基础项目化教程/黄红波主编. —北京：科学出版社，2011

ISBN 978-7-03-032091-9

Ⅰ.①计… Ⅱ.①黄… Ⅲ. ①电子计算机—高等职业教育—教材

Ⅳ. ①TP3

中国版本图书馆 CIP 数据核字(2011)第 167428 号

责任编辑：相 凌 / 责任校对：朱光兰

责任印制：张克忠 / 封面设计：华路天然工作室

科 学 出 版 社 出版

北京东黄城根北街 16 号

邮政编码：100717

http://www.sciencep.com

骏 杰 印 刷 厂 印刷

科学出版社发行　各地新华书店经销

*

2011 年 8 月第 一 版　开本：720×1000 1/16

2011 年 8 月第一次印刷　印张：14 3/4

印数：1—6 000　字数：314 000

定价：29.00 元

（如有印装质量问题，我社负责调换）

前　言

随着计算机技术的突飞猛进，计算机的应用领域在不断扩大，计算机已成为各行各业的一个重要工具。掌握计算机的基本知识，熟练地使用计算机，正逐渐成为现代社会中每个人必备的基本技能之一。作为培养高素质应用型、技能型人才的高等职业院校，计算机应用基础课程已成为一门公共必修课程。高职院校学生系统地学习和掌握计算机基础知识、具备较强的计算机应用能力，可以为将来走进社会，开始自己的职业生涯打下良好的基础。

近年来，由于信息技术课程已列入中小学教学计划，职业院校学生的计算机知识的起点也在不断提高，改革计算机基础教学内容和方法，使之更好的符合实际教学需要，对提高人才培养质量具有重要的现实意义。我们按照基于工作过程的课程开发思路，将每一个模块以真实、完整的项目呈现，兼顾理论知识的系统性，编写了本套教材。

本套教材具有如下特点。

1. 全新的教材组织形式，主、辅教材有机结合

本套书共两册，《计算机应用基础项目化教程》是主教材，是老师上课时主要参照的教材。主教材以模块化的形式组织教学内容，以完整的项目为载体，将应该掌握的基本技能融入精心挑选的真实项目中，然后以工作过程为导向，将项目分解为若干个任务，以任务驱动教学。

配套教材《计算机应用基础》中全面系统地介绍计算机基础及应用知识，以弥补主教材知识点零散、不系统的缺憾。主、辅教材二者相辅相成，互相补充。而且，我们通过两种方式将主教材中的操作与配套教材中的内容相结合，一是相关知识点，二是知识巩固，主教材中的相关知识点，在配套教材中都有系统的介绍，知识巩固主要是要求学生课余阅读配套教材中的相关知识点的内容，并做相应的理论习题。老师也可以在教学过程中，根据学生所做作业的情况，进行针对性的讲解。

2. 完整项目的呈现方式，使各知识点完美融合

主教材中的每一个模块都由一个完整的项目将各零散的知识点有机融合，使得知识点之间相互连贯。学生学完一个模块，就完成一个整体项目，这样，一方面培养学生的整体观念，另一方面了解实际工作流程和操作方法。

3. 任务拓展的方式，更利于学生学习能力的培养

主教材中的每个模块由项目、拓展项目两部分组成。其中项目是主要内容，教师可采取项目教学法教学。拓展项目以学生自主探究为主，老师只给出一些要点提示，既培养学生的严谨思维能力，又能提高学生分析问题、解决问题的能力。

4. 综合实训项目的设计，培养学生走向职业人

主教材最后根据实际工作需求精心设计了 Office 综合项目，使学生的能力得到进一步提升，也培养了学生的职业能力，提前成为一个职业人。

5. 立体化教学资源，为教学与自学提供了方便之门

本套教材提供了参考学时，组织了教学网站，有丰富的教学资源下载。另外，我们还为学生提供了网上自我测试系统，在众多的教材中，不能不说是一个创举。

本书是多所职业院校一线从事计算机基础教学与实践的教师经验的归纳、整理与总结。其内容主要是根据教育部颁布的《计算机应用基础教学大纲》的要求，结合全国计算机等级考试（一级 MS Office）的考试大纲编写而成。主教材由六个模块组成，分别为初识计算机，网上冲浪，利用 Word 2003 处理文档，利用 Excel 2003 处理电子表格，利用 PowerPoint 2003 制作演示文稿，Office 综合应用。

本书由黄红波担任主编，李军旺、姚志鸿任副主编。参加编写的还有刘世英、彭皓宇、冯思垚、闾松林、邓涛等。本书由李军旺规划、统稿。在编写和出版本书的过程中，得到科学出版社的大力支持，在此表示衷心的感谢。

由于作者水平有限，书中难免有错误或不足之处，敬请广大读者、同行批评指正。

编　者

2011 年 5 月

目　录

模块一　初识计算机

培养目标

知识目标

（1）了解计算机主要部件的功能。
（2）了解计算机软件系统。
（3）熟悉鼠标、键盘操作，掌握中文输入法的使用。
（4）掌握 Windows XP 的基本操作。
（5）了解 Windows XP 的几个常用工具：记事本、画图、计算器等。

能力目标

（1）能根据计算机市场行情，运用计算机硬件相关知识，选配一台电脑。
（2）能用正确姿势和指法进行中、英文录入。
（3）能运用 Windows XP 相关知识进行系统设置。
（4）能对计算机系统进行简单的安全防护。

素质目标

（1）培养学生认真负责的工作态度和严谨细致的工作作风。
（2）培养学生的自主学习意识。
（3）培养学生的团队协作精神。

项目　认识和操作计算机

计算机俗称电脑，利用它我们可以写日记、听音乐、玩游戏，坐在家里就可以与远隔千里之外的人聊天、听讲座……

很多人觉得计算机很神秘，其实计算机不过是一部既“简单”而又“复杂”的机器。说它“复杂”是因为计算机的元件众多，工作原理比较深奥。说它“简单”，是因为我们在使用它的过程中，根本无需理会那些深奥的原理，只要“点几下鼠标、敲几下键盘”就可以了。

对于非计算机专业的学生来说，要学好计算机并不难，因为我们并不需要掌握它深奥的工作原理，只需要掌握一些计算机的基本操作，会使用一些常用软件为我们的学习、工作和生活服务就可以了。现在就让我们一起跨入精彩的计算机世界。

任务1　认识计算机硬件

【任务描述】

一个完整的计算机系统是由硬件系统和软件系统两部分组成的。硬件通俗地说就是那些看得见、摸得着的实际设备，它是计算机工作的物质基础。能辨识计算机各硬件设备、初步了解这些设备的功能，有助于我们更好的操作和使用计算机。

【相关知识】

（1）计算机硬件系统的组成
（2）微型计算机的基本配置
（3）计算机各部件的功能

【任务实现】

1. 辨识主机及常用外部设备

我们常用的计算机都是微型计算机，从外观上看，主要包括主机、显示器、键盘、鼠标等。如图 1-1 所示。具有多媒体功能的计算机还配有音箱和话筒、游戏操纵杆等。除此之外，计算机还可以外接打印机、扫描仪、数码相机等设备。

（1）主机。主机是计算机最主要的部分，计算机的运算、存储过程都是在这里完成的。我们看到的主机大多做成一个箱子的形状，所以又称主机箱，如图 1-2 所示。机箱的正面主要有电源开关按钮、复位开关按钮、电源指示灯、硬盘工作指示灯、声音与 USB 接口等。背面主要是一些接口，它们使一些外部设备能够与主机进行连接。如图 1-3 所示。

（2）显示器。显示器是主要的输出设备，它由一根视频电缆与主机的显示卡相连。无论是外形还是工作原理等都与电视机很像，显示器外形如图 1-4 所示。

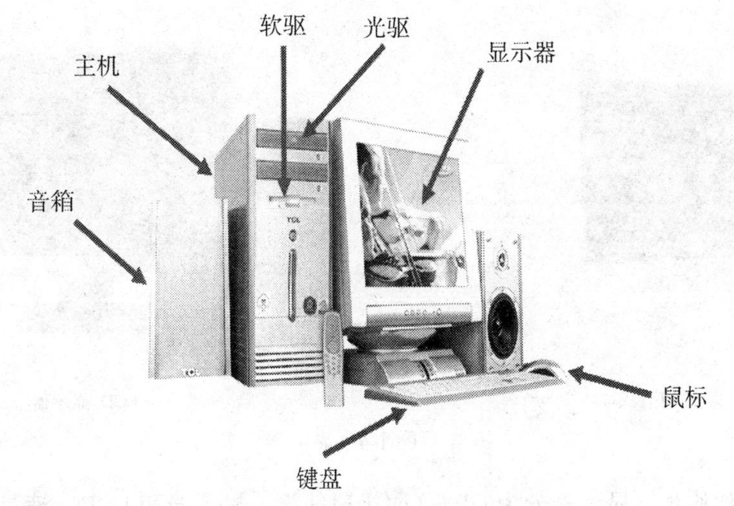

图 1-1　微机外观组成

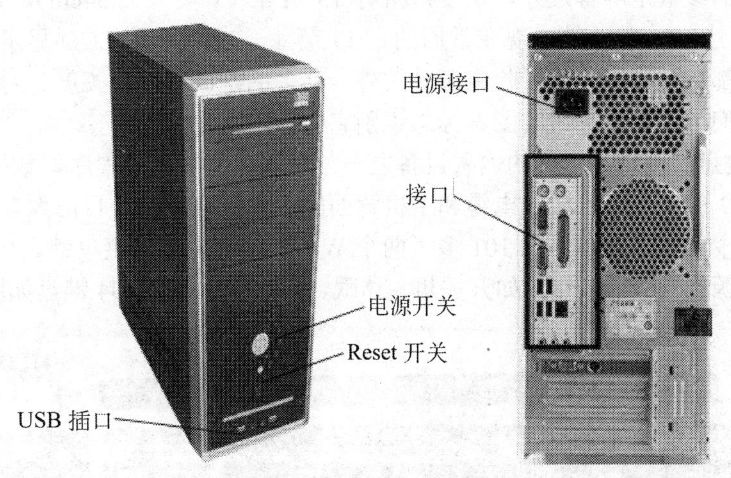

图 1-2　主机箱的正面与背面

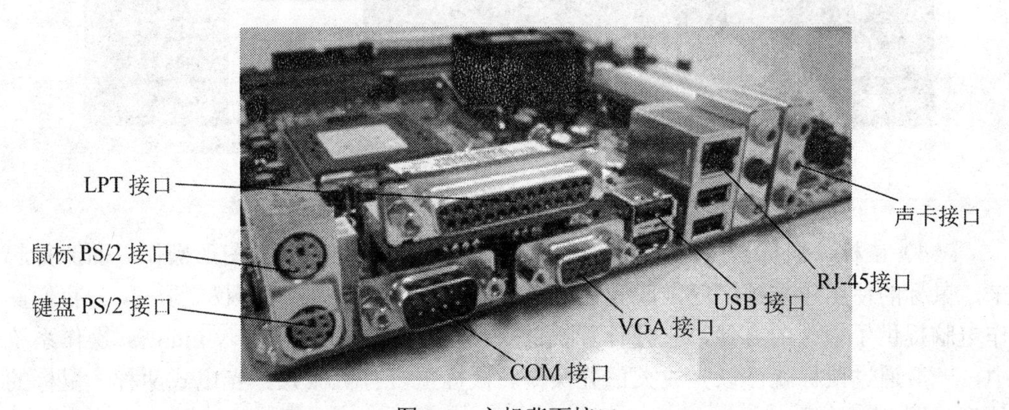

图 1-3　主机背面接口

CRT 显示器

LCD 显示器

图 1-4　显示器

按工作原理，显示器分为 CRT（阴极射线管）显示器和 LCD（液晶）显示器。显示器最主要的参数是屏幕尺寸，主要规格有 15 英寸（1 英寸=2.54cm）、17 英寸、19 英寸、20 英寸、22 英寸等，现在常用的是 19 英寸、22 英寸的 LCD 显示器。一般显示屏的下方都有一些小按钮，除电源开关外，其余的是调节屏幕亮度、对比度和画面比例的，我们可以根据按钮的图案标志识别它的作用。

（3）键盘。键盘是主要的输入设备之一，可向计算机输入程序、数据、命令等。它独立于 PC 的主机箱，通过电缆和主机背面的键盘插座连接。目前大多数 PC 配备 104、108 键标准键盘，104 比 101 多了两个 Win 功能键和一个菜单键。108 比 104 多了四个与电源管理有关的键，如开关机、休眠、唤醒等。标准 104 键盘如图 1-5 所示。

图 1-5　104 键标准键盘

（4）鼠标。鼠标是另一常用的输入设备，伴随着 Windows 图形操作界面流行起来，鼠标的使用越来越广泛，成为计算机必不可少的设备之一。鼠标的出现为我们操作电脑提供了很大的方便，它使计算机的许多操作变得简单。在 Windows 操作系统中，一般通过鼠标就可以完成大部分操作。鼠标主要有机械式、光电式两种。鼠标的外形如图 1-6 所示。

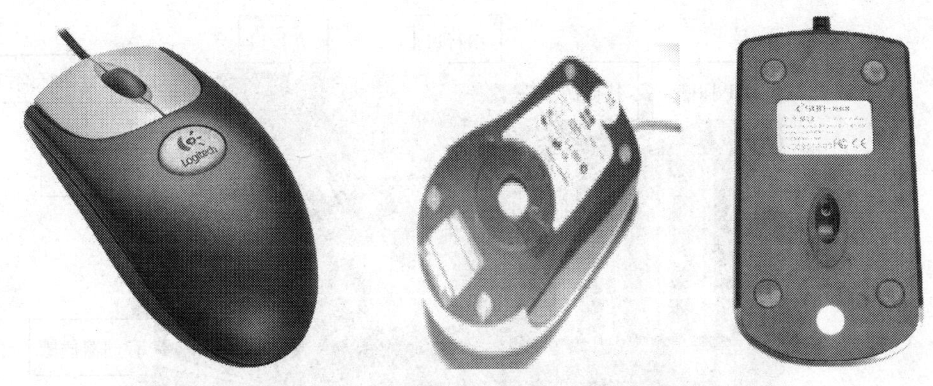

图 1-6　鼠标的正面、机械鼠标的背面、光电鼠标的背面

2. 辨识主机箱内各个部件

主机箱里包含着微型计算机的大部分重要硬件设备，如主板、CPU、内存、各种板卡、电源及各种连接线等。拆下机箱一侧的面板，可以看到主机箱内的结构，如图 1-7 所示。

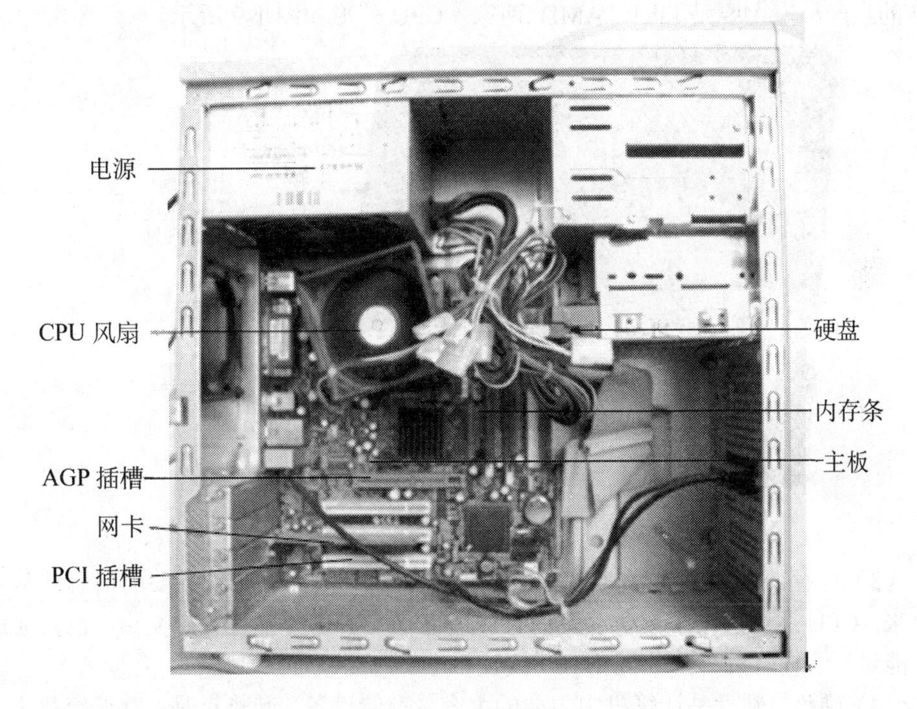

图 1-7　主机箱内部

（1）主板。主板是整个计算机系统中的核心部件，负责计算机各部件的连接与数据传输。如图 1-8 所示。

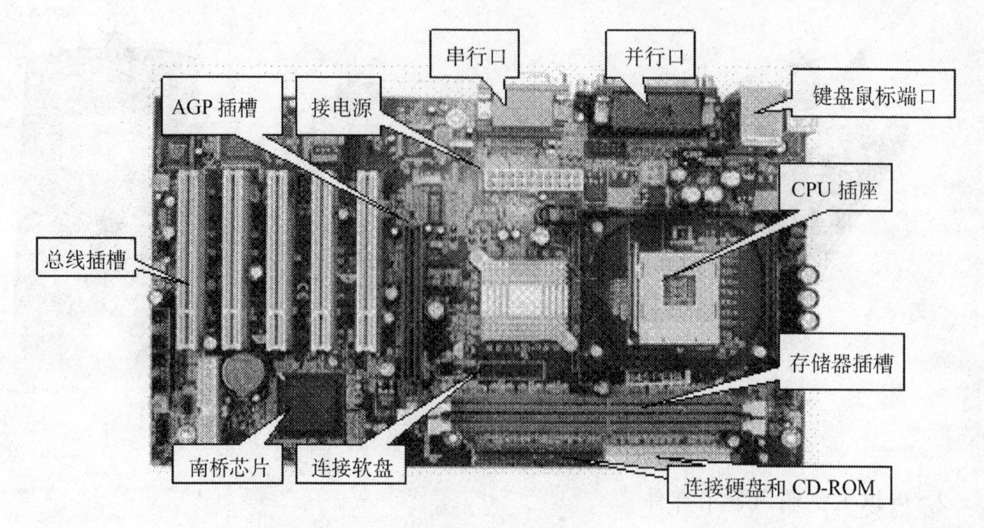

图 1-8　主板

（2）CPU。CPU 是中央处理器的俗称，是微型计算机硬件系统的核心部件，计算机的所有工作都要通过 CPU 来协调处理，它的性能决定了整台计算机的性能。目前 CPU 的生产厂家主要是 Intel、AMD 两家。CPU 外形如图 1-9 所示。

图 1-9　CPU

（3）内存。内存是计算机系统必不可少的基本部件，CPU 需要的信息要从内存读出来，CPU 运行的结果要暂存到内存中，CPU 与各种外部设备打交道，也要通过内存才能进行。内存的外形如图 1-10 所示。

（4）硬盘。硬盘是计算机中主要的大容量存储设备。其特点是：存储容量大，读写速度快，密封性好，可靠性高，使用方便。现在一般微型机上所配置的硬盘容量通常在几百 GB 至 2TB。硬盘在第一次使用时，必须首先进行分区和格式化。硬盘的外形如图 1-11 所示。

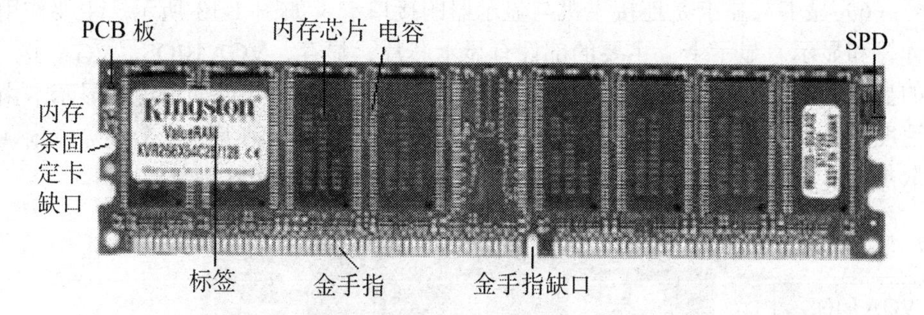

图 1-10　内存

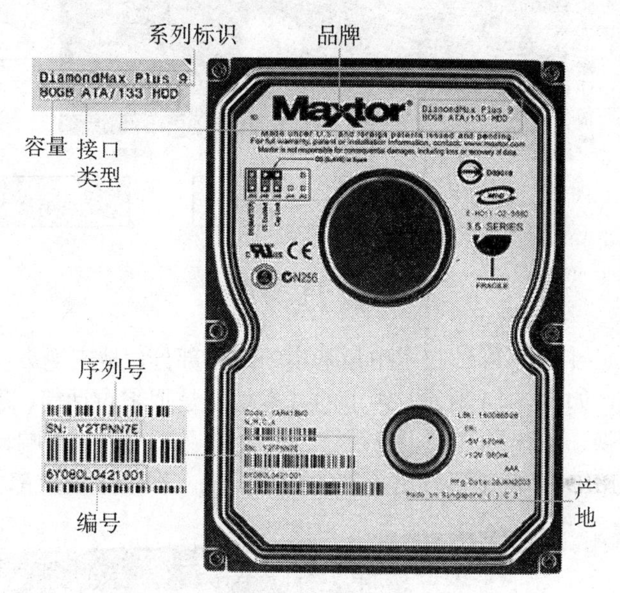

图 1-11　硬盘

（5）光驱。光驱是读取光盘数据的工具，其操作面板如图 1-12 所示。

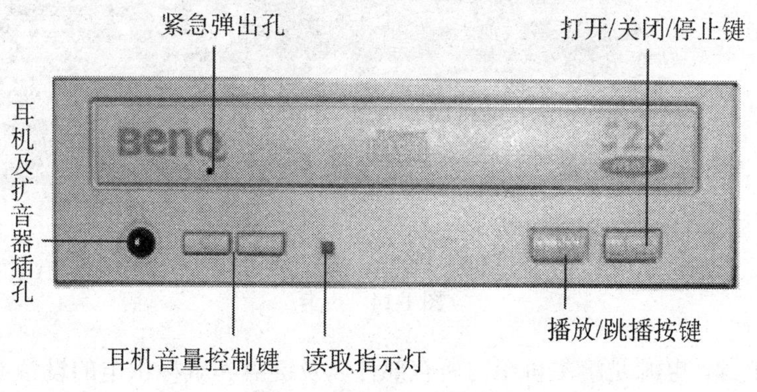

图 1-12　光驱操作面板

（6）显卡。显卡是连接主机与显示器的接口卡，如图 1-13 所示。主要作用是图像计算和显示。显示卡上主要的部件有显示芯片、显存、VGA BIOS、VGA 接口等。有的显示卡上还有可以连接彩电的 TV 端子或 S 端子。一些近期出现的显示卡由于运算速度快，发热量大，在主芯片上用导热性能较好的硅胶粘上了一个散热风扇（有的是散热片），在显示卡上有一个二芯或三芯插座为其供给电源。

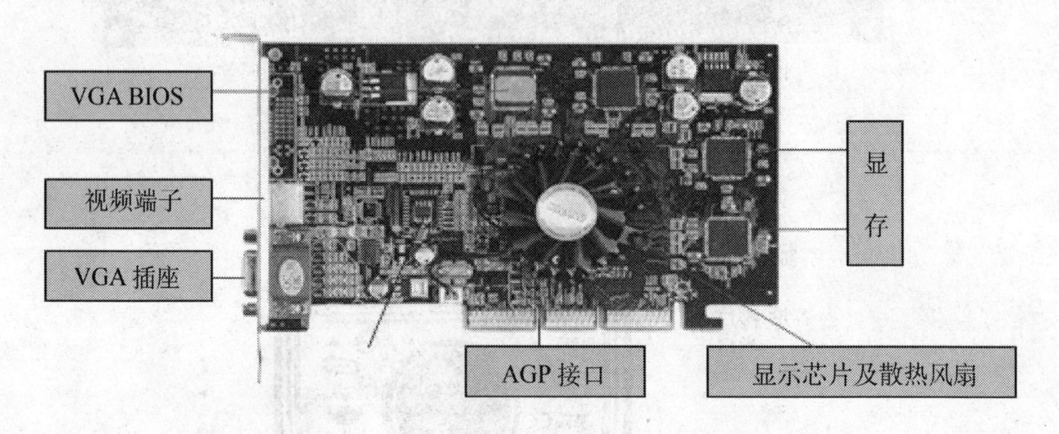

图 1-13　显卡

（7）声卡。声卡是多媒体技术中最基本的组成部分，是实现声波 / 数字信号相互转换的一种硬件。如图 1-14 所示。声卡的基本功能是把来自话筒、磁带、光盘的原始声音信号加以转换，输出到耳机、扬声器、扩音机、录音机等声响设备，或通过音乐设备数字接口（MIDI）使乐器发出美妙的声音。现在很多主板上都集成了声卡。

图 1-14　声卡

（8）电源。电源是给主机箱内所有部件以及键盘和鼠标供电的设备（有些显示器也通过主机电源供电）。电源外形如图 1-15 所示。

图 1-15　电源

3. 连接主机与外部设备

（1）连接显示器。显示器有两条连接线，一条是电源连接线（如图 1-16 所示），另一条是数据线，又称显示信号连接线（如图 1-17 所示）。信号连接线一端是个 15 针的梯形接口（如图 1-18 所示），用来与显卡上的 VGA 接口相连，显卡上 VGA 接口如图 1-19 所示。

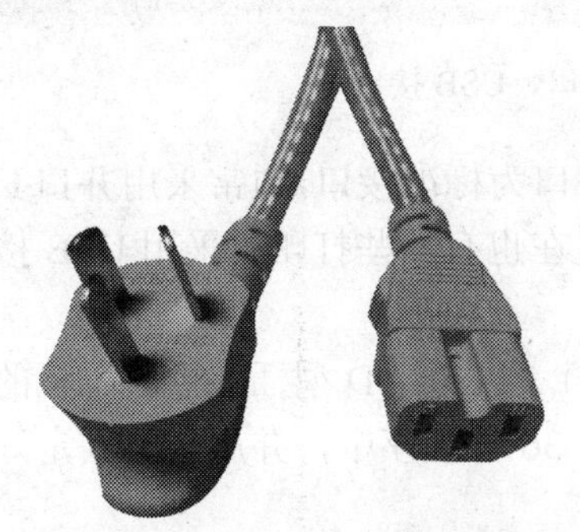

图 1-16　显示器电源连接线

图 1-17　液晶显示器数据线

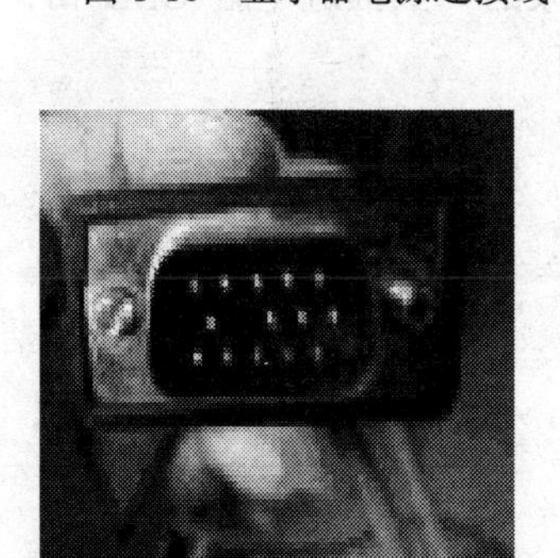

图 1-18　数据线梯形接口

图 1-19　显卡 VGA 接口

进行显示器和主机的连接时，先将显示器数据线的 15 针插头接在主机箱背后的 VGA 接口上，另一端接在液晶显示器后的接头上（如果是 CRT 显示器，这一头是固定在显示器后面，不需要接线）；显示器的电源线可根据插头类型连接在机箱后面电源输出插口上或直接插在电源插座上。

（2）连接键盘、鼠标。键盘、鼠标与主机连接时要先观察其接口类型，一般来说键盘的接口主要有 PS/2 接口、USB 接口两种；鼠标的接口主要有 COM 接口、PS/2、USB 接口三种类型如图 1-20 所示。确定键盘、鼠标的接口类型后，在主机上找到相应的接口（如图 1-3 所示），将插头对准缺口方向插入即可。

需要注意的是 PS/2 接口的键盘和鼠标，两种插头一样，很容易混淆，连接时要看清楚（一般蓝色表示键盘，绿色表示鼠标）；串行鼠标连接的时候要注意梯形头的方向；USB 接口的键盘和鼠标连接时要注意正反。

图 1-20　COM 接口、PS/2 接口、USB 接口

（3）连接打印机。打印机与计算机的连接以并口为标准接口，通常采用并口 LPT1，计算机端为 25 针插座，打印机端为 36 针插头，现在也有一些打印机采用 USB 接口与计算机连接。

连接时，先将打印机数据线（如图 1-21 所示）的 25 针 D 型插头插进主机的并口插座中，然后将另一端的 36 针插头插进打印机的 36 针插座中，并用卡簧固定好，最后再将打印机电源线插进电源插座中即可。

USB 接口的数据线和主机连接时，直接将稍大的一头插进电脑 USB 口，另一头（PIN5 口，略小些）插进打印机的 USB 接口即可。

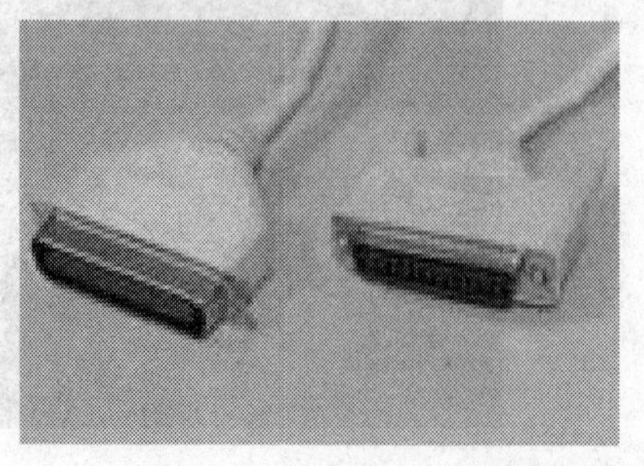
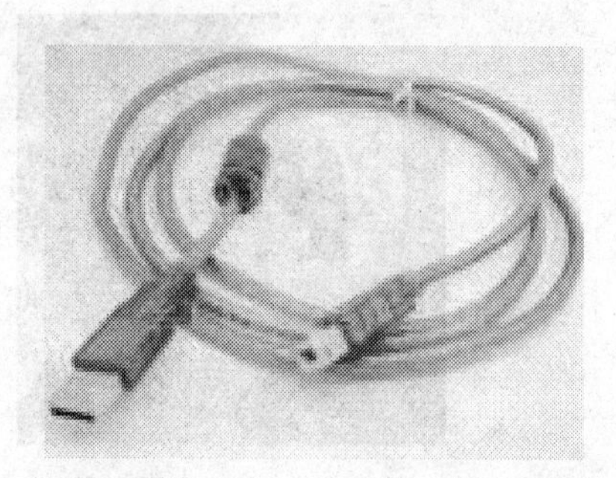

图 1-21　打印机并行数据线与 USB 数据线

4. 查看计算机硬件配置

（1）开机自检中查看硬件配置。计算机组装结束后即使不装操作系统也可以进行加电测试，在开机自检的画面中就隐藏着硬件配置的简单介绍（由于开机画面一闪而过，要想看清楚的话，请及时按住“PAUSE”键）。

自检的第一个画面一般是显卡的信息，第二个自检画面则一般显示的是 CPU 的型号、频率以及内存容量、硬盘及光驱的信息。在第二个自检画面的最下方还会出现一行关于主板的信息，前面的日期显示的是当前主板的 BIOS 更新日期，后面的符号则是该主板所采用的代码，根据代码我们可以了解主板的芯片组型号和生产厂商。以往版本较老的主板的自检画面中最下方文字的中间标明的是主板芯片组。

（2）利用“设备管理器”查看硬件配置。进入 Windows XP 操作系统之后，在安装硬件驱动程序的情况下还可以利用“设备管理器”来查看硬件配置。

右击桌面上的“我的电脑”图标，在出现的快捷菜单中选择“属性”选项，打开“系统属性”对话框，依次单击“硬件”→“设备管理器”，在“设备管理器”窗口中显示该计算机的所有硬件设备，如图 1-22 所示。

从上往下依次排列着光驱、磁盘控制器芯片、CPU、磁盘驱动器、显示器、键盘、声音及视频等设备的信息，最下方则为显卡的信息。想要了解哪一种硬件的信息，只要点击其前方的“+”将其下方的内容展开即可。

有!标记的，表示该设备的驱动程序没有安装好；有红色×标记的，表示设备被禁用。

利用“设备管理器”除了可以看到常规硬件信息之外，还可以进一步了解主板芯片、声卡及硬盘工作模式等情况。例如，想要查看硬盘的工作模式，只要双击相应的 IDE 通道即可弹出“属性”对话框，在“属性”对话框中可查看到硬盘的设备类型及传送模式，如图 1-23 所示。

图 1-22 “设备管理器”窗口

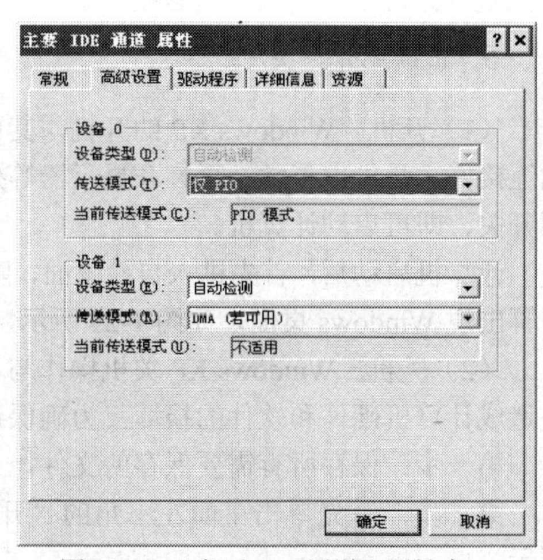

图 1-23 “主要 IDE 通道”属性窗口

（3）用“dxdiag”命令查看系统基本信息。依次单击“开始”→“运行”，在打开的“运行”对话框中输入“dxdiag”，单击“确定”，即可调出“DirectX 诊断工具”窗口，如图 1-24 所示。在该对话框内就可以显示 CPU、内存、显卡、声卡等信息。

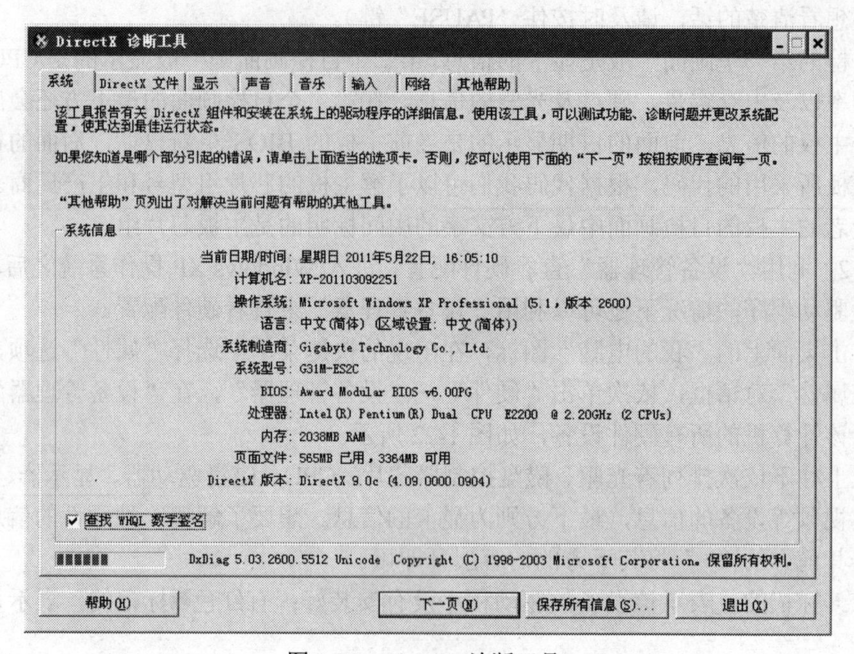

图 1-24　DirectX 诊断工具

（4）第三方软件。除了上面的方法外，我们还可以使用较为专业的测试工具来获得全面的硬件性能指标。目前常用的性能测试工具主要有 CPU-Z、everest、鲁大师、360 安全卫士、优化大师等。

5. 正确地开、关机

（1）开机。Windows XP 的开机与其他家用电器的开机方法差不多，先确认电源已连接好，且供电正常，再打开显示器等外设的开关，然后用手按下主机面板上的电源开关，即可启动计算机。

计算机启动后，首先进入自检画面，随后屏幕上出现 Windows 操作系统界面，当屏幕出现 Windows 桌面，如图 1-25 所示，表示计算机已经启动成功了。

（2）关机。Windows XP 关机操作与家用电器的关机不一样，如果操作不当，极易造成计算机硬件和软件的损坏。为确保计算机安全，正常关机的步骤如下。

第一步：保存所有需要保存的文件。

第二步：首先单击桌面左下角的“开始”按钮，弹出“开始”菜单，如图 1-26 所示。

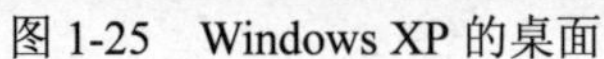
图 1-25　Windows XP 的桌面

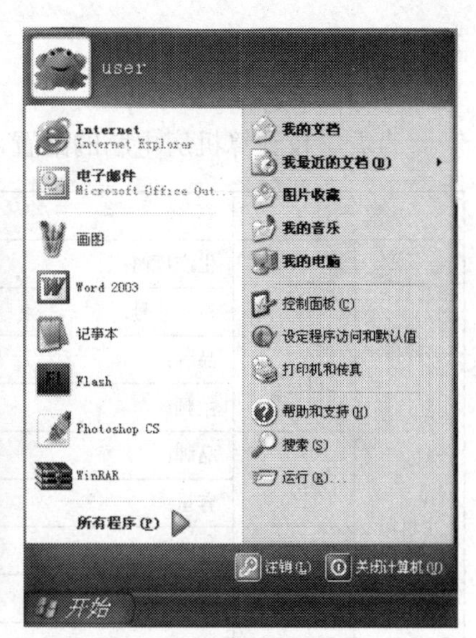

图 1-26　“开始”菜单

第三步：再单击“开始”菜单中的“关闭计算机”按钮，弹出一个“关闭计算机”对话框，如图 1-27 所示。

图 1-27　“关闭计算机”对话框

第四步：选择“关闭”命令，稍候片刻，计算机便会自动切断电源（无须再按主机上的“电源”按钮）。

第五步：关闭计算机后，显示器进入节能状态（黄灯），再按一下显示器电源开关，关闭显示器电源，然后依次关闭其他外设的电源，整个关机操作就结束了。

（3）重启计算机。重启与关机操作类似，只是在如图 1-27 所示的对话框中选择的是“重新启动”命令，采用这种操作，计算机只重新启动操作系统，不再进行硬件自检。

（4）复位启动（reset）。复位启动一般用于计算机死机时的重新启动，按一下主机面板上的重启（reset）开关，计算机就会复位启动。复位启动与重启的区别是多一个硬件自检过程。

【拓展任务】

查看学校计算机房电脑的配置，按要求填写下表。

部　件		品牌、技术参数、型号
主机箱	主板	生产厂商：
		型　　号：
	CPU	品牌：
		主频：
	内存	品牌：
		容量：
	硬盘	品牌：
		容量：
	显卡	
	前面板按钮、接口	按钮：
		接口：
	背面接口	
外部设备	键盘	□ 104　□ 107　□ 108　□ 其他
	鼠标	类型：　接口型号：
	显示器	□ CRT　□ LCD　□ LED
	其他	

任务 2　使用输入工具

【任务描述】

启动“记事本”，并用键盘输入如图 1-28 所示内容。

【相关知识】

（1）鼠标的基本操作。
（2）键盘上主要功能键的使用。
（3）输入法的选择与切换。
（4）常用字符与标点的输入。
（5）中文输入法（最少一种）。
（6）记事本的基本操作。

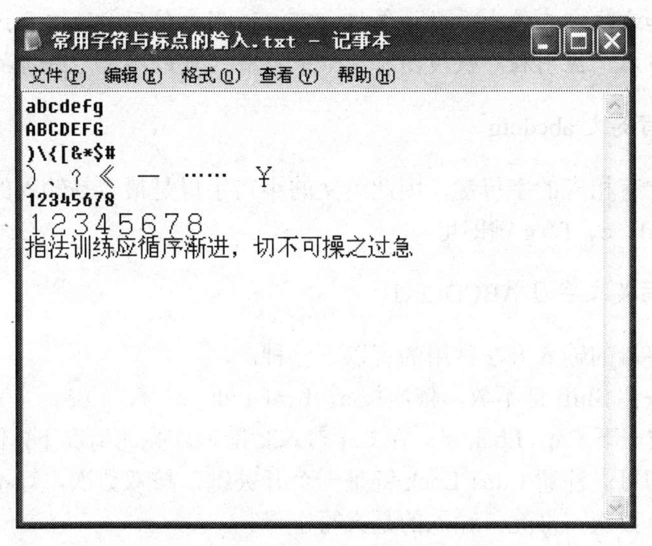

图 1-28　常用字符与标点的输入

【任务实现】

1. 启动“记事本”

在 Windows 中启动应用程序很简单，使用鼠标可以很轻松地启动、关闭应用程序，例如要启动记事本，常用的方法有四种。

方法一：单击“开始”→“程序”→“附件”→“记事本”；

方法二：双击桌面上的“记事本”应用程序快捷图标；

方法三：右击桌面上的“记事本”应用程序快捷图标，在弹开的快捷菜单中选择“打开”；

方法四：单击“开始”→“运行”，在打开的“运行”对话框中输入记事本的应用程序文件名“notepad.exe”，如图 1-29 所示。然后单击“确定”。

图 1-29　“运行”对话框

注意：方法一和方法四在绝大多数计算机上可以通用。使用方法二和方法三的前提是桌面上有“记事本”应用程序快捷图标（如果没有，可以参考“任务 4”建立）。

2. 输入小写英文 abcdefg

由于键盘上有相应的字母键，因此英文的小写字母是最容易输入的，我们只需依次按 a、b、c、d、e、f、g 键即可。

3. 输入大写英文字母 ABCDEFG

大写英文字母的输入方法常用的有以下三种。

方法一：按住 Shift 键不放，依次按 a、b、c、d、e、f、g 键。

方法二：按一下 Caps Lock 键，在 Caps Lock 指示灯亮的情况下，依次按 a、b、c、d、e、f、g 键即可。注意 Caps Lock 键是一个开关键，按双数次，灯不亮，输入的是小写字母；按单数次，灯亮，输入的是大写字母。

方法三：在中文输入法下，单击输入法状态栏中的中、英文切换按钮，如图 1-30 所示，切换为英文输入，再依次按 a、b、c、d、e、f、g 键即可。

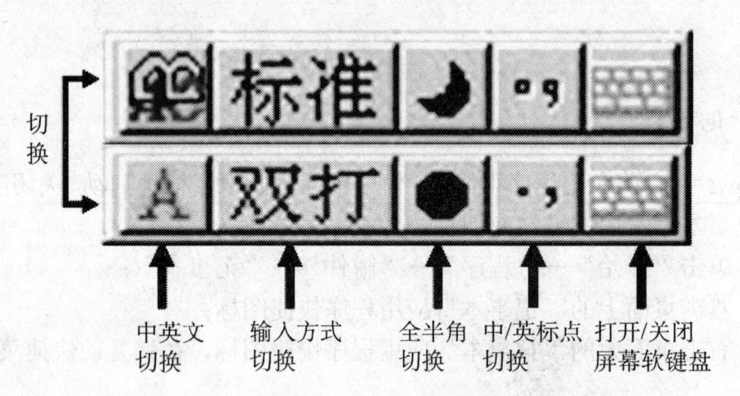

图 1-30　输入法状态栏

注意：大、小写英文字母都只占一个字符的位置，在内存中占用一个字节的存储空间。

4. 英文标点符号的输入

一个英文标点符号占一个字符的位置，其输入方法常用的有以下两种。

方法一：在英文输入状态下，依次按所在的键即可。

方法二：在中文输入法下，单击输入法状态栏中的中、英文标点切换按钮，切换为英文标点输入，再依次按所在的键即可。

有些键上有两个标点符号，如果想输入上面的标点符号，要先按住 Shift 键不放，再按相应的键即可。

中文标点符号只能在中文输入法下才能输入，且输入法状态栏中的中、英文标点切换按钮为中文标点符号输入状态。

5. 数字的输入

英文（或半角）数字的输入主要有以下两种方法。

方法一：直接按主键盘上的数字键即可。

方法二：先按一下小键盘上的 Num Lock 键，在 Num Lock 指示灯亮的情况下，依次按相应的数字键即可。注意 Num Lock 键也是一个开关键，只有在灯亮的情况下，从小键盘输入的才是数字。

全角数字与半角数字的输入方法类似，只是要注意在中文输入法的全角状态下输入，全角数字占两个字节的存储空间。

6. 汉字的输入

一个汉字占两个字符的存储空间，输入汉字前需要切换输入法至中文输入状态。

【拓展任务】

（1）启动“记事本”程序，录入“自我介绍”，并保存至 E:\下，自我介绍范例如图 1-31 所示。

（2）启动一种打字练习软件（如金山打字通、文录打字高手），按正确的姿势与指法练习中英文输入。练习目标：英文输入速度达到每分钟 80 个字符以上，中英文混合输入速度每分钟 30 个字以上。

（3）启动 Windows 附件中的绘图工具“画图”，绘制一幅画，如图 1-32 所示。

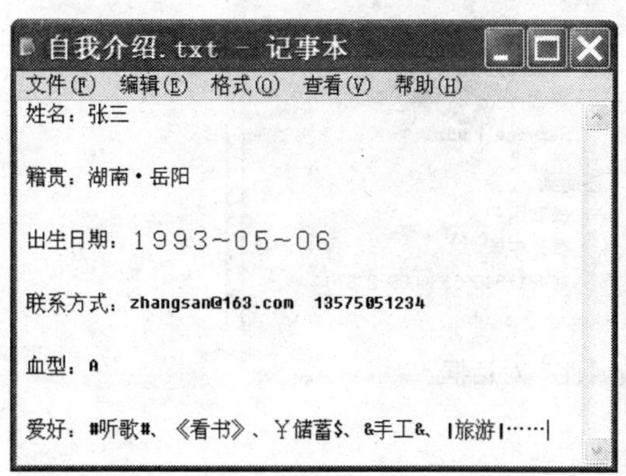

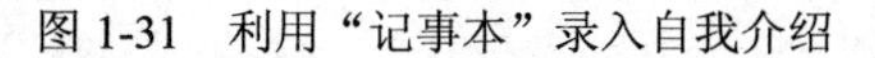
图 1-31 利用“记事本”录入自我介绍

图 1-32 利用“画图”绘制一幅画

任务3　了解本机所装软件

【任务描述】

通过打开“开始”菜单、“添加或删除程序”窗口初步了解本机所装的软件。

【相关知识】

（1）系统软件的概念。

（2）应用软件的概念。

（3）控制面板的基本操作。

【任务实现】

1. 了解本机所装操作系统

右击桌面上“我的电脑”图标，在弹出的快捷菜单中选择“属性”，打开如图1-33所示的“系统属性”对话框。从对话框可以看出本机的操作系统是Windows XP的专业版，补丁是SP3。

图1-33　“系统属性”对话框

2. 查看本机所装应用软件

要了解本机所装的所有软件程序是很困难的，有两种方法可以大致了解本机所装的应用软件（程序）。

方法一：依次单击“开始”→“所有程序”，打开“开始菜单”，如图1-34所示。

图 1-34　“开始”菜单中的“所有程序”

方法二：依次单击“开始”→“控制面板”，在打开的“控制面板”窗口中，双击“添加或删除程序”图标，打开“添加或删除程序”窗口，如图 1-35 所示。从该窗口中，我们也可以大致了解本机都装了哪些软件。

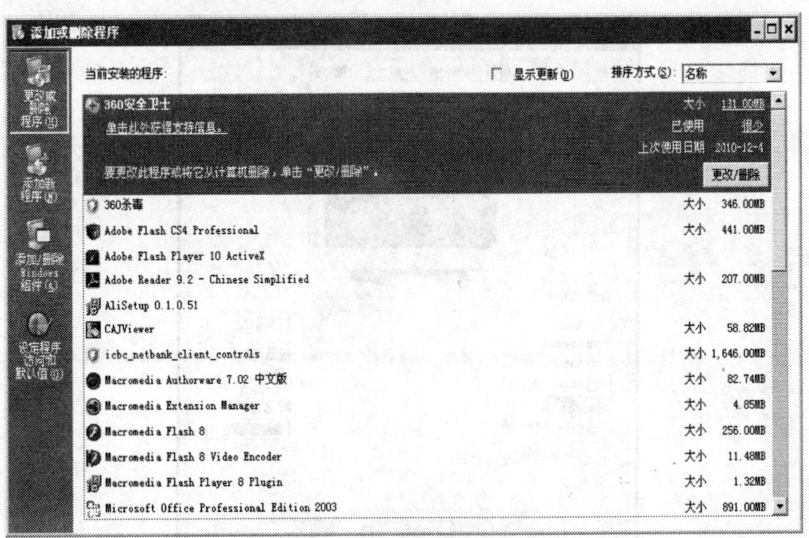

图 1-35　“添加或删除程序”窗口

任务 4　个性化自己的电脑

【任务描述】

在崇尚个性的时代，要求凡事皆与众不同，Windows XP 操作系统的设置也不例外，请根据自己的使用习惯和工作需要设置好电脑使用环境，使电脑真正成为“我的电脑”。

【相关知识】

（1）桌面的概念及相关操作。
（2）开始菜单及任务栏的基本操作。
（3）控制面板。

【任务实现】

1. 个性化桌面

（1）隐藏一些不需要的图标。在 Windows XP 桌面上有些图标是系统图标，如“我的电脑”、“我的文档”、“网上邻居”、“回收站”等，它们是不能被删除的，但是如果不需要，我们可以隐藏它。具体操作是：

图 1-36　“显示属性”对话框图

① 在桌面空白处右击，在弹出的快捷键菜单中选择“属性”命令，打开“显示属性”对话框，默认显示的是“主题”选项卡的内容，单击“桌面”选项卡标签，进入“桌面”选项卡，如图1-36所示。

② 单击“自定义桌面”，弹出“桌面项目”对话框，如图1-37所示。

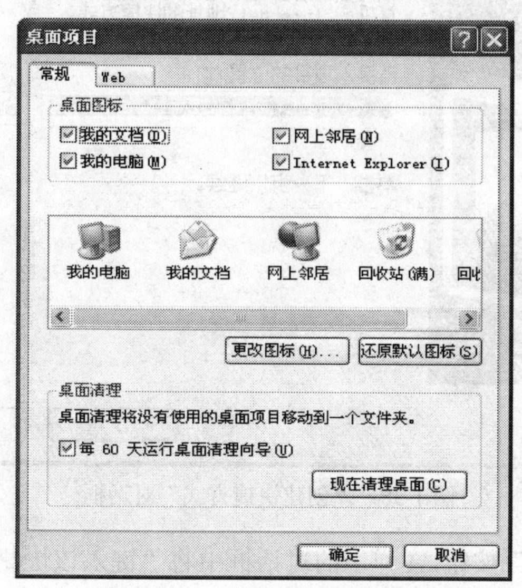

图1-37 “桌面项目”对话框

③ 在“桌面项目”对话框的“常规”选项卡中，可以根据需要选择或取消桌面图标左边的复选框，如“我的电脑”、“网上邻居”等，使其在桌面上显示或隐藏。选择某一项目的图标后，单击“更改图标”或“还原默认图标”按钮，可以更换或恢复图标样式。

（2）设置自己喜欢的图片为桌面背景。

① 打开“显示属性”对话框，在对话框中选择“桌面”选项卡。

② 在背景列表框中选择一张背景图片，单击“确定”按钮。

③ 如果在列表框中没有喜欢的图片，可以单击“浏览”按钮，在弹出的“浏览”对话框中选择一张本台电脑内的图片作为背景。

④ 根据图片大小和用户需要，在“位置”下拉列表中选择一个选项：“居中”、“平铺”或“拉伸”。

⑤ 单击“应用”或者“确定”按钮，完成设置。

（3）为自己常用的软件创建桌面快捷方式。以在桌面上建一个“红心大战”的快捷方式为例。

① 在桌面空白处单击右键，从弹出的快捷菜单中依次单击“新建”→“快捷方式”。

② 在弹出的“创建快捷方式”对话框命令行中输入“C:\Windows\system32\

mshearts.exe”（或单击“浏览”按钮，按目录一直找到 mshearts.exe 文件）。如图 1-38 所示。

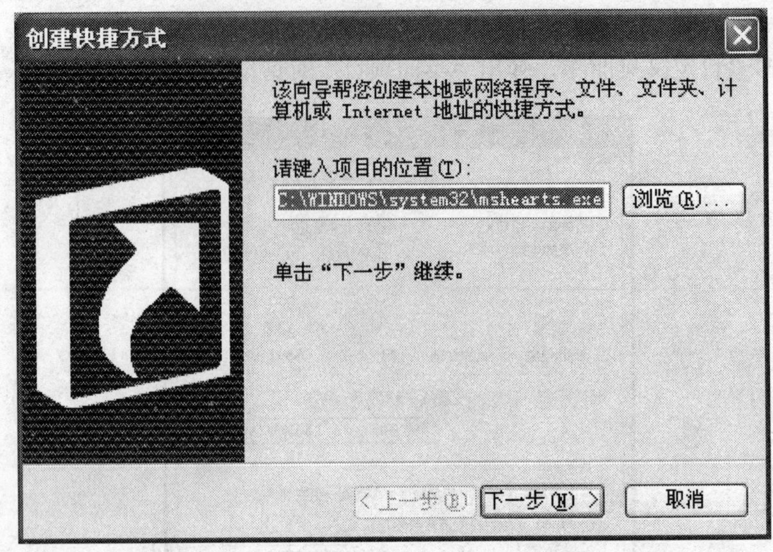

图 1-38 “创建快捷方式”对话框

③ 单击“下一步”按钮，在弹出的对话框中将“键入该快捷方式的名称”文本框中的“mshearts.exe”改写为“红心大战”。

④ 单击“完成”按钮，桌面上将自动出现一个“红心大战”图标 。

（4）按自己的方式排列桌面图标。在桌面空白处单击右键，从弹出的快捷菜单中选择“排列图标”，单击“自动排列”，去掉前面的“√”，如图 1-39 所示，这样桌面上的图标就可以任意拖动了。

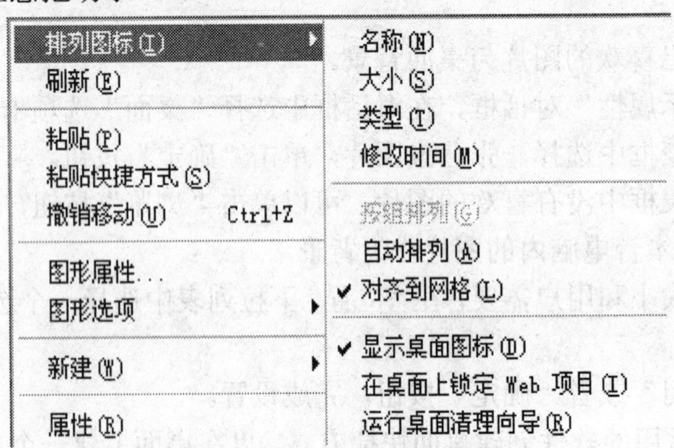

图 1-39 桌面右键快捷菜单

2. 自定义开始菜单

（1）在“开始”按钮上单击鼠标右键，在弹出的快捷菜单中选择“属性”命令，打开“任务栏和「开始」菜单属性”对话框，默认打开的为“「开始」菜单”选项卡，如图 1-40 所示。

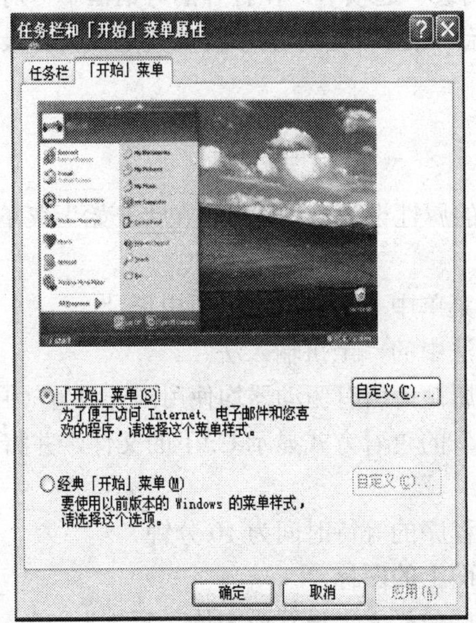

图 1-40　“任务栏和「开始」菜单属性”对话框

（2）默认情况下选“「开始」菜单”单选按钮，即菜单风格为 Windows XP 的风格。若选中“经典「开始」菜单”单选按钮，将使“开始”菜单变为以前 Windows 版本的风格。

（3）单击“自定义”按钮，打开“自定义「开始」菜单”对话框，如图 1-41 所示。

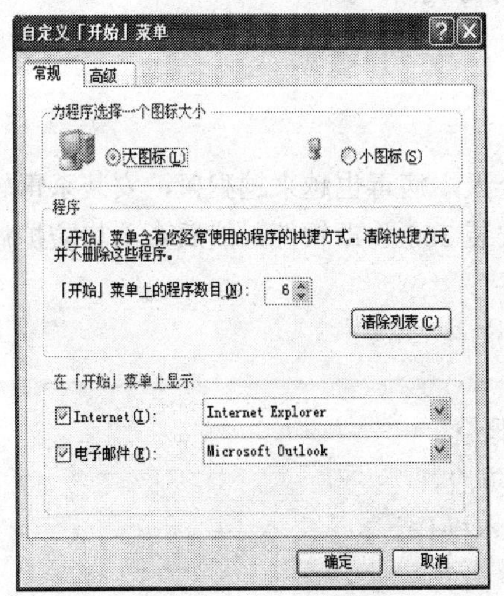

图 1-41　“自定义「开始」菜单”对话框

（4）在该对话框中默认打开 “常规”选项卡，在其中可以对“开始”菜单进行一些具体设置。选择“高级”选项卡，在打开的对话框中可对“开始”菜单进行较高级的设置，如设置“开始”菜单中显示的项目以及是否列出最近打开过的文档等。

【拓展任务】

（1）将“任务栏”的属性设为自动隐藏，在“开始”菜单中显示小图标，在任务栏中显示时钟。

（2）清除“开始”菜单中“文档”内的历史记录。

（3）删除中文输入法中的“全拼输入法”。

（4）设置回收站的属性为所有驱动器均使用同一设置（回收站最大空间为 8%）。

（5）以“详细资料”的查看方式显示 C:\下的文件，并将文件按从小到大的顺序进行排序。

（6）设置屏幕保护程序的等待时间为 10 分钟。

（7）按大小排列桌面上的图标。

（8）并将活动窗口标题栏文字设置成宋体，颜色为红色，大小为 18。

（9）将计算机总输出音量设为最大，麦克风（Microphone）音量设为最大。

（10）将时间格式设为“下午 hh:mm:ss”，把计算机的货币符号设为 $。

（11）修改文件夹选项，使得在资源管理器中显示所有文件和文件夹，所有文件夹内的文件都以“详细资料”的形式显示。

任务 5　查杀计算机病毒与木马

【任务描述】

在网络日益普及的今天，病毒也越来越猖獗，安装杀毒软件是最常用的防御病毒与木马的措施。下载并安装 360 杀毒软件，然后查杀与防护病毒与木马。

【相关知识】

（1）计算机病毒的概念。

（2）计算机病毒的防治。

（3）IE 浏览器的基本操作。

（4）下载文件。

（5）文件、文件夹的基本操作。

【任务实现】

目前市场上杀毒软件很多，主要有卡巴斯基、瑞星、江民、360 杀毒等，其中 360 杀毒是完全免费的杀毒软件，它不但查杀能力出色，而且能第一时间防御新出现的病毒和木马。

1. 下载 360 杀毒软件

（1）双击桌面的“Internet Explorer”浏览器快捷图标，打开 IE，在地址栏内输入 360 杀毒官方网址 http://sd.360.cn/，按回车键或单击“转到”按钮，打开 360 官方网站，如图 1-42 所示。

图 1-42　360 官方网站首页

（2）单击“立即下载”按钮，弹出“文件下载—安全警告”对话框。如图 1-43 所示。

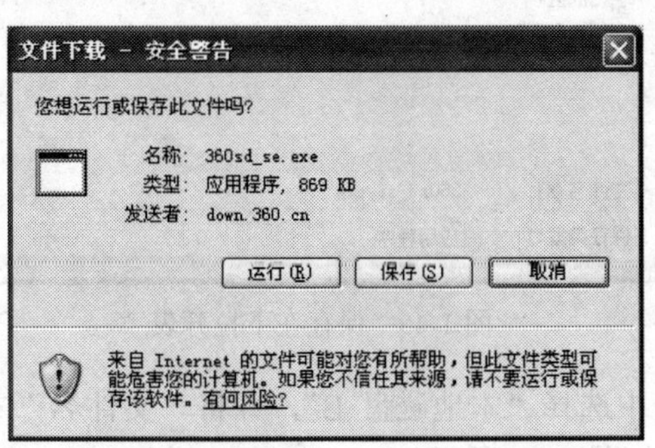

图 1-43　“文件下载—安全警告”对话框

（3）单击“保存”按钮，打开“另存为”对话框，如图 1-44 所示。

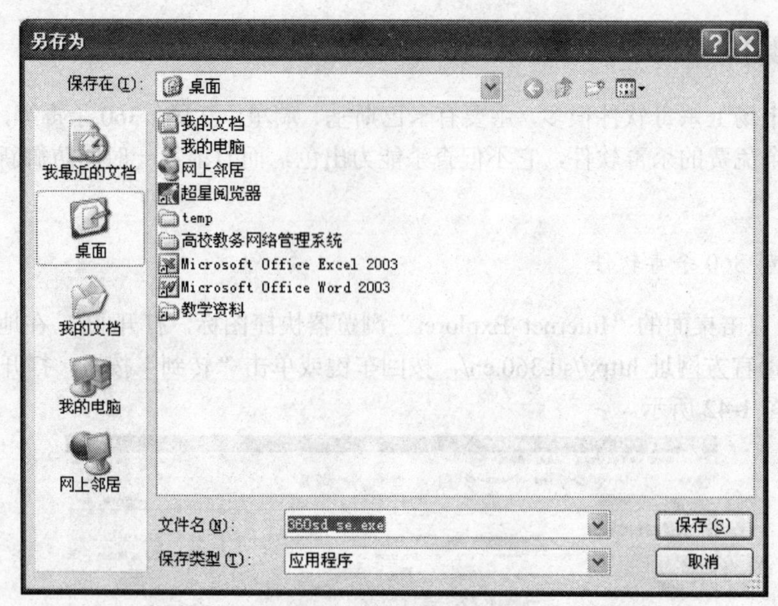

图 1-44 “另存为”对话框

（4）单击“保存在”右边的下拉列表框，弹出如图 1-45 所示的下列列表

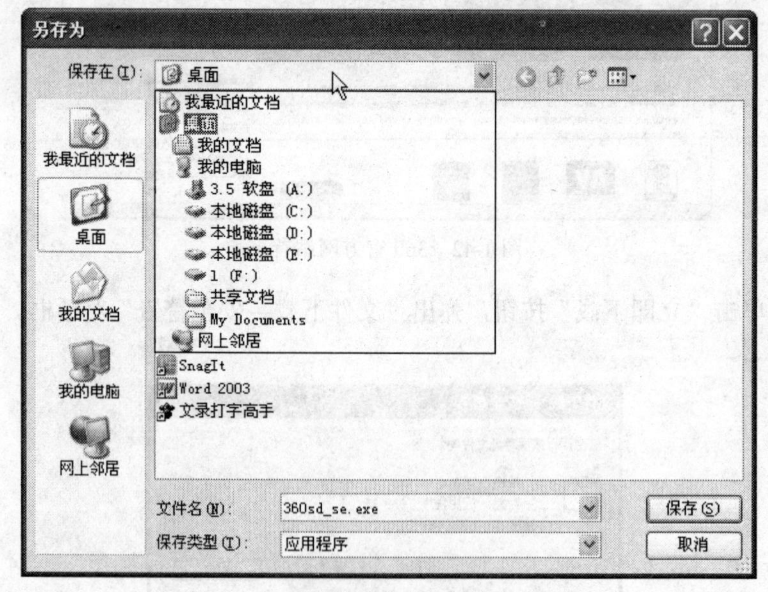

图 1-45 保存在下拉开表

（5）在下拉列表中选择“本地磁盘 E”，并将“文件名”右边的输入框内的内容改写为“360 杀毒”，如图 1-46 所示。

（6）单击“保存”命令，将文件保存在“本地磁盘 E”的根目录下，文件下载完成后会弹出“下载完毕”对话框，如图 1-47 所示。

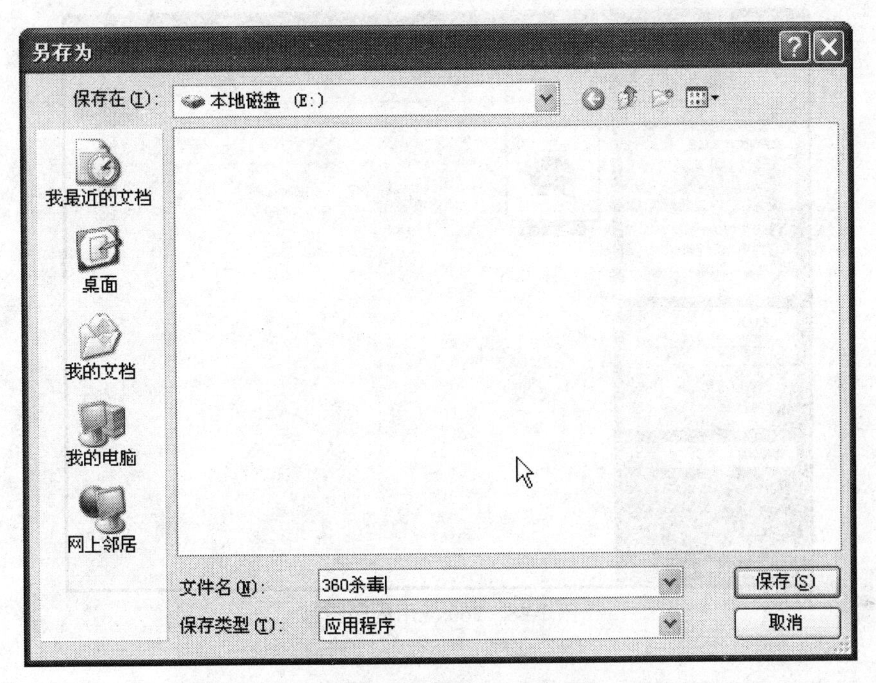

图 1-46　更改保存位置及文件名

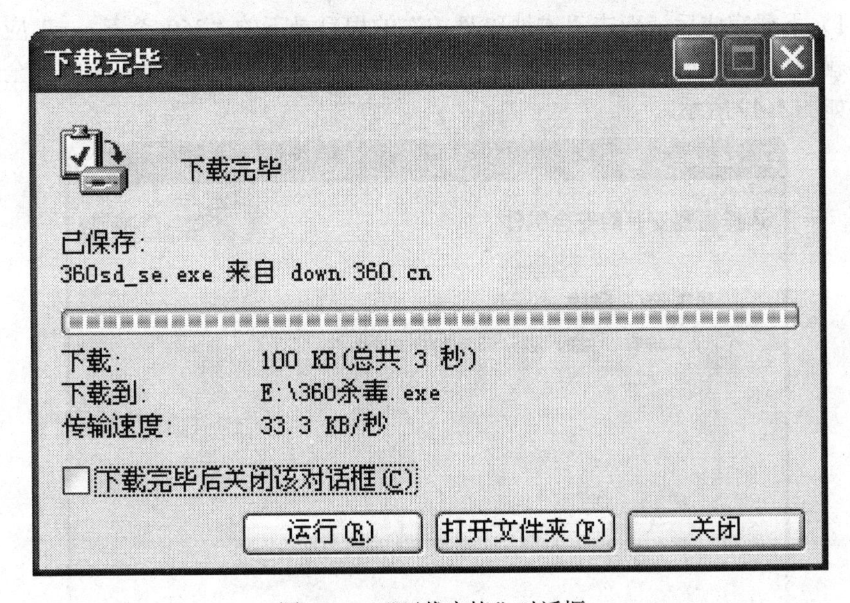

图 1-47　“下载完毕”对话框

（7）此时如果单击“运行”命令就可开始在线安装360，如果单击“关闭”命令就会关闭“下载完毕”对话框。这里单击“关闭”命令，结束本次下载。“本地磁盘E”的根目录下会出现一个“360 杀毒.exe”的应用程序图标，如图 1-48 所示。

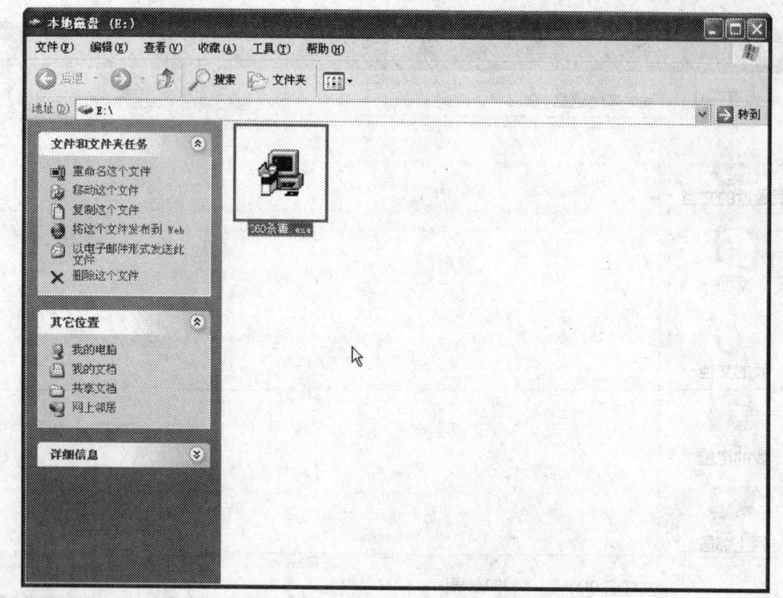

图 1-48　360 应用程序图标

2. 安装 360 杀毒软件

（1）下载完成后，双击“本地磁盘 E”的根目录下的“360 杀毒.exe”应用程序图标，就可以开始安装 360 杀毒软件了，首先打开的是“选择需要安装的安全组件”窗口，如图 1-49 所示。

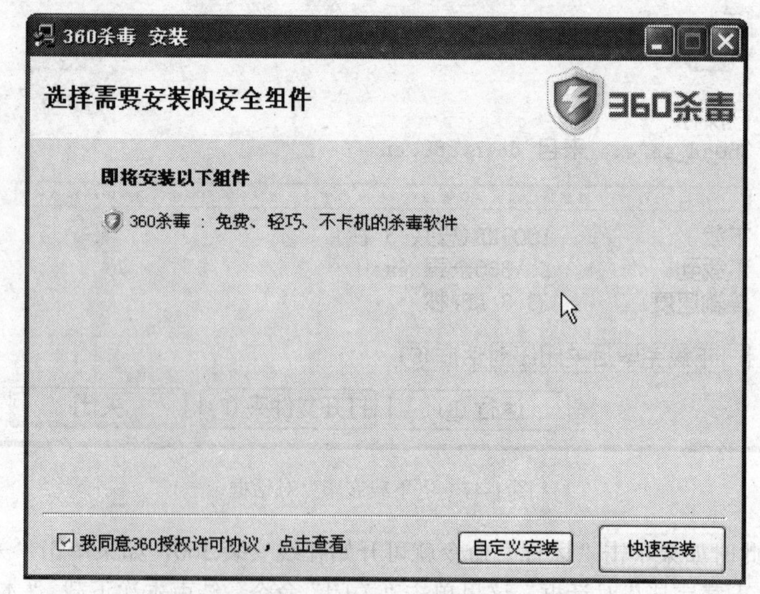

图 1-49　选择需要安装的安全组件

（2）单击“快速安装”，在线安装程序会自动下载相关数据并开始安装360杀毒软件。安装过程很简单，一般只需单击“下一步”或点击“我接受”按钮就可以了。最后会显示“360杀毒安装完成”窗口，如图1-50所示。点击“完成”，360杀毒就已经成功的安装到计算机上了。

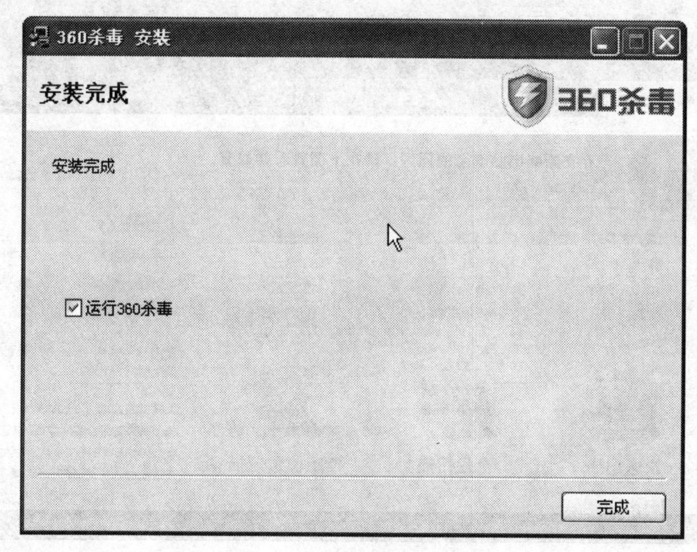

图1-50　360杀毒安装完成

3. 查杀病毒与木马

360杀毒具有实时病毒防护和手动扫描功能，可以为系统提供全面的安全防护。

（1）实时防护。实时防护功能可以在文件被访问时对文件进行扫描，及时拦截活动的病毒，在发现病毒时会通过提示窗口发出警告，如图1-51所示。

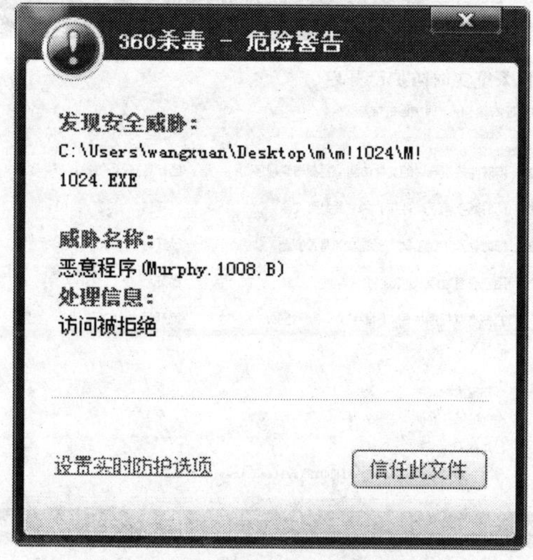

图1-51　360杀毒-危险警告窗口

实时防护需要占用一定的系统资源，我们可根据实际需要设置防护等级，具体的操作是：单击“开始”→“所有程序”→“360 杀毒”→“360 杀毒”，启动 360 杀毒软件的主界面，如图 1-52 所示。

图 1-52　360 杀毒软件的主界面

单击“实时防护”选项卡，切换到“实时防护”设置界面，如图 1-53 所示。

图 1-53　“实时防护”设置界面

在此界面我们可以设置是否开启“文件系统防护”、“聊天软件防护”、“下载软件防护”、“U 盘病毒防护”。其中“文件系统防护”还可以进一步设置，单击“详细设置”按钮，打开 “设置”对话框，如图 1-54 所示。

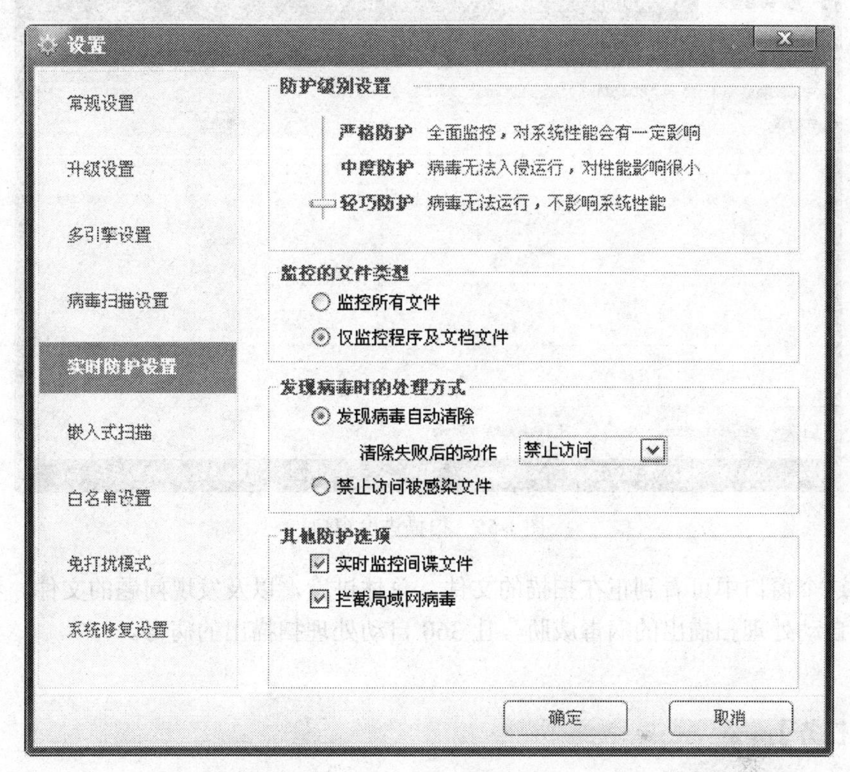

图 1-54 “设置”对话框

在该对话框中，可以设置“防护级别”，“监控的文件类型”及“发现病毒时的处理方式”等，一般可以根据电脑的配置高低、处理的数据的重要性等综合因素考虑来进行设置。

（2）查杀病毒。360 杀毒提供了四种手动病毒扫描方式：快速扫描、全盘扫描、指定位置扫描及右键扫描。

① 快速扫描：只扫描 Windows 系统目录及 Program Files 目录。

② 全盘扫描：扫描所有磁盘，包括插在主机上的 U 盘。

③ 指定位置扫描：只扫描我们指定的目录。

④ 右键扫描：在文件或文件夹上点击鼠标右键，选择“使用 360 杀毒扫描”即可对选中文件或文件夹进行扫描。

其中前三种扫描都已经在 360 杀毒主界面中作为快捷任务列出，只需点击相关任务就可以开始扫描。启动扫描之后，会显示“扫描进度”窗口，如图 1-55 所示为快速扫描的“扫描进度”窗口。

图 1-55　扫描进度窗口

在这个窗口中可看到正在扫描的文件、总体进度，以及发现问题的文件。我们可以选中自动处理扫描出的病毒威胁，让 360 自动处理扫描出的病毒。

【拓展任务】

使用 360 安全卫士防护计算机病毒与木马。

任务描述：360 安全卫士是当前功能比较强且免费的上网安全软件。拥有查杀木马、清理插件、修复漏洞、电脑体检等多种功能。请到 360 官方网站下载、安装并设置好相关的防护。

【知识巩固】

阅读配套教材的第 1 章的内容，完成配套教材第 1 章的所有习题。

拓展项目　配置一台学习用台式机

新学期开始了，小明作为影视动画专业的大一新生，为了更好地学习专业知识，想购买一台电脑用于学习与课余的娱乐。请用所学的知识为其配置一台。

提示：

（1）配置电脑首先要了解购买电脑的主要目的，即电脑主要是做什么用，其次考虑经济实力，两者结合起来确定电脑配件的档次与价格区间。

（2）通过网络查找硬件的相关资讯，比较有名的电脑硬件网站有：太平洋电脑网 http://www.pconline.com.cn/，中关村在线 http://www.zol.com.cn/ 等。

（3）到本地电脑城走访，了解市场行情，综合比较，写出配置单。

（4）综合比较，填写如下配置清单。

配件名称	品牌、型号及规格	价格	备注
主板			
CPU 及风扇			
内存			
硬盘			
光驱			
显卡			
显示器			
网卡			
声卡			
电源			
机箱			
键盘			
鼠标			
音箱			
合计			

模块二 网 上 冲 浪

培 养 目 标

知识目标

（1）了解计算机网络的概念、分类。
（2）了解 TCP/IP 协议及 IP 地址。
（3）了解 Internet 的各种接入方式。
（4）熟练掌握 IE 的使用方法和 Internet 资源的下载方法。
（5）熟练掌握电子邮件的收发方法。
（6）熟练掌握文件及文件夹的基本操作。

能力目标

（1）能自己组建小型的对等网。
（2）能熟练设置 IP 地址、共享文件夹。
（3）能使用网络获取、下载所需的信息。
（4）能熟练进行文件及文件夹的新建、重命名、复制、移动等操作。
（5）能熟练收发电子邮件。

素质目标

（1）培养学生认真负责的工作态度和严谨细致的工作作风。
（2）培养学生的自主学习意识。
（3）培养学生的团队、协作精神。

项目　下载歌曲

此项目主要是培养学生下载资源及管理资源的能力，总共包括五大任务：组建一个家庭/办公共享网络、连入 Internet、下载歌曲、管理歌曲、将歌曲发给朋友，各任务之间是层层递进关系。

任务1　组建一个家庭/办公共享网络

【任务描述】

现在一般一个家庭或办公室都有一台或两台以上的电脑，请组建一个家庭/办公共享网络，既可相互之间共享数据与资料，也可共用一条外线上Internet网。

【相关知识】

（1）局域网。
（2）网络拓扑结构。
（3）联网设备。
（4）IP地址的概念与设置。
（5）设置文件夹共享。

【任务实现】

1. 准备相关设备

目前典型的家庭/办公共享网络大都采用星型结构组成对等网，再通过交换机或路由器共享ADSL Modem 上网，其拓扑结构如图2-1所示。

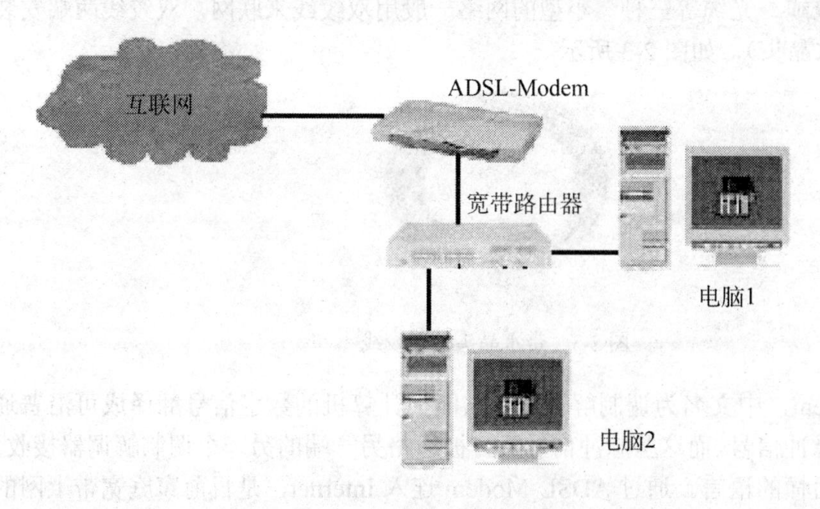

图2-1　家庭/办公网络拓扑结构图

从图 2-1 中可以看出，要组建一个家庭/办公网络需要准备的设备有：电脑、网卡、网线、Modem、交换机或路由器等。

（1）电脑。组网用电脑可以是台式机，也可以是笔记本电脑，本书如没有特别说明一般指台式电脑。

（2）网卡。网卡是“网络适配器”的俗称，是局域网中最基本的部件之一，它是连接计算机与网络的硬件设备。无论是双绞线连接、同轴电缆连接还是光纤连接，都必须借助于网卡才能实现数据通信。小型网络一般用 10/100M RJ-45 接口的自适应网卡，如图 2-2 （a）所示。目前大部分电脑将网卡集成到主板上，只在主机背面留一个 RJ-45 接口，如图 2-2 （b）所示。

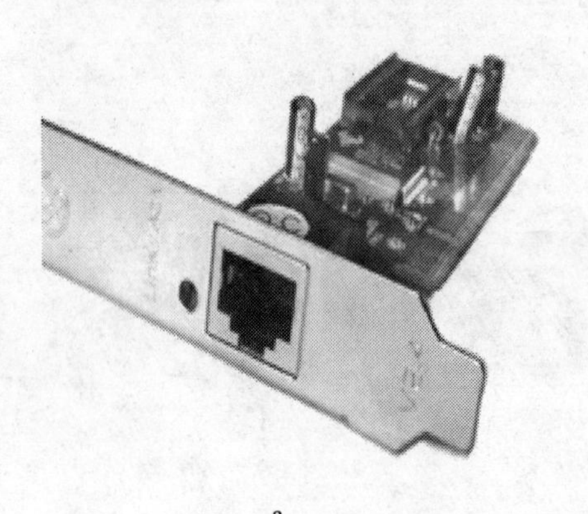

a

b

图 2-2　网卡

（3）网线。要连接网络中的设备，网线是必不可少的。在局域网中常见的网线有双绞线、同轴电缆、光缆等三种。小型的网络一般用双绞线来联网，双绞线两端安装有 RJ-45 头（水晶头），如图 2-3 所示。

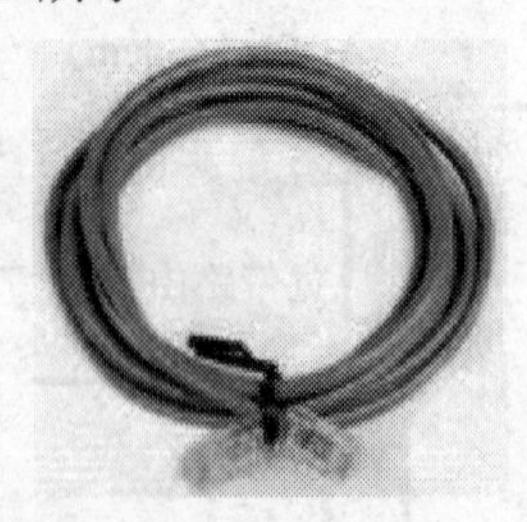

图 2-3　带水晶头的双绞线

（4）Modem，中文名为调制解调器，它能把计算机的数字信号翻译成可沿普通电话线传送的脉冲信号，而这些脉冲信号又可被线路另一端的另一个调制解调器接收，并译成计算机可懂的语言。通过 ADSL Modem 连入 Internet，是目前家庭宽带上网的最主要方式，常见的 ADSL Modem 主要有两个接口，大一点为 RJ-45 插口，小一点的为 RJ-11 插口，如图 2-4 所示。

图 2-4　ADSL Modem

（5）路由器。路由器是连接因特网中各局域网、广域网的设备，它会根据信道的情况自动选择和设定路由，以最佳路径，按前后顺序发送信号的设备。小型网络联网常用的路由器。它一般由一个 WAN 口（接外网）和四个 LAN 口（连接内网）组成，如图 2-5 所示。由于路由器价格比较便宜、功能强且带有四个 LAN 口，在小型网络中已取代交换机，成为最主要的联网设备。

图 2-5　路由器

2. 联网

设备准备好了，我们就可以如图 2-1 所示，将各设备连接起来组成一个网络。

（1）将电话线插入 ADSL Modem 的 RJ-11 插口。

（2）用两头做好水晶头的网线将 ADSL Modem 的 RJ-45 口与路由器的 WAN 口相连。

（3）用另一根做好的网线将“电脑 1”网卡上的 RJ-45 口与路由器上的 LAN 插口相连。

（4）用同样的方法将“电脑 2”与路由器上的另一个 LAN 插口相连。

（5）将路由器与 ADSL Modem 分别接上电源。

3. 观测网络连接

判断网络的物理连通与否除了用专业的测试工具外，还有一个简单有效的办法——目测法：观测网卡的指示灯或者路由器上对应的指示灯，一般指示灯为绿色表示网络连通。

4. 设置 IP 地址

连接好硬件以后，还要对计算机的 IP 地址进行设置才能实现计算机之间的通信。设置 IP 地址的操作步骤如下所示：

（1）右键点击“网上邻居”，在弹出的菜单中选“属性”，弹出“网络连接”对话框，如图 2-6 所示。

（2）右击“本地连接”，在弹出的菜单中选“属性”，弹出“本地连接 属性”对话框，如图 2-7 所示。

图 2-6 “网络连接”对话框

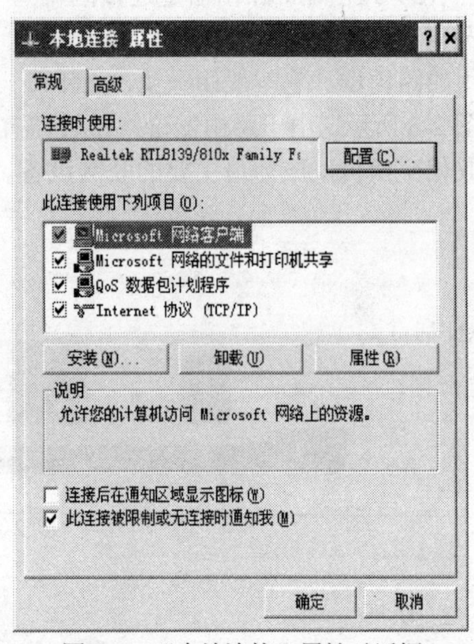

图 2-7 “本地连接”属性对话框

（3）双击“Internet 协议（TCP/IP）”或单击“Internet 协议（TCP/IP）”，然后单击“属性”对话框，弹出“Internet 协议（TCP/IP）属性”对话框，如图 2-8 所示。

（4）选择“使用下面的 IP 地址”，输入 IP 地址和子网掩码（注意：在同一网络内，IP 地址的值不能相同），如图 2-9 所示。

（5）单击“确定”，IP 地址设置完成。

（6）按同样的方法设置另一台电脑的 IP 地址为 198.168.8.1~198.168.8.254 中除 198.168.8.3 外的其他值，子网掩码为 255.255.255.0。

5. 设置计算机名与工作组名

（1）右击“我的电脑”，在弹出的快捷菜单中选择“属性”，在弹出的“系统属性”对话框中选择“计算机名”选项卡，如图 2-10 所示。

（2）单击“更改”按钮，在弹出的“计算机名称更改”对话框中输入“计算机名

图 2-8 “Internet 协议”属性对话框

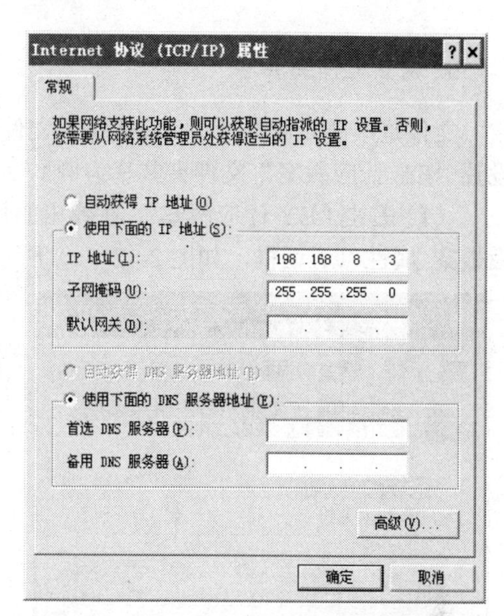

图 2-9 “设置 IP 地址”对话框

与工作组名”（同一网络中的计算机名不能相同，工作组名最好相同），如图 2-11 所示。

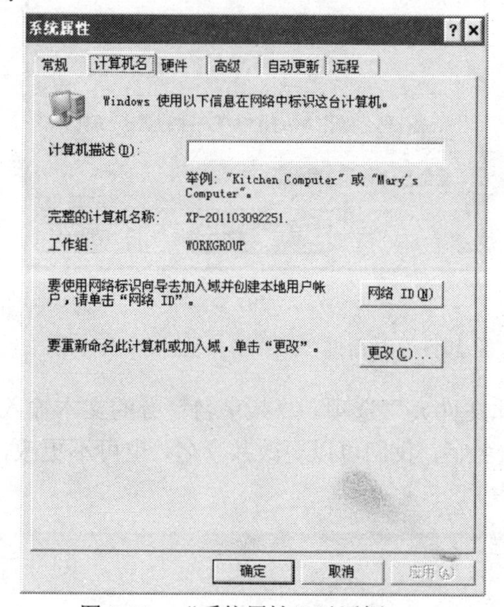

图 2-10 “系统属性”对话框

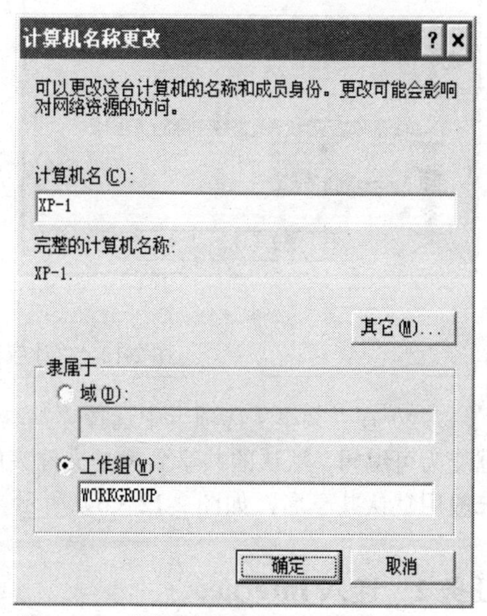

图 2-11 “计算机名称更改”对话框

（3）单击“确定”，工作组设置完成。

（4）按同样的方法将另一台电脑的“计算机名”设为 XP-2，工作组名设为“workgroup”。

6. 设置文件夹共享

文件是不能设置共享的，只能设置文件所在的文件夹共享，具体设置步骤如下（以设置“E:\ 计应教案”文件夹共享为例）。

（1）右击“E:\ 计应教案”，在弹出的快捷菜单中选择“共享和安全”，弹出“计应教案 属性”对话框，如图 2-12（a）所示。

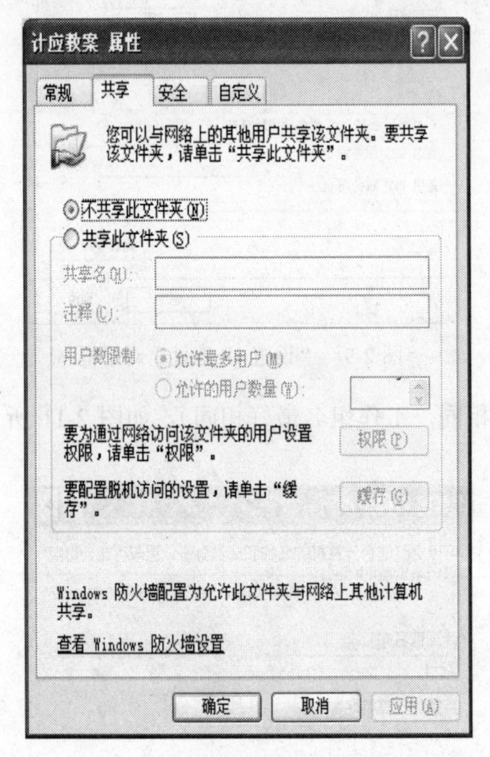

（a）

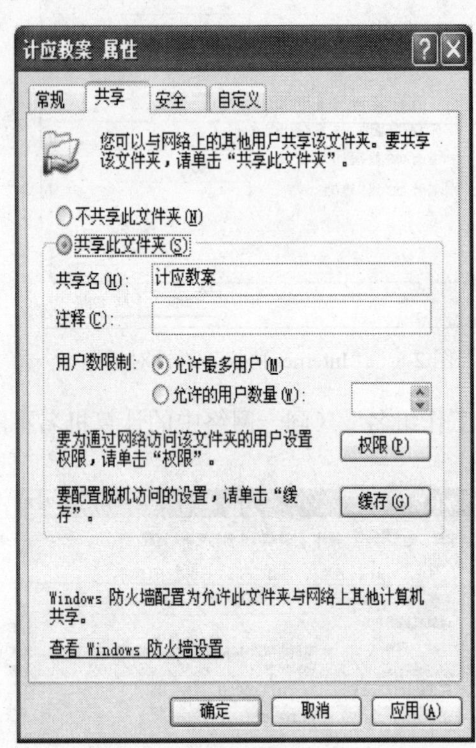

（b）

图 2-12 “计应教案 属性”对话框

（2）在“共享”选项卡中选择“共享此文件夹”选项。“共享名”旁的文本输入框变为可编辑，默认的共享名就是文件夹的名字，我们可以更改共享名，也可不更改，一般用默认共享名，如图 2-12（b）所示。

任务 2 连入 Internet

【任务描述】

家庭/办公网络设置好后，我们就可以将组建的局域网连入 Internet。

【相关知识】

（1）IP 地址的设置。

（2）路由器的设置。

【任务实现】

1. 申请账号

要连入 Internet 必须要有相应的权限，这个权限就是用户账号。局域网用户通过“代理服务器”方式连入 Internet，其用户账号就是分配的 IP 地址，对于采用 ADSL 方式连入 Internet 的用户，都要先到本地 ISP（Internet 服务提供商）公司申请、交费，才能获得用户名与密码。目前国内比较大的 ISP 主要有中国电信、中国联通、中国移动等。

2. 设置 IP

现在大多数路由器的默认 IP 地址为 192.168.1.1，要登录路由器，必须将计算机的 IP 地址改为同一网段，具体做法是：在图 2-9 所示的“设置 IP 地址”对话框中，将 IP 地址改为 192.168.1.2（网上的其他计算机的 IP 地址依次改为 192.168.1.3，192.168.1.4……子网掩码保持不变，仍为 255.255.255.0，网关设为 192.168.1.1，DNS 设置为 192.168.1.1。

3. 设置路由器

以常见的 TP-LINK 路由器为例。

（1）启动 IE，在地址栏输入 192.168.1.1，按回车，进入用户登录页面，如图 2-13 所示。

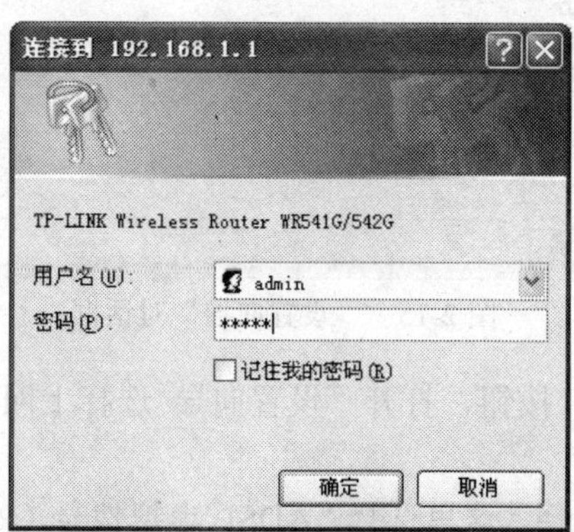

图 2-13　TP-LINK 路由器登录界面

输入用户名与密码（参见说明书，一般用户名与密码都为 admin），单击“确定”按钮，打开设置主界面，如图 2-14 所示。

图 2-14　TP-LINK 路由器设置主界面

（2）对于非专业人员，我们可以利用“设置向导”进行设置，单击“设置向导”打开 “设置向导”对话框，如图 2-15 所示。

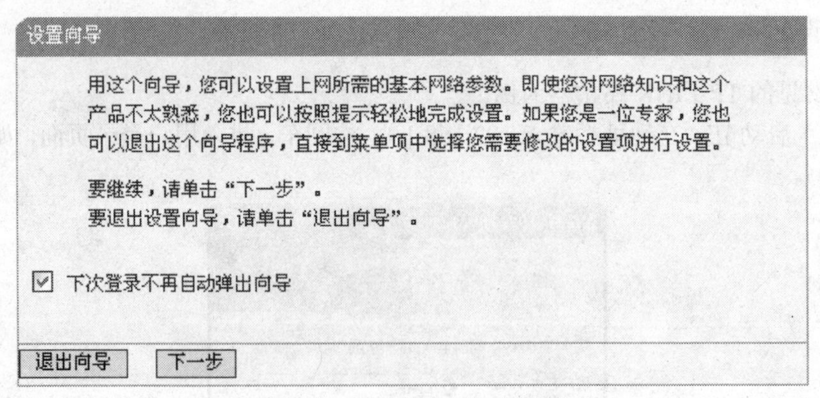

图 2-15　“设置向导”对话框

（3）单击“下一步”按钮，打开“设置向导 选择上网方式”对话框，如图 2-16 所示。

可以根据实际情况选择，这里选择“ADSL 虚拟拨号（PPPoE）”。单击“下一步”，打开“设置向导账号和口令”输入对话框，如图 2-17 所示。

设置向导

本路由器支持三种常用的上网方式，请您根据自身情况进行选择。

ADSL虚拟拨号（PPPoE）

以太网宽带 ，自动从网络服务商获取IP地址（动态IP）

以太网宽带 ，网络服务商提供的固定IP地址（静态IP）

上一步 下一步

图 2-16 “设置向导 选择上网方式”对话框

设置向导

您申请ADSL虚拟拨号服务时，网络服务商将提供给您上网帐号及口令，请对应填入下框。如您遗忘或不太清楚，请咨询您的网络服务商。

上网账号：

上网口令：

上一步 下一步

图 2-17 “设置向导 账号和口令”输入对话框

（4）输入从 ISP 得到的账号和口令，单击“下一步”，打开“设置向导 完成”对话框，如图 2-18 所示。

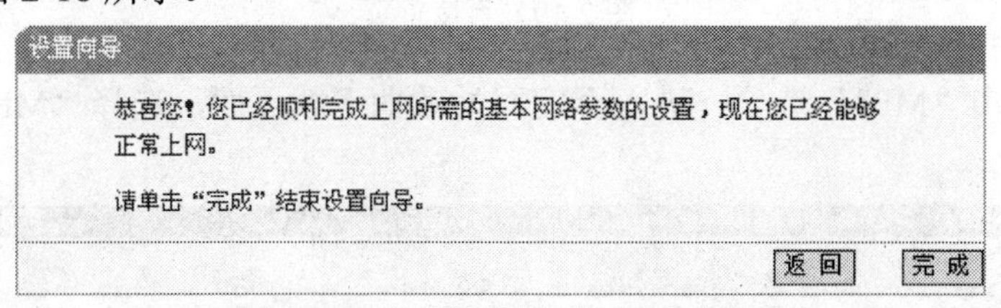

图 2-18 “设置向导 完成”对话框

单击完成，路由器的设置就完成了。正常情况下，电脑就可以上网了。

任务 3 下载歌曲

【任务描述】

周杰伦是很多青少年喜欢的歌坛巨星，请利用“搜索引擎”搜索并下载 20 首他的歌曲（MP3 格式）到本地硬盘。

【相关知识】

（1）搜索引擎的使用。

（2）互联网下载。

【任务实现】

（1）在连接好网络之后，双击桌面的 IE 浏览器，打开浏览器，在地址栏中输入 http://www.baidu.com，按回车键，进入百度网站页面，如图 2-19 所示。

图 2-19　百度首页

（2）单击“MP3”选项，进入百度网站歌曲下载页面，选择“MP3”格式如图 2-20 所示。

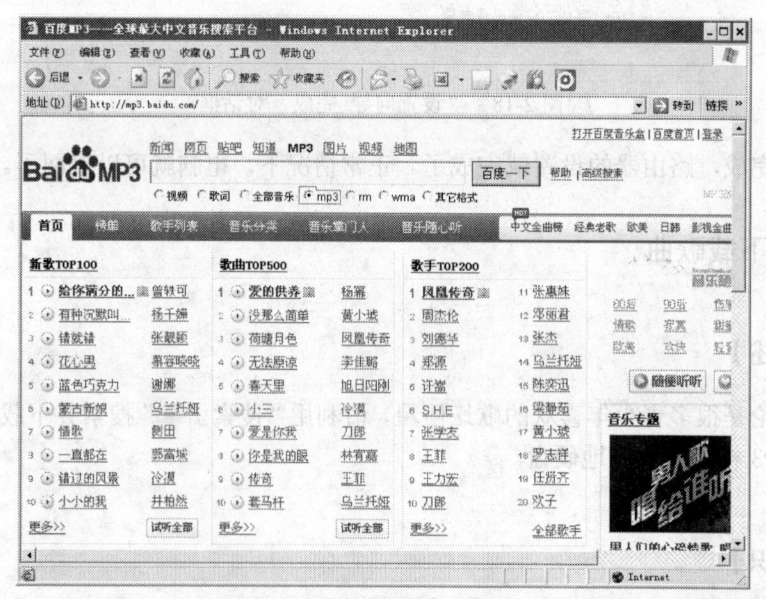

图 2-20　百度网站 MP3 下载界面

（3）在搜索栏中输入关键字“周杰伦”，单击“百度一下”按钮，此时，符合搜索条件的内容以列表的形式显示在搜索栏的下方，如图 2-21（a）所示。如果在所示的窗口中，找不到相应的歌曲，可以向下拖动窗口右边的滚动条，进行查找；如果拖到最底下（如图 2-21（b）所示），还是找不到，可以单击“下一页”，继续往下一页查找。

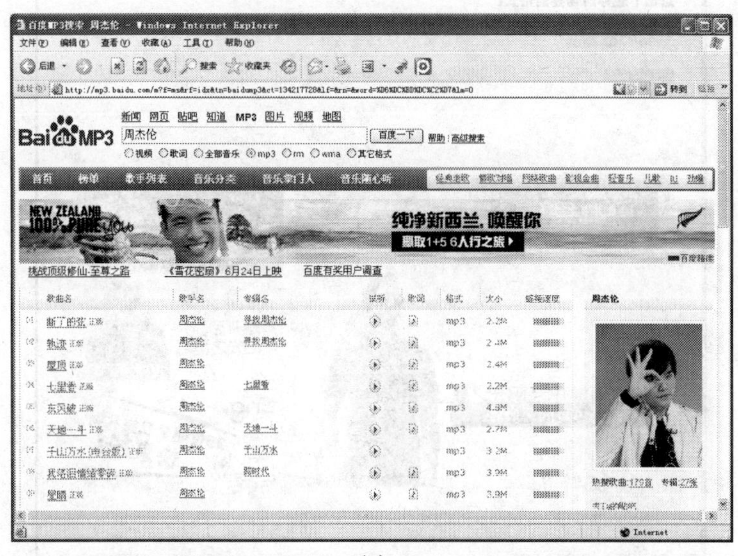

（a）

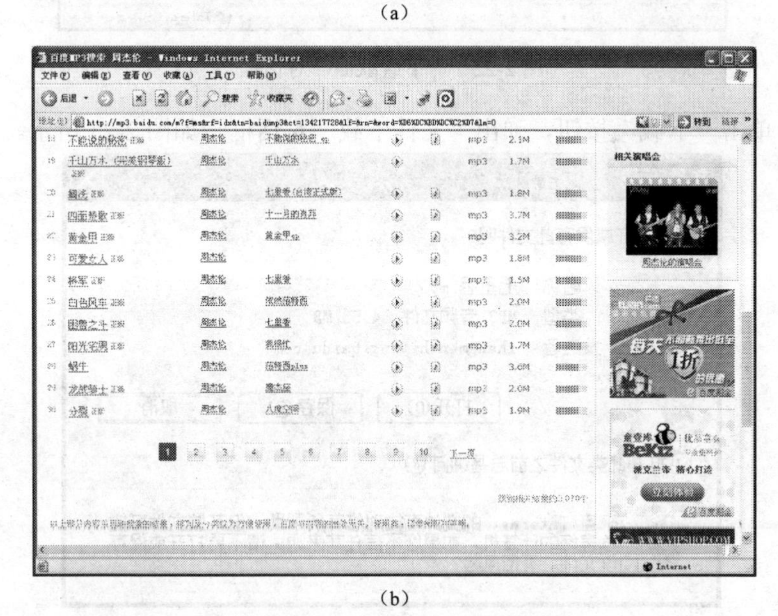

（b）

图 2-21 “周杰伦”mp3 类型的歌曲

（4）在“歌曲名”所在列单击其中的一首歌曲，如“七里香”，弹出“下载歌曲”对话框，如图 2-22 所示。

图 2-22 “下载歌曲”对话框

（5）单击“下载”按钮，弹出“文件下载”对话框，如图 2-23 所示。

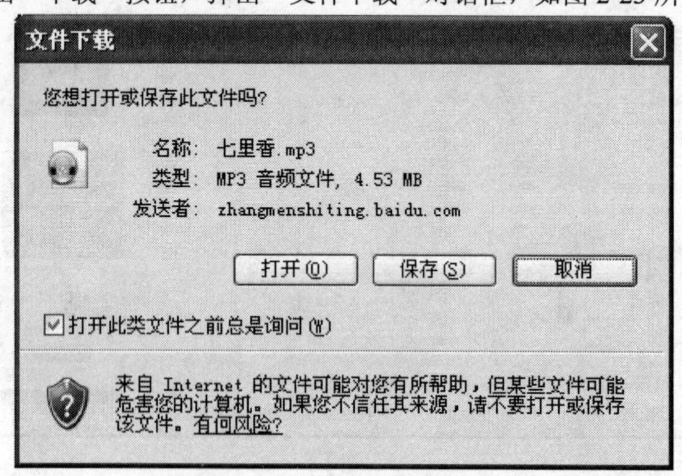

图 2-23 “文件下载”对话框

（6）单击“保存”按钮，弹出“另存为”对话框，选择“E:\周杰伦”文件夹，如图 2-24 所示。

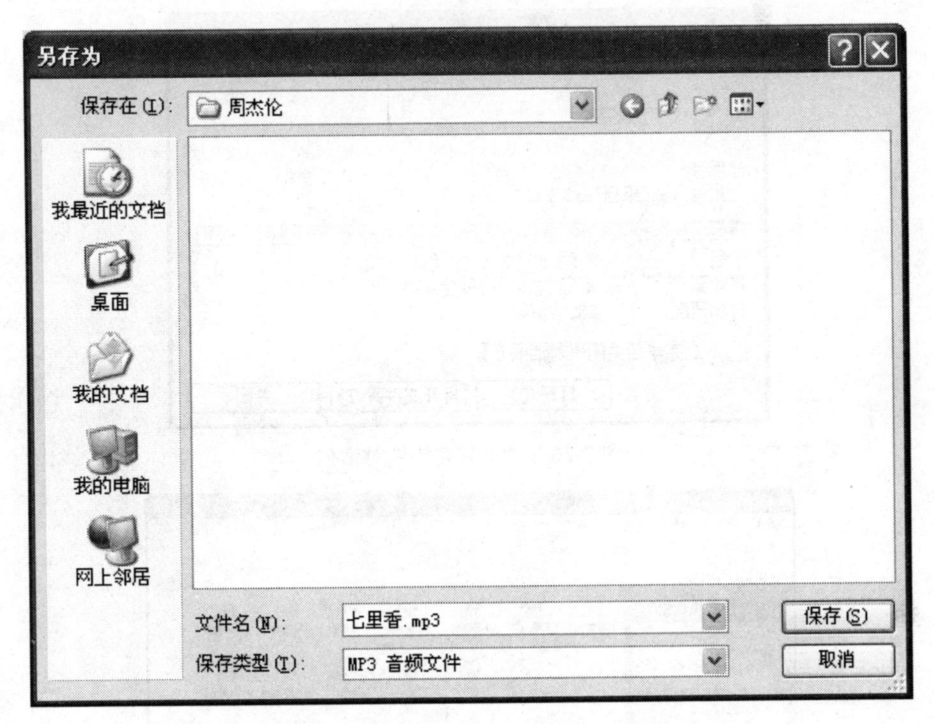

图 2-24　文件保存“另存为”对话框

注意：如果安装了“迅雷”、“网际快车 Flashget”等专业下载软件，此时不会弹出“另存为”对话框，而会弹出专业下载软件的相应下载对话框，图 2-25 所示为“迅雷 7”的下载对话框。

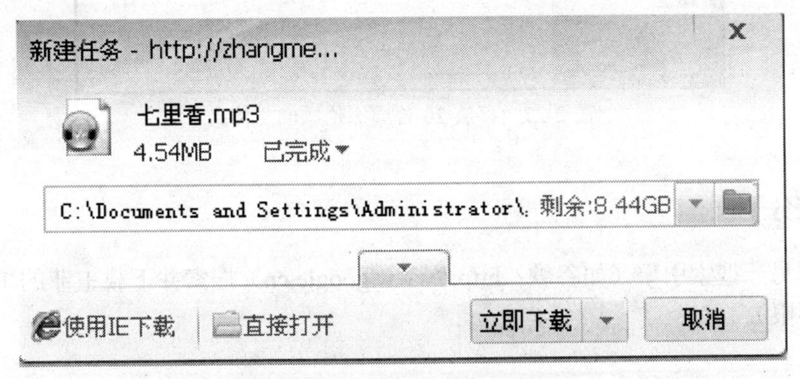

图 2-25　“迅雷 7”的下载对话框

（7）单击“保存”按钮，“七里香”这首歌曲很快就下载到“E:\周杰伦”文件夹下保存了。如图 2-26 所示。

（8）按照同样的方法，下载其他 19 首歌曲到“E:\周杰伦”文件夹。如图 2-27 所示。

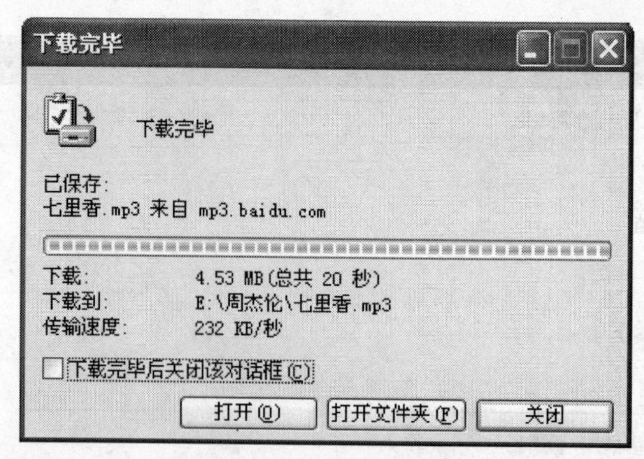

图 2-26 “下载完毕”对话框

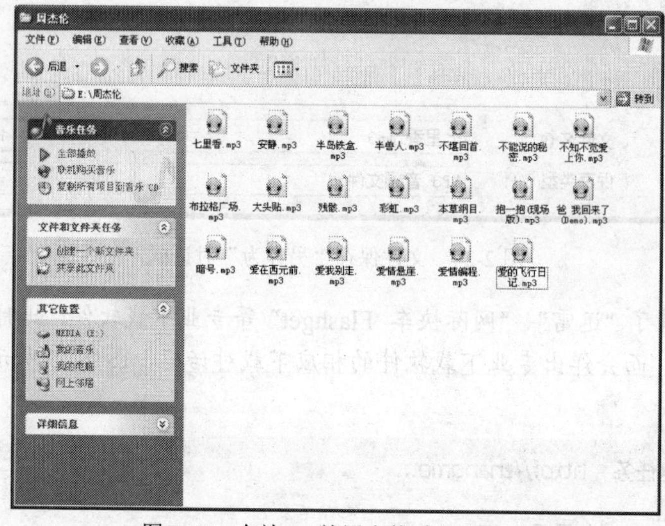

图 2-27 存放 20 首周杰伦歌的文件夹

【拓展任务】

利用另一搜索引擎（如谷歌：http://www.google.cn）搜索并下载王菲的 10 首歌曲（格式不限）。

任务 4 管理歌曲

【任务描述】

为了便于管理及查找方便，请将刚下载下来的 20 首歌曲按专辑名分类存放。

【相关知识】

（1）文件和文件夹的概念。

（2）文件和文件夹的基本操作。

（3）资源管理器的基本操作。

【任务实现】

1. 新建专辑名

（1）依次双击“我的电脑”→“本地磁盘（E:）”→“周杰伦”文件夹，打开如图 2-27 所示“周杰伦”文件夹。

（2）在空白处右击鼠标，在弹出的快捷菜单中选择“新建”→“文件夹”，在“周杰伦”文件夹下新建了一个文件夹，默认名字为“新建文件夹”，名称处于可改写状态，光标在闪烁。如图 2-28 所示。

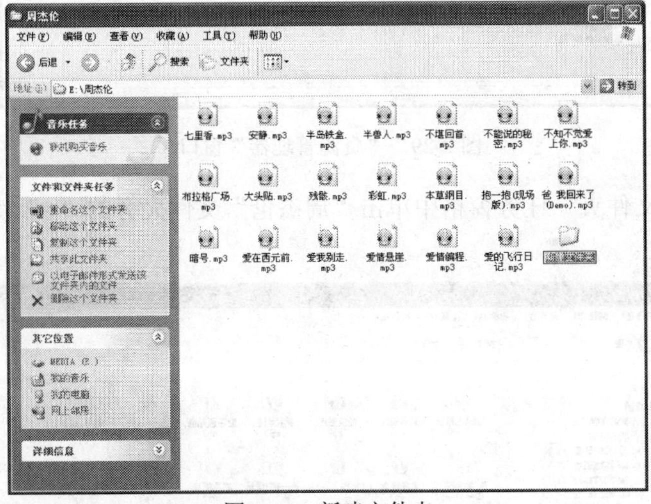

图 2-28　新建文件夹

（3）切换输入法，输入周杰伦的专辑名，如“七里香”，在任意地方单击鼠标左键或按回车键，文件夹的名字就改成“跨时代”。

（4）按照同样方法建立其他的专辑文件夹，如“范特西”、“八度空间”、“跨时代”等。

2. 重命名歌曲名

下载下来的歌曲文件，一般在歌曲名前都带有歌手名，或者有些名字是一些其他字符，我们可以参考重命名文件夹的方法，将歌曲文件重命名。

3. 将歌曲按专辑分类

将歌曲分别移到各自的专辑文件夹中，操作步骤如下：

（1）在图 2-28 所示窗口中，单击工具栏上的“文件夹”按钮，启动“资源管理器”窗口（即窗口左侧显示“文件夹”任务窗格），如图 2-29 所示。

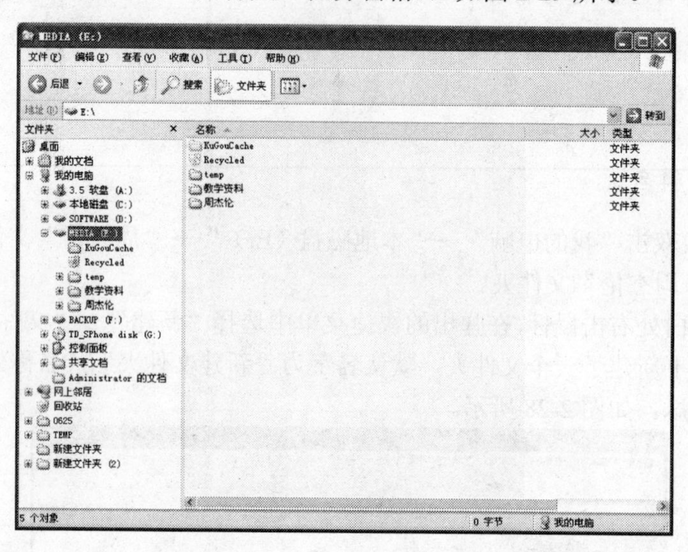

图 2-29 “资源管理器”窗口

（2）在“文件夹”任务窗格中单击“周杰伦”文件夹旁的“+”将其展开，如图 2-30 所示。

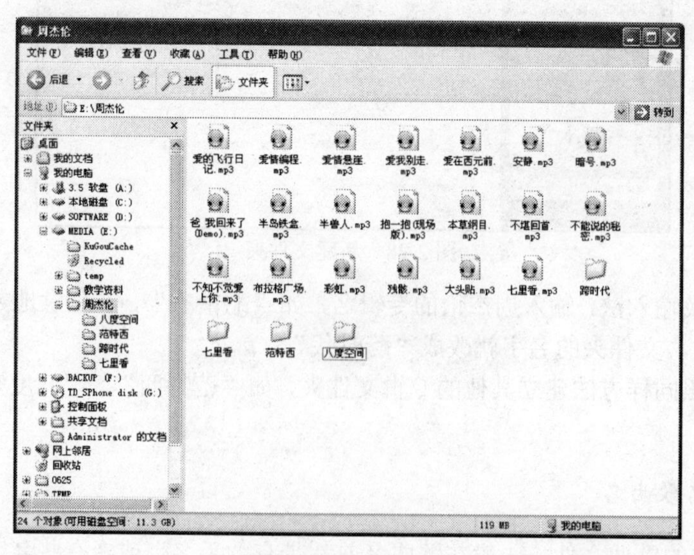

图 2-30 展开目录

（3）选择中其中的一首歌，如“七里香”，按住鼠标左键不放，向左边窗格相应的专辑名文件夹“七里香”拖动，如图 2-31 所示

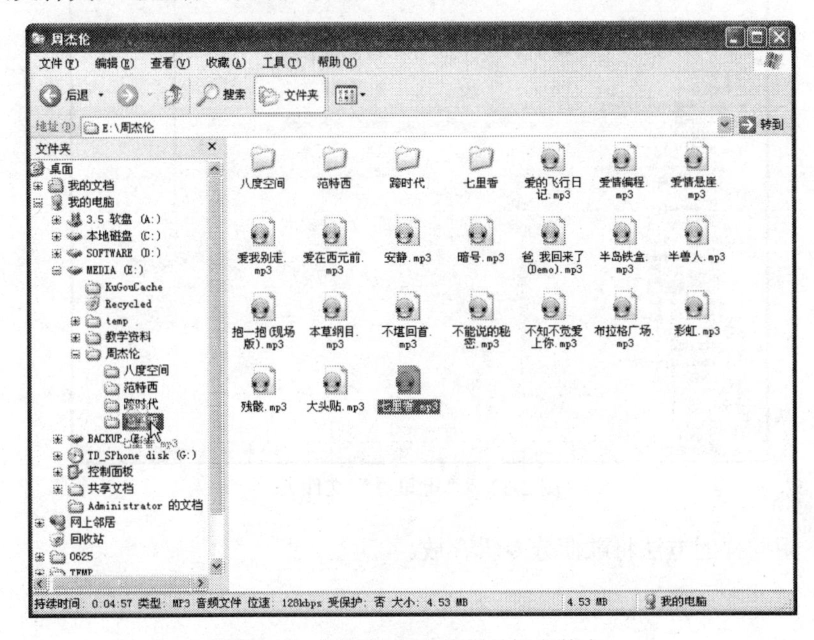

图 2-31　移动歌曲文件至目标文件夹

（4）将歌曲文件拖放到目标文件夹 “七里香” 后，松开鼠标，“七里香. mp3”文件就被移到了“七里香”文件夹下，如图 2-32 、图 2-33 所示。

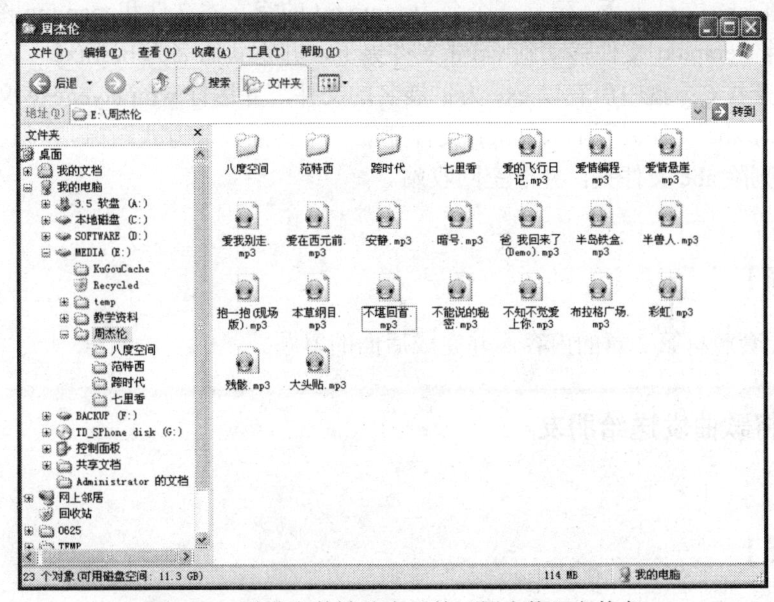

图 2-32　歌曲文件被移走后的“周杰伦”文件夹

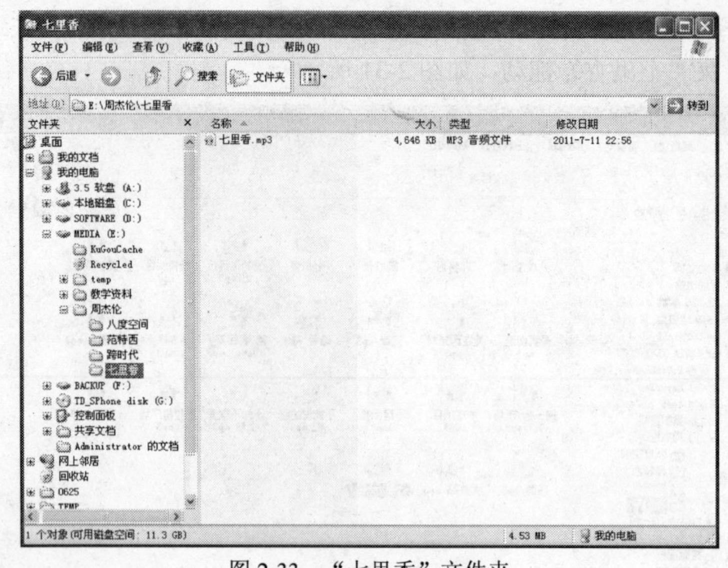

图 2-33 “七里香”文件夹

（5）用同样的方法将歌曲分专辑存放。

【拓展任务】

（1）在 E：盘的根目录下建立一个新文件夹，并以自己姓名命名。
（2）该文件夹中新建两个文件夹，并分别命名为 abc 与 word。
（3）在 abc 文件夹下，建立一个名为 temp.txt 的空文本文件和 teap.jpg 图像文件。
（4）将 temp.txt 文件移动到 word 文件夹下，并重新命名为 best.txt。
（5）查找 C：盘中所有以.exe 为扩展名的文件，并运行 wmplayer.exe 文件。
（6）为 abc 文件夹下的 teap.jpg 文件建立一个桌面快捷方式图标。
（7）删除 abc 文件夹，并清空回收站。

【知识巩固】

阅读配套教材第 2 章的内容，并完成后面的习题。

任务 5 将歌曲发送给朋友

【任务描述】

好的东西要与人分享，将周杰伦的最新歌曲，通过 E-mail 发送给朋友。

【相关知识】

（1）电子邮件概念。
（2）收发电子邮件。

【任务实现】

1. 申请邮箱

要收发电子邮件，首先必须拥有电子邮箱。目前，国内有很多网站提供免费电子邮件服务，申请电子邮箱的操作步骤如下（以申请“网易”163 邮箱为例）。

（1）进入网易邮箱主页“http://mail.163.com”，单击“注册”按钮进入申请新邮箱界面，如图 2-34 所示。

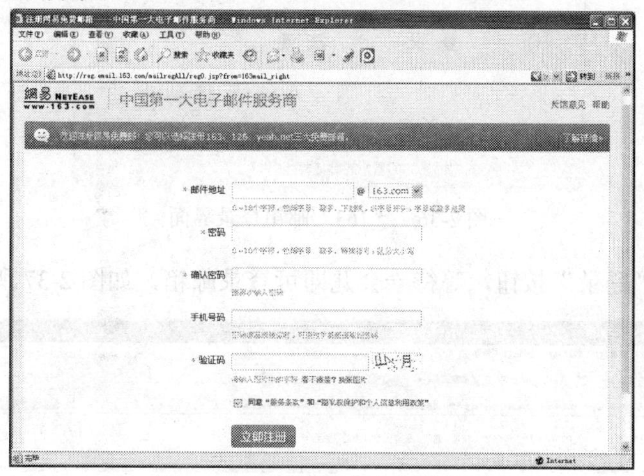

图 2-34　注册网易免费邮箱界面

（2）输入“邮件地址”、“密码”等注册信息（注意，带有红色*标记的为必填项），单击“注册”按钮，如果填的注册信息符合要求，稍等片刻，新邮箱就会注册成功，如图 2-35 所示。

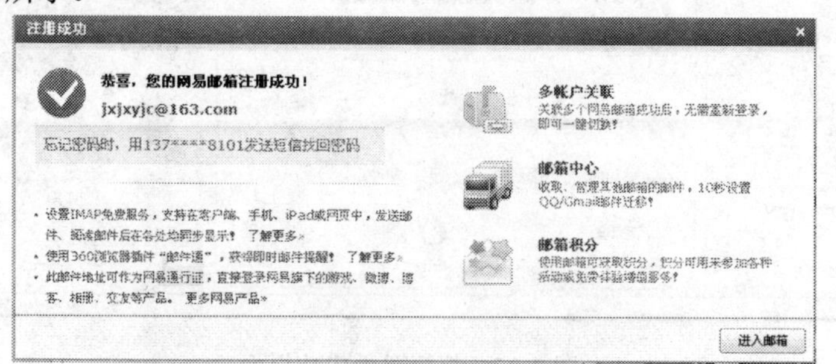

图 2-35　邮箱注册成功提示信息

2. 发送邮件

（1）进入网易邮箱主页 http://mail.163.com，在如图所示的“用户名”和“密码”文本框内输入刚申请的邮箱账号与密码，如图 2-36 所示。

图 2-36 “163”邮箱登录界面

（2）单击“登录”按钮，等待一会儿即可登录邮箱，如图 2-37 所示。

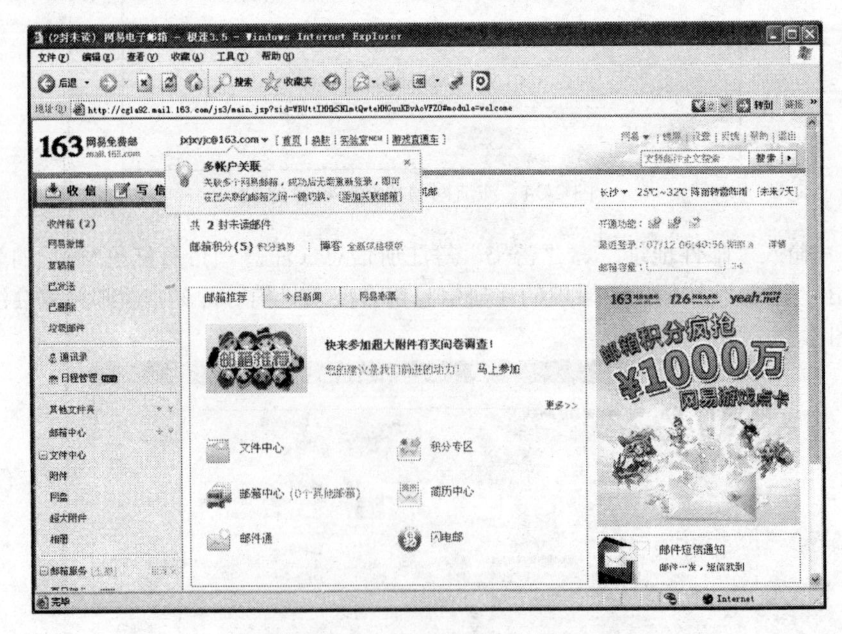

图 2-37 邮箱登录成功界面

（3）在邮箱界面的左侧单击“写信”按钮，即可打开撰写邮件内容的网页。在该网页的“收件人”文本框中输入朋友的邮箱地址，在“主题”文本框中输入邮件的主题，在“内容”编辑框中输入正文，单击“添加附件”命令，在弹出的对话框中选择要传给朋友的歌曲（可以上传多个），如图 2-38 所示。

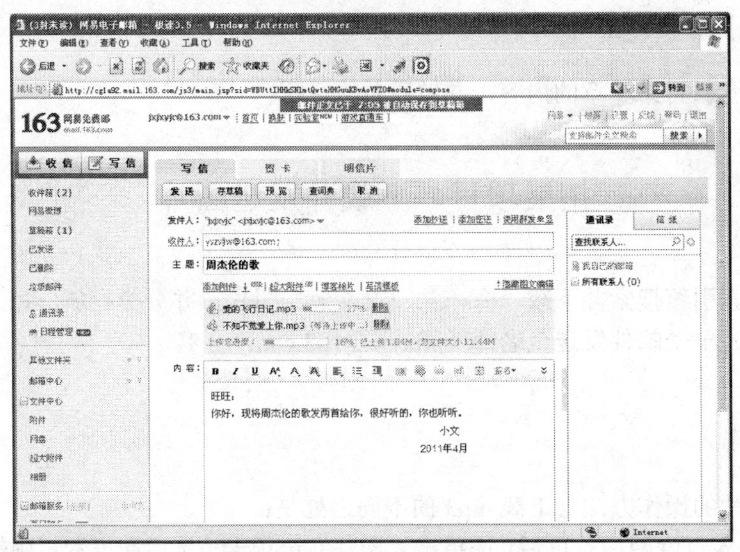

图 2-38　网易 163 邮箱写信界面

（4）待附件上传完毕后，单击“发送”按钮，即可将撰写好的邮件连同歌曲发送到朋友的邮箱中，发送完后系统会提示邮件已发送成功，如图 2-39 所示。

图 2-39　邮件发送成功界面

【拓展任务】

将任务3中下载的王菲歌曲任选两首通过电子邮件发送给老师和同桌。

【知识巩固】

阅读配套教材第3章的内容，并做后面的习题。

拓展项目　下载并发送图片

利用搜索引擎搜索并下载“梅、兰、竹、菊”图片，并分类存放。每个类别选择一张图片通过电子邮件发送至老师（jxjxyjc@163.com）。

【要点提示】

下载图片的操作方法与下载mp3的不同之处是：

（1）进入百度网站首页后，应单击“图片”选项卡，然后在搜索栏中输入关键字（如：梅花），如图2-40所示。

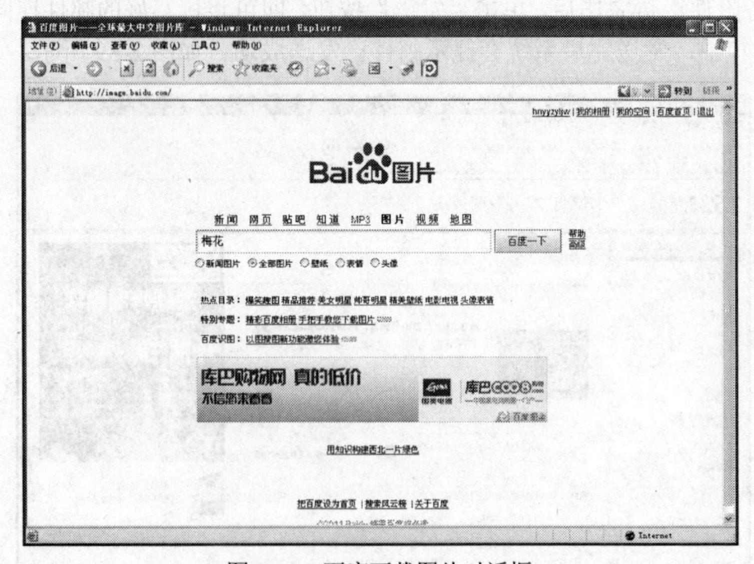

图2-40　百度下载图片对话框

（2）当单击“百度一下”按钮，符合搜索条件的图片显示在搜索栏的下方后，此时应将鼠标指向要下载的图片并右击，然后在弹出的快捷菜单中选择“图片另存为”。

模块三　利用 Word 2003 处理文档

Word 2003 是 Office 2003 办公组件中一个组件。它是一个集文字处理、表格处理、图文排版于一身的文字处理软件，不仅适用于各种书报、杂志、信函等文档的文字录入、编辑、排版，而且还可以对各种图像、表格、声音等文件进行处理。

本模块主要以文档编排的流程为主线，学习有关排版的一些基础知识，结合项目任务来学习 Word 文档的创建和编辑过程。

培 养 目 标

知识目标

（1）认识 Word 2003 并掌握基础的文档定制方法。
（2）掌握 Word 2003 高级排版方法并熟练应用。
（3）掌握 Word 2003 邮件合并的使用方法。

能力目标

（1）能运用 Word 2003 制作并排版各种类型的文稿、信函、公文等实用文档。
（2）能在文档中加入多种类型的表格、图片及图表。
（3）能进行长文档的排版。
（4）能使用邮件合并等高级功能。
（5）能熟练打印各类文档。

素质目标

（1）培养学生发现美和创造美的能力，提高学生的审美情趣。
（2）培养学生的自学能力和获取计算机新知识、新技术的能力。
（3）发挥学生的想象力和创意。
（4）培养学生的互帮互助的合作精神。

项目　制作“培训通知”

为了适应时代的需要，为了推广多媒体教学，使每位教师都能熟练运用多媒体进行教学，市教育局将举办多媒体课件设计与制作培训班。现需要拟一份培训通知发送至全市各个学校，在通知中说明培训时间、地点以及相关的事项。本项目即利用 Word 2003 文字处理软件制作该培训通知。

项目由五个任务构成，分别为制作培训通知、制作培训安排表、制作培训报名流程图、制作培训简报、群发培训通知。项目完成结果如图 3-1 所示。

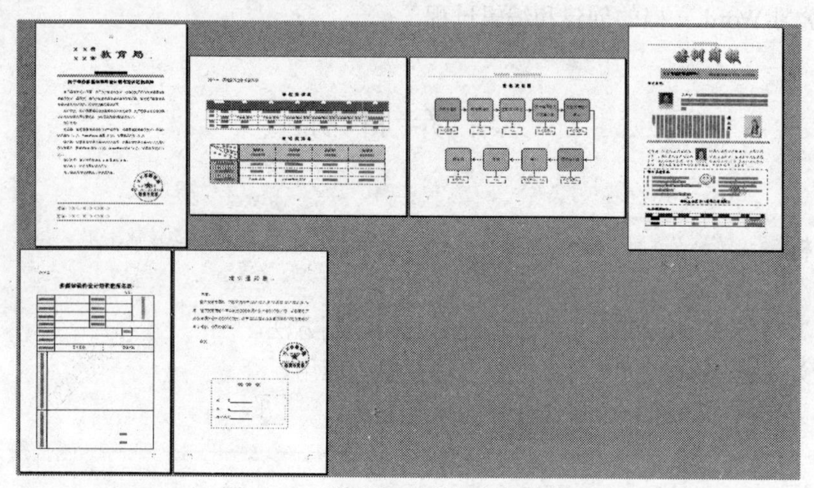

图 3-1　“培训通知”打印预览效果

任务 1　创建培训通知

【任务描述】

利用 Word 2003 文字处理软件，新建“培训通知”文档，对“培训通知”文档进行字符格式、段落格式等设置，效果如图 3-2 所示。

【相关知识】

（1）Word 2003 的启动、新建、打开、编辑、保存、退出。
（2）字符格式。
（3）段落格式。
（4）页面设置。

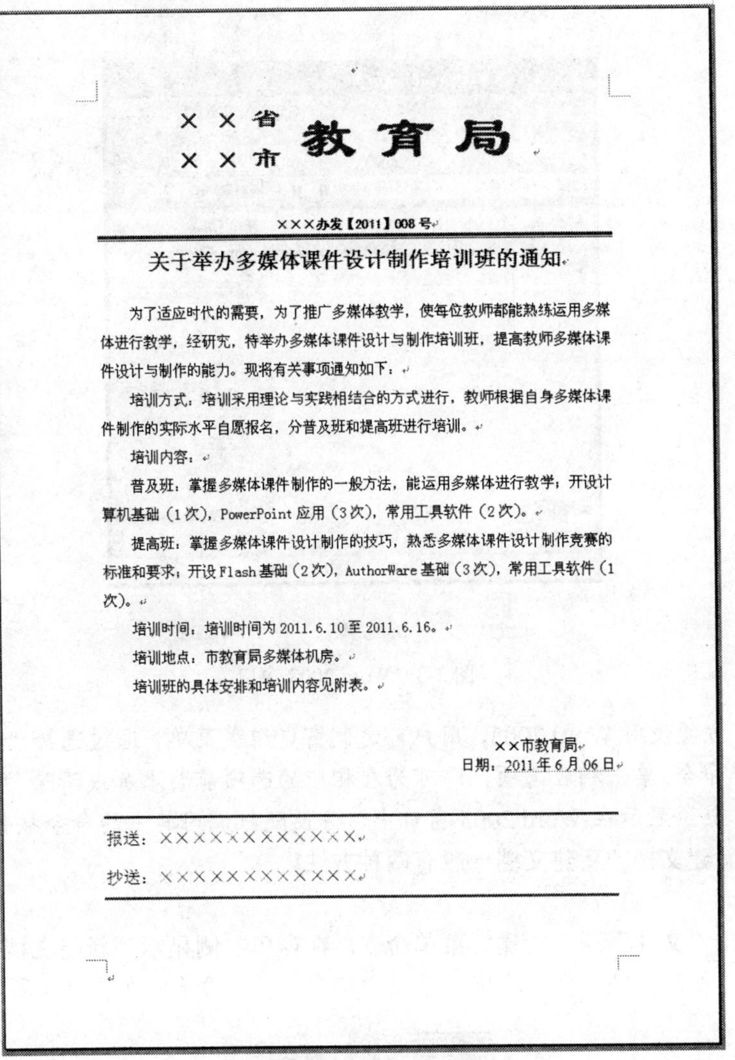

××省
××市 **教育局**

×××办发【2011】008号

关于举办多媒体课件设计制作培训班的通知

为了适应时代的需要，为了推广多媒体教学，使每位教师都能熟练运用多媒体进行教学，经研究，特举办多媒体课件设计与制作培训班，提高教师多媒体课件设计与制作的能力。现将有关事项通知如下：

培训方式：培训采用理论与实践相结合的方式进行，教师根据自身多媒体课件制作的实际水平自愿报名，分普及班和提高班进行培训。

培训内容：

普及班：掌握多媒体课件制作的一般方法，能运用多媒体进行教学；开设计算机基础（1次），PowerPoint应用（3次），常用工具软件（2次）。

提高班：掌握多媒体课件设计制作的技巧，熟悉多媒体课件设计制作竞赛的标准和要求；开设Flash基础（2次），AuthorWare基础（3次），常用工具软件（1次）。

培训时间：培训时间为2011.6.10至2011.6.16。

培训地点：市教育局多媒体机房。

培训班的具体安排和培训内容见附表。

××市教育局
日期：2011年6月06日

报送：××××××××××××

抄送：××××××××××××

图3-2　任务1效果图

【任务实现】

1. 新建并保存文档

（1）Word 2003的启动。

单击“开始”→“程序”→“Microsoft Office”→“Microsoft Office Word 2003”命令，或双击桌面上的Word快捷方式图标，打开Word 2003应用程序窗口，如图3-3所示。

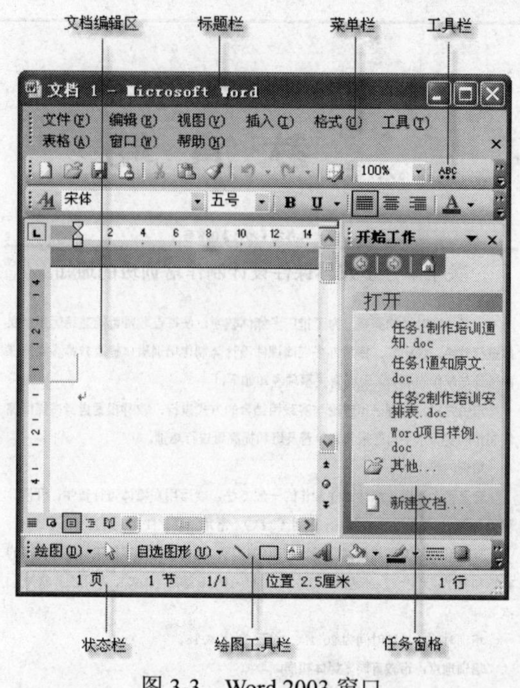

图 3-3　Word 2003 窗口

提示：为了方便使用 Word 2003，用户可定制窗口组成菜单，通过选择“视图”→“工具栏”菜单命令，单击相应选项，即可为在相应的选项前面添加或清除“√”号，从而让相应的工具条显示在 Word 2003 窗口中，方便随机调用其中的命令按钮。

（2）新建文档。新建文档一般有两种方法。

方法一：

① 单击“文件”→“新建”菜单命令，在窗口右侧显示“新建文档”任务窗格。

② 在“新建文档”任务窗格中单击“空白文档”命令，如图 3-4 所示。

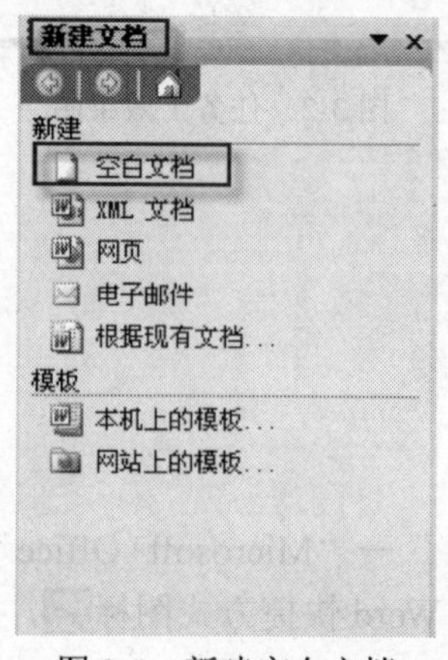

图 3-4　新建空白文档

方法二：

单击如图 3-5 所示的常用工具栏中的“新建”按钮，新建一个空白文档。

图 3-5　常用工具栏

（3）录入如下文字。

关于举办普通话学习班的通知

××省××市教育局

×××办发【2011】008 号

为了适应时代的需要，为了推广多媒体教学，使每位教师都能熟练运用多媒体进行教学，经研究，特举办多媒体课件设计与制作学习班，提高教师多媒体课件设计与制作的能力。现将有关事项通知如下：

学习方式：学习采用理论与实践相结合的方式进行，教师根据自身多媒体课件制作的实际水平自愿报名，分普及班和提高班进行学习。

学习内容：

普及班：掌握多媒体课件制作的一般方法，能运用多媒体进行教学；开设计算机基础（1 次），PowerPoint 应用（3 次），常用工具软件（2 次）。

提高班：掌握多媒体课件设计制作的技巧，熟悉多媒体课件设计制作竞赛的标准和要求；开设 Flash 基础（2 次），AuthorWare 基础（3 次），常用工具软件（1 次）。

学习时间：2011.6.10 至 2011.6.16。

学习地点：市教育局多媒体机房。

学习班的具体安排和学习内容见附表。

××市教育局

日期：2011 年 6 月 06 日

报送：××××××××××××

抄送：××××××××××××

（4）编辑文档。

① 将正文第一段中的“普通话”修改成“多媒体课件设计制作”。将光标置于“普通话”后面，单击“退格键”删除并重新输入“多媒体课件设计制作”。

② 将文中第二段内容复制到文中最后一段。选定要复制的文本。在选中的段落上右击鼠标（注意鼠标要指向选定的段落）；在右键快捷菜单中选择“复制”命令；将光标置于最后一段末尾，单击“回车键”；右击鼠标，选择“粘贴”命令即可。

③ 将正文第一段与第二段位置对调。选定要移动的第一段；在选中的段落上右击鼠标；在右键菜单中选择“剪切”命令；将光标置于第二段末尾处，按“回车键”；右击鼠标，在右键菜单中选择“粘贴”命令。

④ 将正文的最后一段删除。选定最后一段文本；按“退格”键（或按“删除”键）便可删除。

⑤ 将正文中所有的“学习”替换为“培训”。单击 “编辑”→“替换”命令，弹出“查找和替换”对话框；在“替换”选项卡的“查找内容”框中输入“学习”；在“替换为”框中输入“培训”；单击“全部替换”按钮，在弹出的对话框中，单击“确定”按钮，如图 3-6 所示。

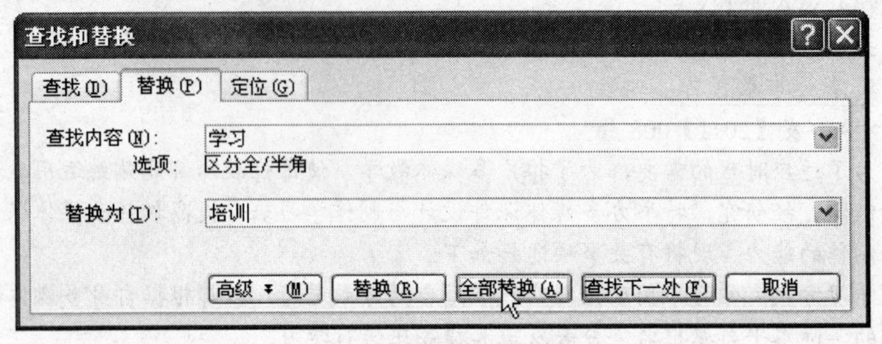

图 3-6　查找和替换对话

提示：利用“查找和替换”功能的高级选项，还能查找一些特殊字符，也可设置要查找或者要替换成的文字格式。

⑥ 编辑后的结果如图 3-7 所示。

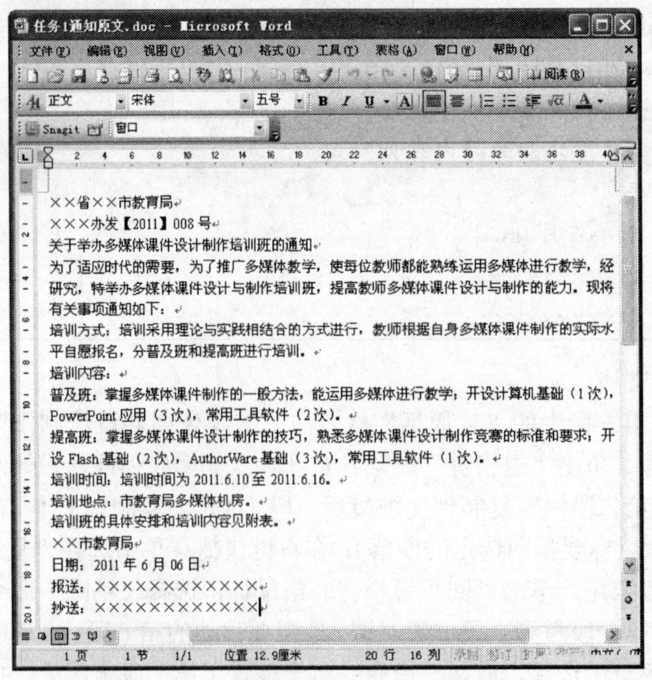

××省××市教育局

×××办发【2011】008 号

关于举办多媒体课件设计制作培训班的通知

为了适应时代的需要，为了推广多媒体教学，使每位教师都能熟练运用多媒体进行教学，经研究，特举办多媒体课件设计与制作培训班，提高教师多媒体课件设计与制作的能力。现将有关事项通知如下：

培训方式：培训采用理论与实践相结合的方式进行，教师根据自身多媒体课件制作的实际水平自愿报名，分普及班和提高班进行培训。

培训内容：

普及班：掌握多媒体课件制作的一般方法，能运用多媒体进行教学，开设计算机基础（1 次），PowerPoint 应用（3 次），常用工具软件（2 次）。

提高班：掌握多媒体课件设计制作的技巧，熟悉多媒体课件设计制作竞赛的标准和要求，开设 Flash 基础（2 次），AuthorWare 基础（3 次），常用工具软件（1 次）。

培训时间：培训时间为 2011.6.10 至 2011.6.16。

培训地点：市教育局多媒体机房。

培训班的具体安排和培训内容见附表。

××市教育局

日期：2011 年 6 月 06 日

报送：××××××××××××

抄送：××××××××××××

图 3-7　“培训通知”文本初步编辑结果

（5）保存文档。

① 单击“文件”→“保存”菜单命令，弹出“另存为”对话框。

② 在“保存位置”下拉列表框中选择我的电脑“本地磁盘 E”，如图 3-8 所示。

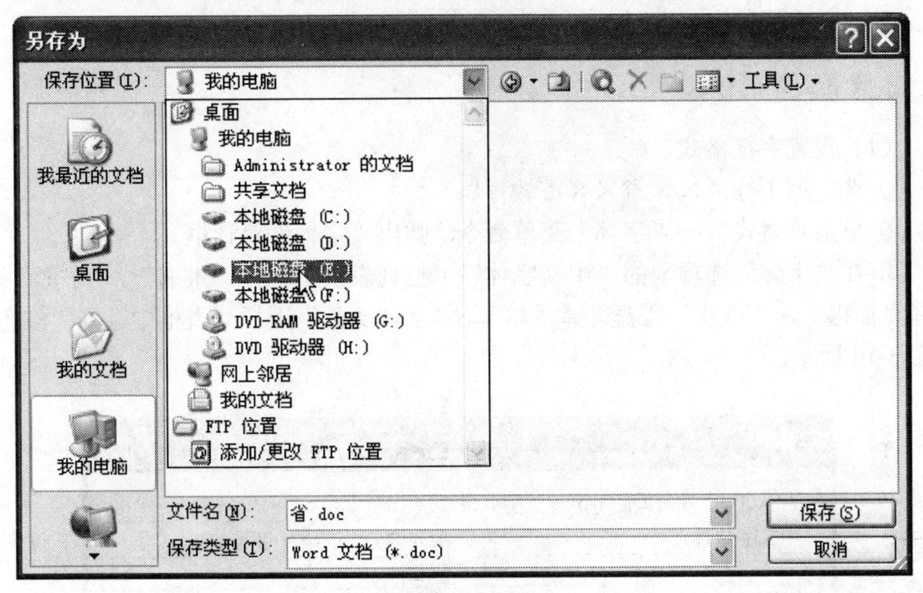

图 3-8　保存文档

③ 将默认的“省.doc”文件名重命名为“培训通知”。

④ 保存类型使用默认的“Word 文档（*.doc）”。

⑤ 单击“保存”按钮，如图 3-9 所示。

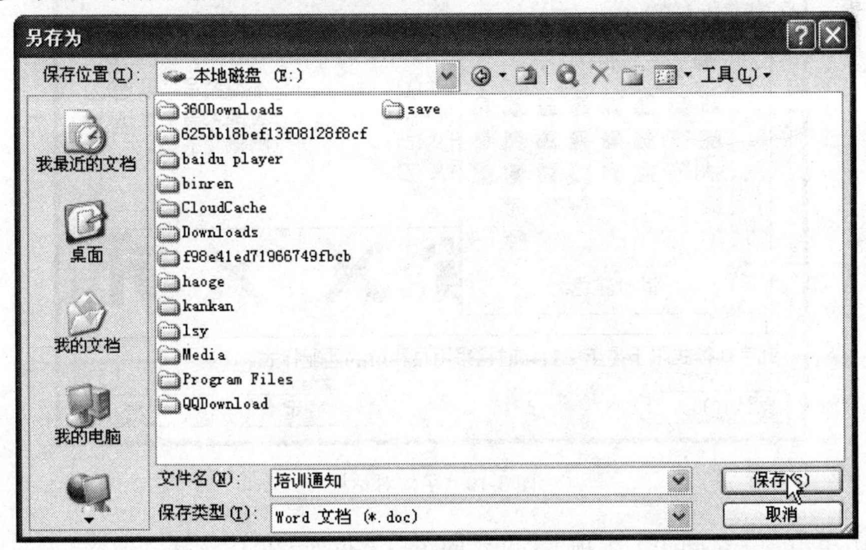

图 3-9　保存重命名

提示：在“另存为”对话框中的“保存类型”下拉列表框中，有 11 种可保存的文件类型，可以根据需要选择文件类型，默认保存类型是“Word 文档（*.doc）”。

（6）退出 Word。单击“文件”→“退出”菜单命令，关闭 Word 文档，并退出 Word 2003 应用程序。

2. 设置文字的格式

（1）设置字符格式。

① 选定第 1 行“××省××市教育局”。

② 单击“格式”→“字体”菜单命令，弹出“字体”对话框。

③ 在“字体”选项卡的“中文字体”下拉列表框中选择“隶书”，“字形”列表选择“加粗”，“字号”列表选择“48”，“字体颜色”下拉列表框中选择“红色”，如图 3-10 所示。

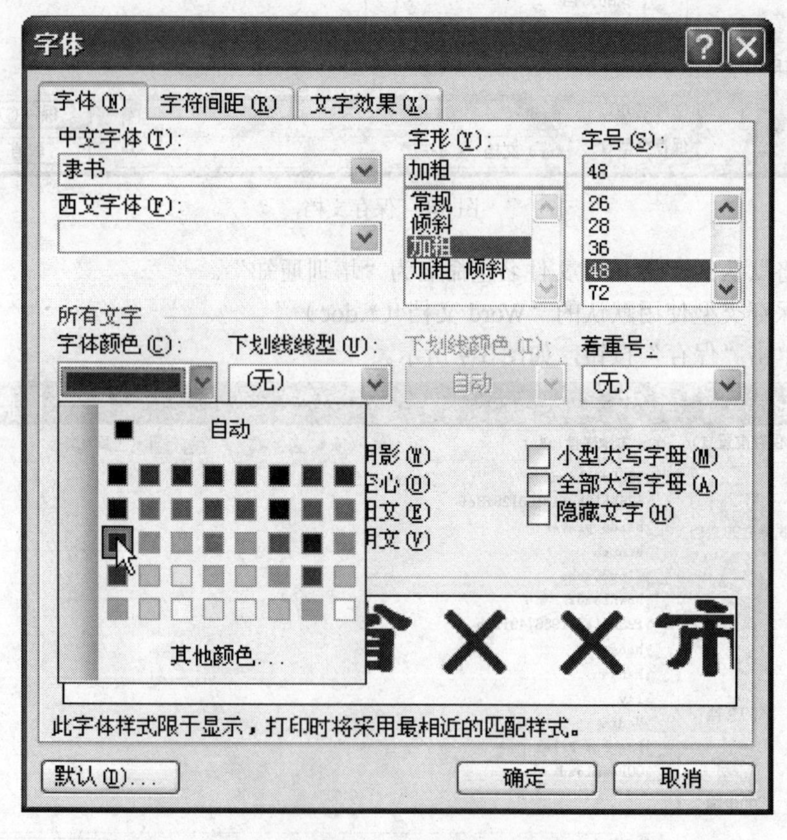

图 3-10　字体对话框

④ 单击“字符间距”选项卡，在“间距”下拉列表框中选择“加宽”，并设置设置间距为 8 磅，如图 3-11 所示，单击“确定”按钮。

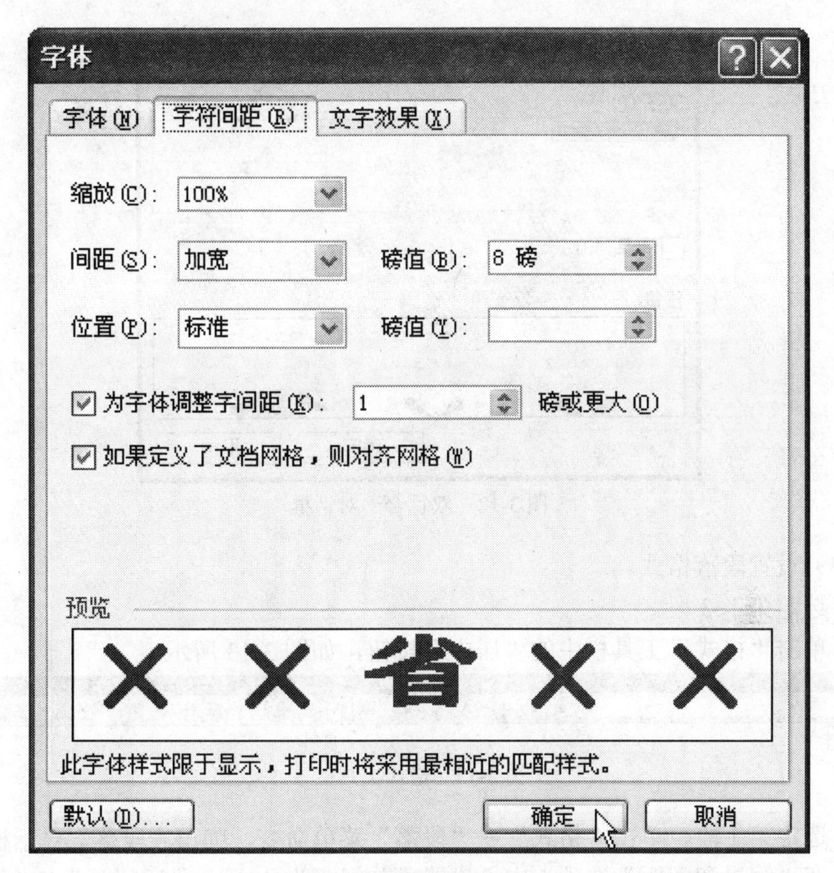

图 3-11　设置字符间距

⑤ 选定第 2 行“×××办发【2011】008 号”，用同样方法设置字符格式为黑体、加粗、11 磅。

⑥ 选定第 3 行“关于举办多媒体课件设计制作培训班的通知”，设置字符格式为宋体、加粗、小二号。

⑦ 选定通知正文和落款（第 4~18 行），设置字符格式为宋体、小四号。

⑧ 选定“报送”、“抄送”（第 19~20 行），设置字符格式为宋体、四号。

（2）设置中文版式。

① 选定“××省××市”6 个字符。

② 单击“格式”→“中文版式”→“双行合一”菜单命令，弹出“双行合一”的对话框。

③ 单击“确定”按钮，将这 6 个字设置为双行合一，如图 3-12 所示。

提示：如果对于设置的格式不满意，可以清除格式，恢复到默认状态。方法一：选定要清除格式的文本，按组合键 Ctrl+Shift+Z。方法二：选定要清除格式的文本，单击“编辑”→“清除”→“格式”。

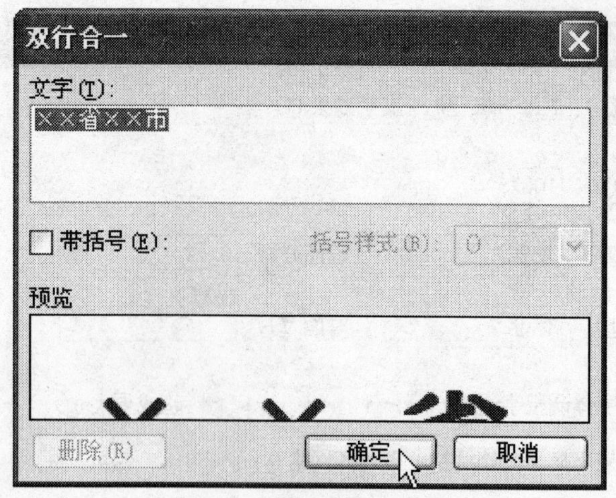

图 3-12　双行合一对话框

（3）设置段落格式。

① 选定第 1~3 段。

② 单击“格式”工具栏中的“居中”按钮，如图 3-13 所示

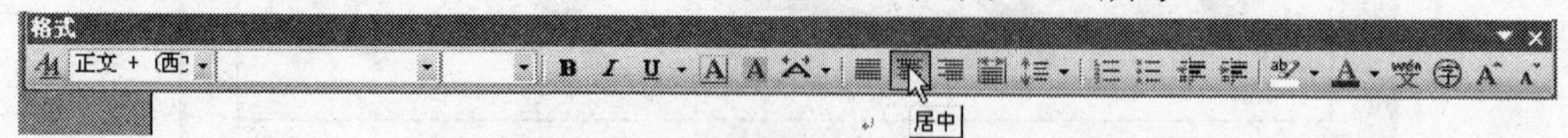

图 3-13　格式工具栏

③ 选定第 1 段，单击“格式”→“段落”菜单命令，弹出“段落”对话框。

④ 在“缩进和间距”选项卡中，设置段前间距为 1 行，段后间距为 2 行，如图 3-14 所示，单击“确定”按钮。

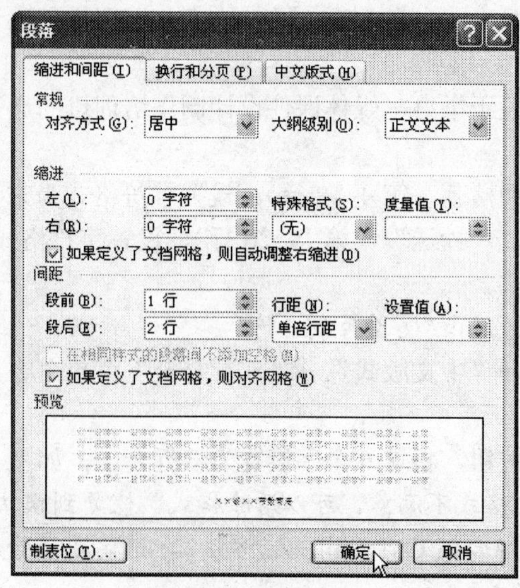

图 3-14　段落对话框

⑤ 选定“通知”正文（第 4~11 段），利用“段落”对话框设置“特殊格式”为首行缩进并设置“度量值”为 2 字符，“行距”为 1.5 倍行距。

⑥ 选定“通知”落款（第 12~13 段），设置对齐方式为“右对齐”，利用标尺“右缩进”滑块对“××市教育局”作细节调整，并设置段前间距为 2 行，段后间距为 2.5 行。

⑦ 设置最后两段文字“对齐方式”为“两端对齐”。

提示：设置相同的字符格式或段落格式，可以使用“格式刷”功能。

（4）设置边框与底纹。

① 选定第 2 段，单击“格式”→“边框与底纹”菜单命令，弹出“边框与底纹”对话框。

② 在“边框”选项卡的“线型”列表中选择第 9 种线型，“颜色”下拉列表中选择“红色”，“宽度”下拉列表中选择“3 磅”，在对话框右侧的“预览”区域单击左侧和下方的线条按钮取消上、左、右边线，如图 3-15 所示，

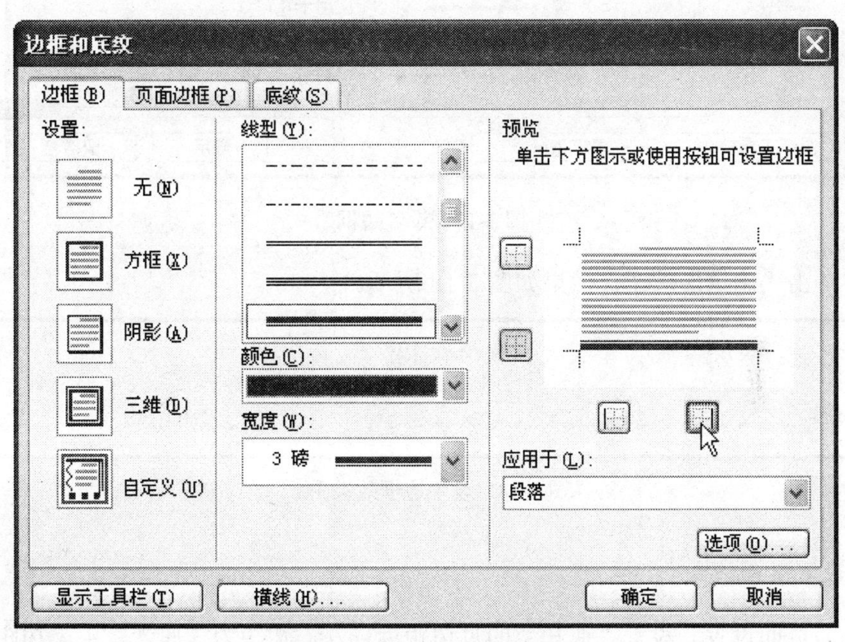

图 3-15　边框与底纹对话框

③ 单击“确定”按钮，效果如图 3-16 所示。

×××办发【2011】008 号

关于举办多媒体课件设计制作培训班的通知

图 3-16　设置边框效果图 1

④ 按照同样方法，给文章的最后两段“报送：×××，抄送：×××”添加“线型”列表中选择第1种线型、红色、2.5榜上、下线边框，如图3-17所示。

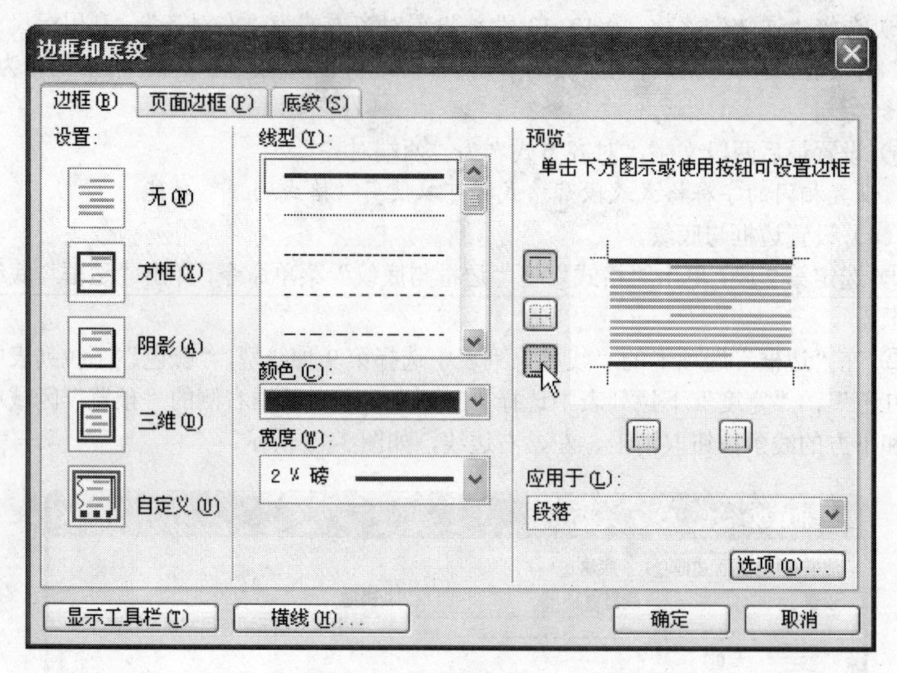

图3-17　设置边框

⑤ 单击“确定”按钮，效果如图3-18所示。

报送：×××××××××××××

抄送：×××××××××××××

图3-18　设置边框效果图2

3. 设置页面格式

（1）页面设置。设置“通知”的页边距为：左右边距为3厘米、上下边距为2.5厘米、纵向、纸张类型为A4。

① 单击“文件”→“页面设置”菜单命令，弹出“页面设置”对话框。

② 在“页边距”选项卡的“页边距”中设置左右边距为3厘米，上下边距为2.5厘米，“方向”选择“纵向”，如图3-19所示。

提示：如果要设置装订线，则设置装订线的位置和边距的值即可。

③ 单击“纸张”选项卡，设置纸张类型为A4，如图3-20所示，单击“确定”按钮。

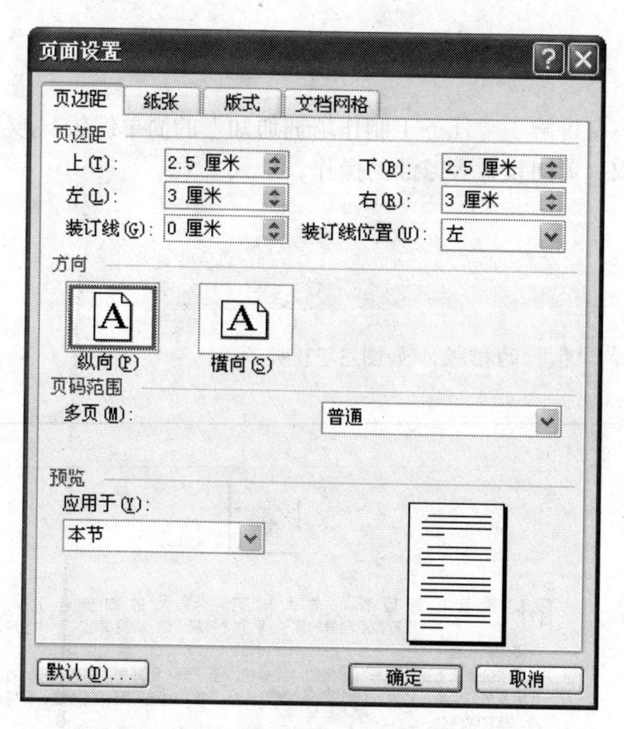

图 3-19　页面设置对话框

页面设置
页边距　纸张　版式　文档网格
纸张大小(R):
A4
宽度(W): 21 厘米
高度(E): 29.7 厘米
纸张来源
首页(F):
默认纸盒（自动选择）
自动选择
手动进纸
其他页(O):
默认纸盒（自动选择）
自动选择
手动进纸
预览
应用于(Y):
整篇文档
打印选项(T)...
默认(D)...　确定　取消

图 3-20　设置纸张

【任务小结】

本次任务主要讲解了“任务 1 制作培训通知”的简单编辑，涉及文档的字符格式化、段落的排版，页面设置等方面的操作。

【拓展任务】

1. 完成文章“春”的排版，如图 3-21 所示

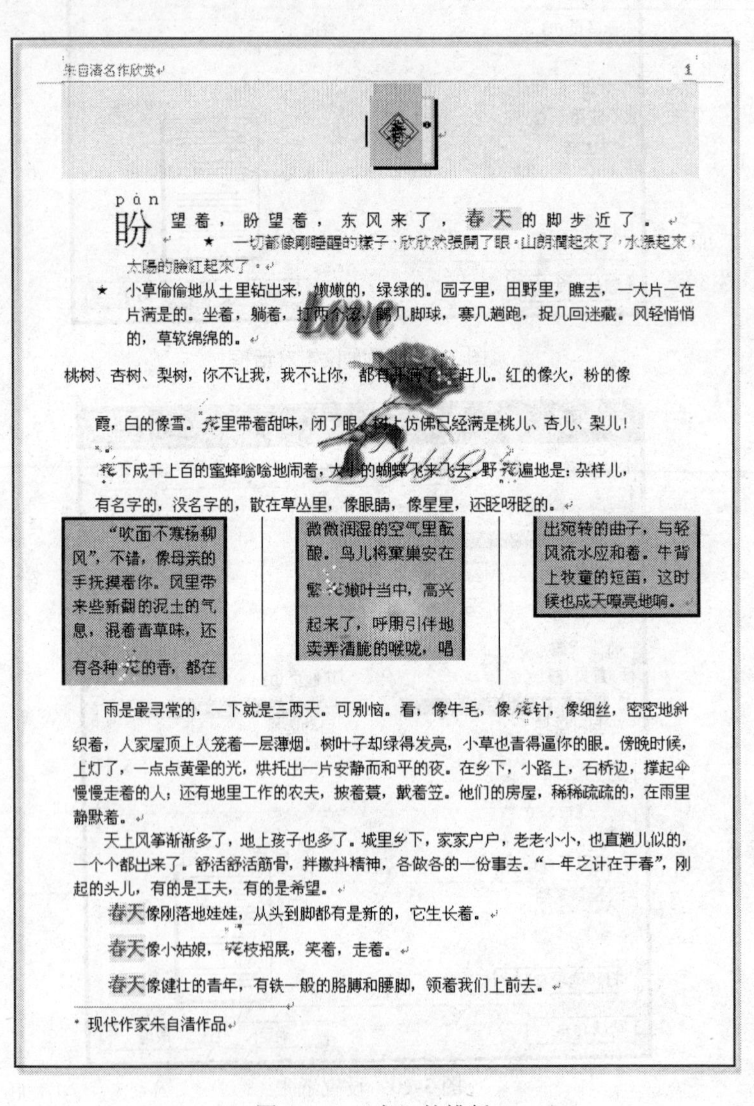

朱自清名作欣赏　　1

春

pàn
盼望着，盼望着，东风来了，春天的脚步近了。

★ 一切都像刚睡醒的樣子，欣欣然張開了眼。山朗潤起來了，水漲起來，太陽的臉紅起來了。

★ 小草偷偷地从土里钻出来，嫩嫩的，绿绿的。园子里，田野里，瞧去，一大片一大片满是的。坐着，躺着，打两个滚，踢几脚球，赛几趟跑，捉几回迷藏。风轻悄悄的，草软绵绵的。

桃树、杏树、梨树，你不让我，我不让你，都开满了花赶趟儿。红的像火，粉的像霞，白的像雪。花里带着甜味，闭了眼，树上仿佛已经满是桃儿、杏儿、梨儿！花下成千上百的蜜蜂嗡嗡地闹着，大小的蝴蝶飞来飞去。野花遍地是：杂样儿，有名字的，没名字的，散在草丛里，像眼睛，像星星，还眨呀眨的。

“吹面不寒杨柳风”，不错，像母亲的手抚摸着你。风里带来些新翻的泥土的气息，混着青草味，还有各种花的香，都在微微润湿的空气里酝酿。鸟儿将窠巢安在繁花嫩叶当中，高兴起来了，呼朋引伴地卖弄清脆的喉咙，唱出宛转的曲子，与轻风流水应和着。牛背上牧童的短笛，这时候也成天嘹亮地响。

雨是最寻常的，一下就是三两天。可别恼。看，像牛毛，像花针，像细丝，密密地斜织着，人家屋顶上人笼着一层薄烟。树叶子却绿得发亮，小草也青得逼你的眼。傍晚时候，上灯了，一点点黄晕的光，烘托出一片安静而和平的夜。在乡下，小路上，石桥边，撑起伞慢慢走着的人；还有地里工作的农夫，披着蓑，戴着笠。他们的房屋，稀稀疏疏的，在雨里静默着。

天上风筝渐渐多了，地上孩子也多了。城里乡下，家家户户，老老小小，也直趟儿似的，一个个都出来了。舒活舒活筋骨，抖擞抖精神，各做各的一份事去。“一年之计在于春”，刚起的头儿，有的是工夫，有的是希望。

春天像刚落地娃娃，从头到脚都有是新的，它生长着。

春天像小姑娘，花枝招展，笑着，走着。

春天像健壮的青年，有铁一般的胳膊和腰脚，领着我们上前去。

* 现代作家朱自清作品

图 3-21　“春”的排版

2. 操作要求

（1）设置标题“春”为居中、楷体、三号、蓝色、空心、加粗、加圈，并添加段落黄色底纹、文字青绿色阴影边框，框线粗 2.5 磅。

（2）设置正文第 1 段（“盼望着……脚步近了。”）中文字的字符间距为加宽 3 磅，段前间距为 18 磅，首字下沉、下沉行数为 2、距正文 0.2 厘米，给第一个“盼”字加拼音标注、大小为 12 磅，如图 3-23 所示。

（3） 将正文第 2 段改为繁体字，并在正文第二段、第三段前加项目符号“★”。

（4）设置正文第 4 段（“桃树……还眨呀眨的”）的左右缩进均为 1.6 厘米、悬挂缩进 2 字符、行距 18 磅。

（5） 给正文第 5 段（“吹面不寒杨柳风，……这时候也成天嘹亮地响着。”）添加蓝色段落边框、鲜绿色段落底纹，并分为等宽三栏、栏宽 3.45 厘米、栏间加分隔线。

（6）查找文中“春天”的个数，将正文中的所有“春天”设置为小四、加粗、绿色、阳文，添加文字黄色底纹。

（7）利用替换功能，将正文中所有的“花”设置为华文行楷、四号、倾斜、红色、礼花绽放的动态效果。

（8）插入图片（衬于文字下方），放在适当的位置。

（9）将文档页面的纸张大小设置为“A4（21×29.7 厘米）”、左右页边距为 3 厘米、上下页边距为 2 厘米。

（10）在文档的页面顶端（页眉）右侧插入页码，并将初始页码设置为全角字符的“１”。

（11）设置页眉，添加页眉内容“朱自清名作欣赏”，对齐方式为左对齐。

（12）为标题“春”插入脚注内容“现代作家朱自清作品”，脚注引用标记格式为“*”。

【知识巩固】

阅读配套教材的第 4 章第 1~3 节的内容，做配套教材第 4 章相关习题。

任务 2 制作培训安排表

【任务描述】

打开任务 1 制作的“培训通知”，另存为“培训安排表”。在文档中增加 1 页，在第

2 页中制作培训安排表，其中包含少量文字内容和“课程安排表”、“考试安排表”2 张表格，如图 3-22 所示。

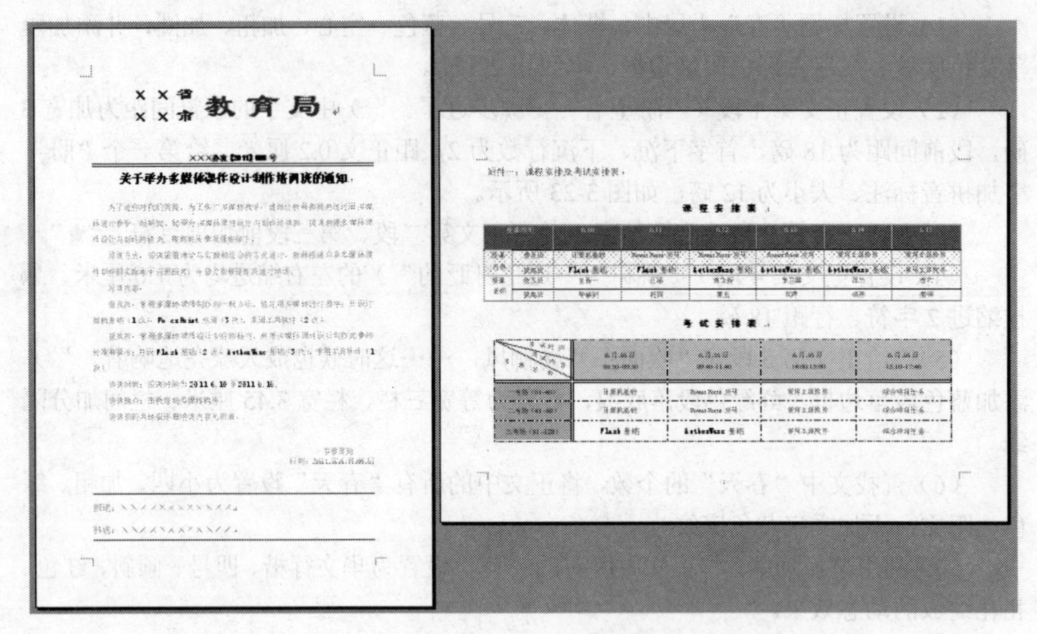

图 3-22　任务 2 效果图

【相关知识】

（1）分隔符。

（2）表格的创建。

（3）格式化和编辑表格。

【任务实现】

打开任务 1 制作的“培训通知.doc”，另存为“培训安排表.doc”。

1. 插入分隔符

（1）将光标置于第 1 页的最后，单击“插入”→“分隔符”菜单命令，弹出“分隔符”对话框。

（2）单击“分节符类型”中的“下一页”。

（3）单击“确定”按钮，如图 3-23 所示，使“通知”文档形成 2 节。

提示：只有将文档划分为若干节后，才可在同一文档中为每一节设置不同的页边距、纸张方向、纸张大小、版式等，只需在“预览”选项中选择应用于“本节”即可。

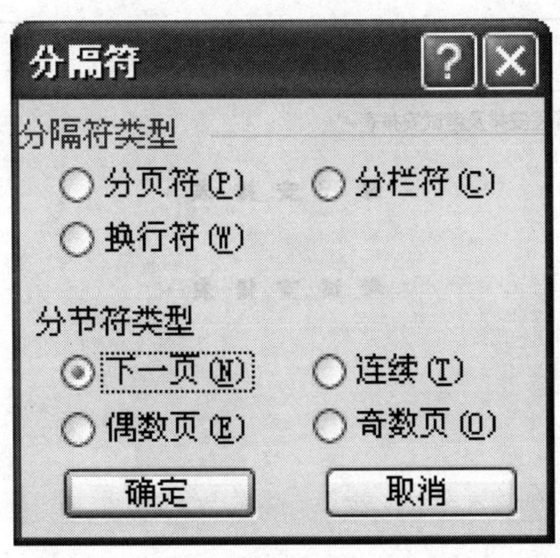

图 3-23　分隔符对话框

2. 页面设置

设置第 2 节的页边距为左、右、上、下边距均为 2.5 厘米、横向、纸张类型为 A4，如图 3-24 所示。

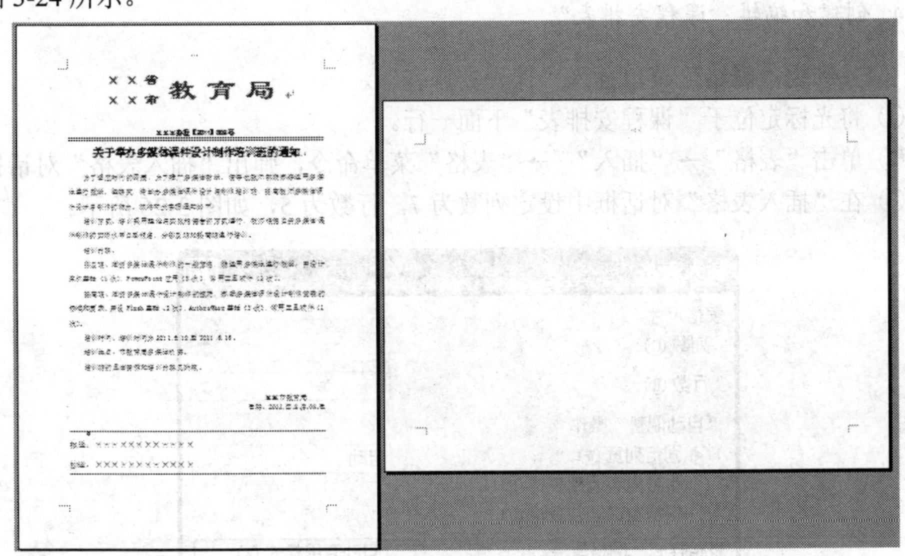

图 3-24　插入下一页

3. 录入文字内容

在“通知”第 2 节中录入文字内容并做一定的格式编辑，如图 3-25 所示。

注意：“课程安排表”和“考试安排表”中间有一行不带格式的空行。

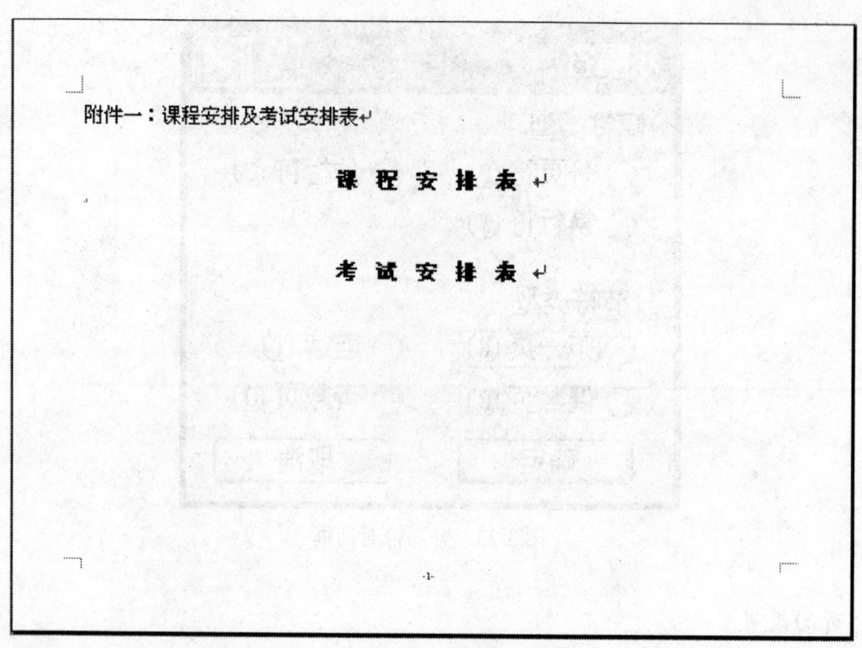

图 3-25　在第 2 节中录入文字

4. 创建和编辑"课程安排表"

（1）利用"表格"菜单插入"课程安排表"。

① 将光标定位于"课程安排表"下面一行。

② 单击"表格"→"插入"→"表格"菜单命令，弹出"插入表格"对话框。

③ 在"插入表格"对话框中设定列数为 7，行数为 5，如图 3-26 所示。

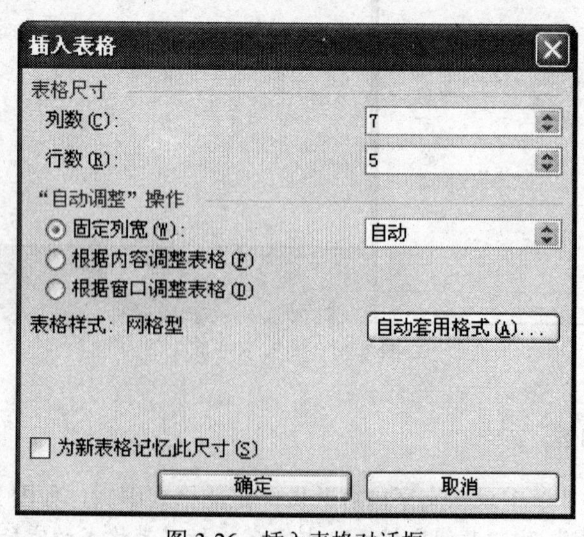

图 3-26　插入表格对话框

④ 在“插入表格”对话框中单击“自动套用格式”按钮，弹出“表格自动套用格式”对话框。在表格样式中选择“列表型 2”，如图 3-27 所示，单击“应用”按钮。

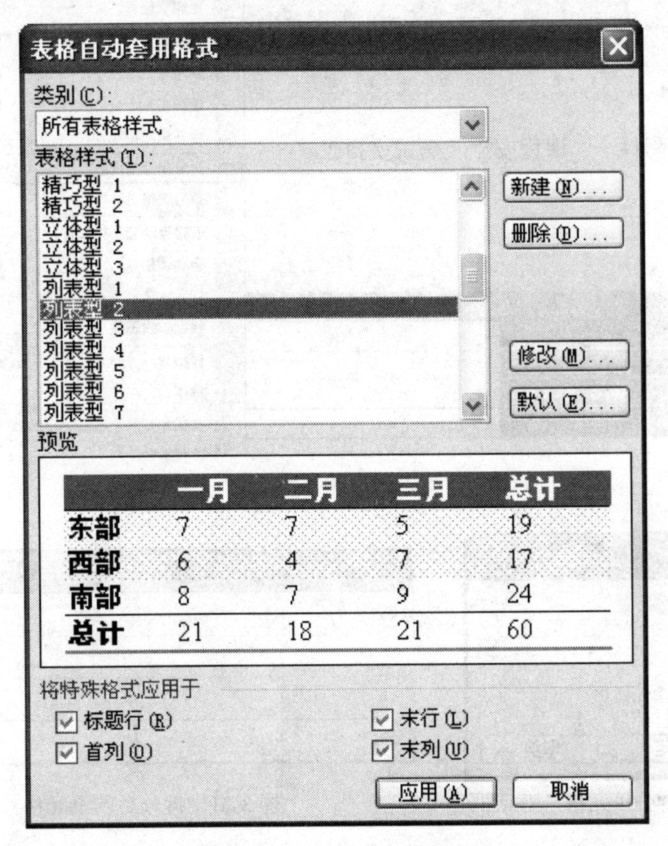

图 3-27　表格自动套用格式

⑤ 单击“确定”按钮，得到 5 行 7 列的表格，如图 3-28 所示。

课 程 安 排 表

图 3-28　利用“表格”菜单插入表格

（2）拆分/合并单元格。

① 选定第 1 列的 2~5 行，单击“表格”→“拆分单元格”菜单命令，如图 3-29 所示。

② 在弹出的“拆分单元格”对话框中设定“2 列”、“4 行”，如图 3-30 所示，单击“确定”按钮，拆分后的单元格如图 3-31 所示。

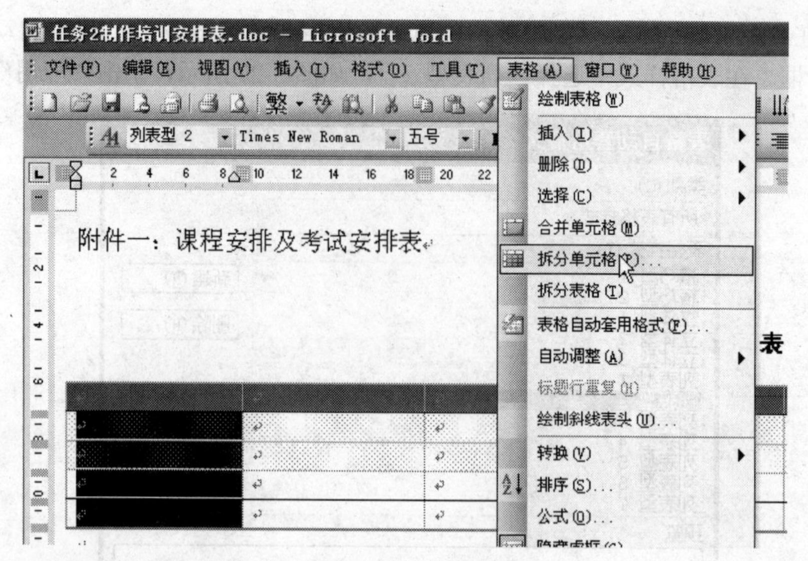

图 3-29　拆分单元格

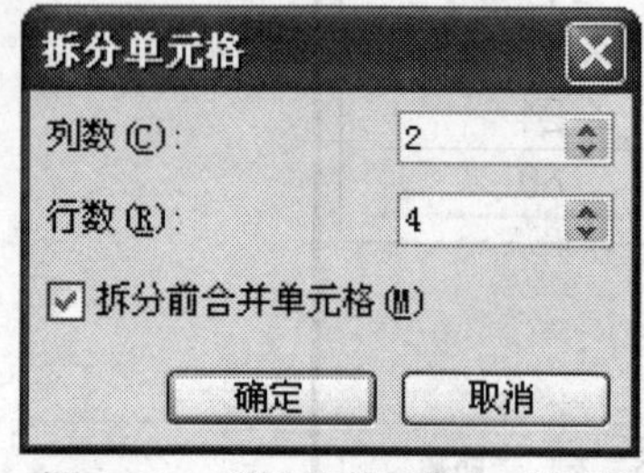

图 3-30　“拆分单元格”对话框

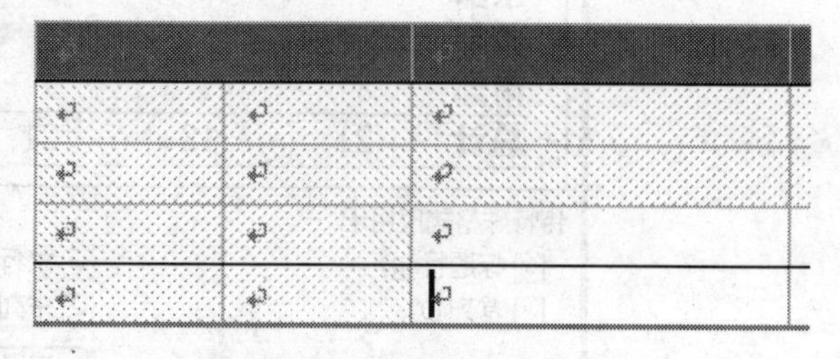

图 3-31　拆分后的单元格

③ 选定第 1 列的第 2~3 行，在选定区域右击鼠标，在弹出的快捷菜单中单击“合并单元格”命令，如图 3-32 所示。

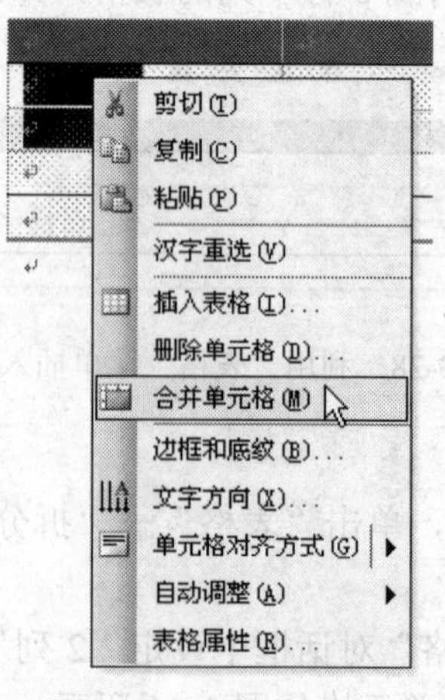

图 3-32　合并单元格

④ 用同样方法，将第 1 列的 4~5 行进行合并单元格操作。

（3）在表格中录入“课程安排表”内容，如图 3-33 所示。

课 程 安 排 表

授课时间		6.10	6.11	6.12	6.13	6.14	6.15
授课内容	普及班	计算机基础	PowerPoint 应用	PowerPoint 应用	PowerPoint 应用	常用工具软件	常用工具软件
	提高班	Flash 基础	Flash 基础	AuthorWare 基础	AuthorWare 基础	AuthorWare 基础	常用工具软件
授课老师	普及班	王新一	汪涵	蒋立新	李卫国	张三	李六
	提高班	毕福剑	赵四	黄五	倪萍	洪林	姜明

图 3-33　课程安排表内容

（4）设置“单元格对齐方式”。设置“课程安排表”所有文本的对齐方式为“中部居中”。

① 单击表格左上方的⊞符号选定整个表格。

② 在选定区域右击鼠标，在快捷菜单中选择“单元格对齐方式”→“中部居中”，如图 3-34 所示。

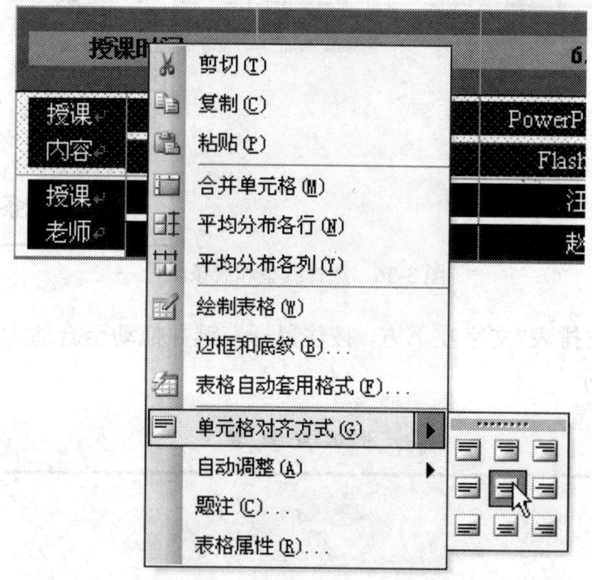

图 3-34　设置单元格对齐方式

5. 创建和编辑“考试安排表”

（1）绘制“考试安排表”。

① 单击“常用”工具栏中的“表格和边框”按钮，显示“表格和边框”工具栏，同时默认使用“绘制表格”按钮，鼠标指针变成一支笔的形状，如图 3-35 所示。

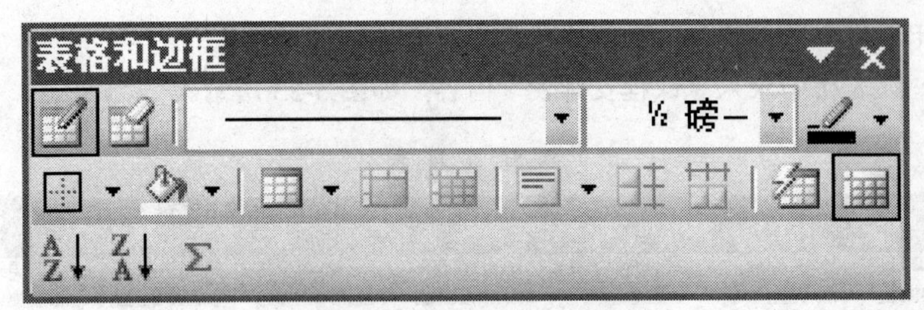

图 3-35　表格和边框工具栏

② 在“线型”列表中选择第 20 种线型，在“边框颜色”下拉列表中选择“红色”，如图 3-36 所示。

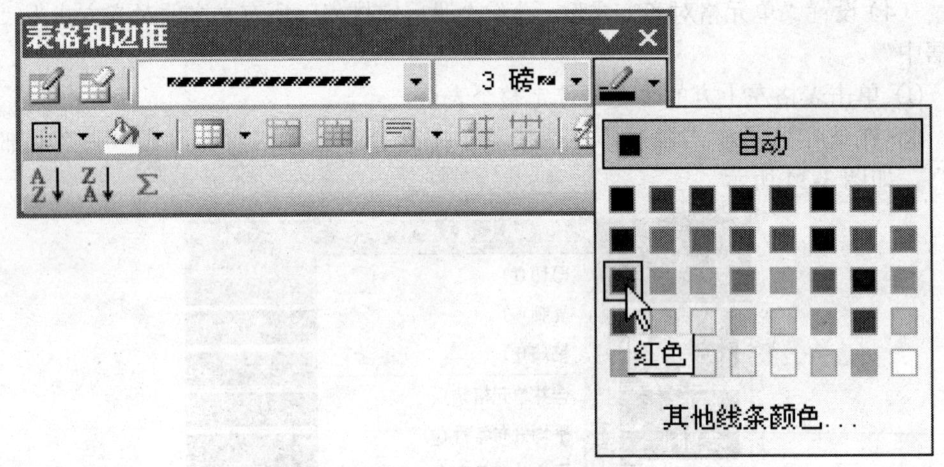

图 3-36　选择线型和线条颜色

③ 在“考试安排表”文字左下方，按住鼠标左键并拖动至合适大小，绘制出表格外框，如图 3-37 所示。

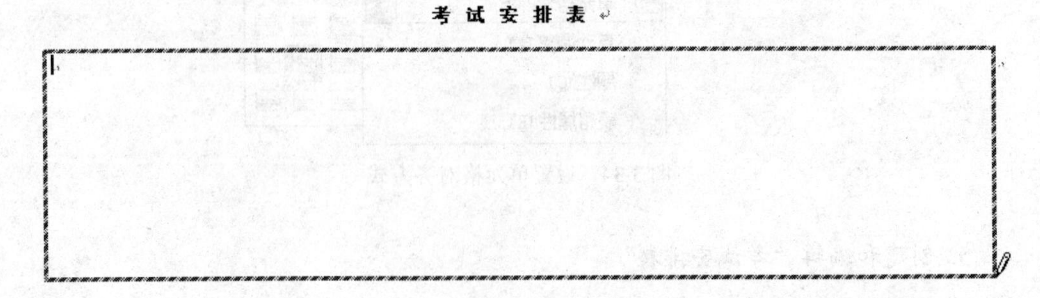

图 3-37　绘制表格外部框线

④ 用同样方法在“表格和边框”工具栏中选择双线（第 7 种线型）、0.5 磅、黑色，为表格绘制 2 条内部框线，如图 3-38 所示。

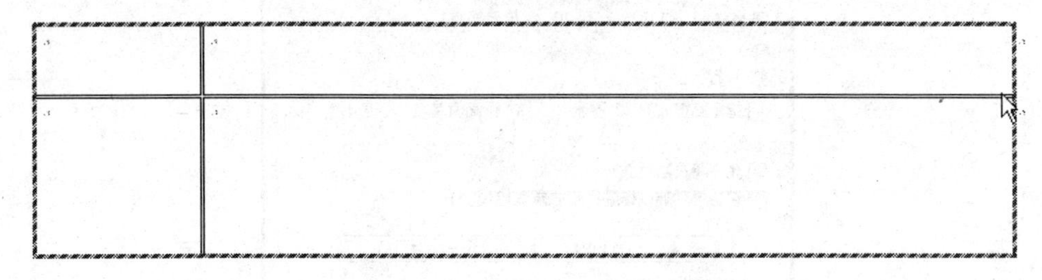

图 3-38　绘制内部框线 1

⑤ 用双点虚线（第 6 种线型）、0.5 磅、黑色绘制其余内部框线，如图 3-39 所示。

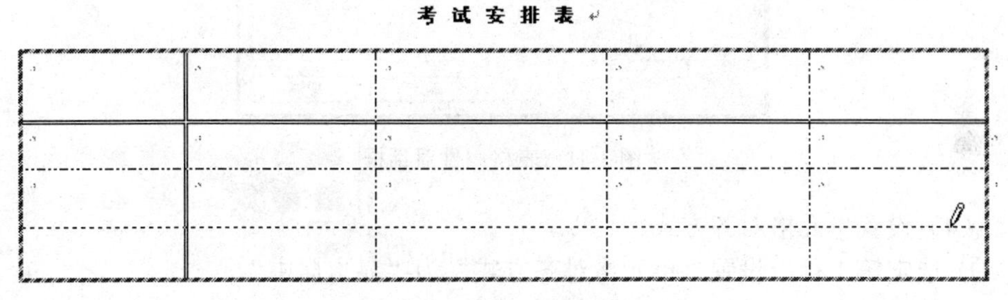

图 3-39　绘制内部框线 2

（2）录入“考试安排表”内容，如图 3-40 所示。

考 试 安 排 表

	6月16日 08:30~09:30	6月16日 09:40~11:40	6月16日 14:00:15:00	6月16日 15:10~17:40
一考场（01-40）	计算机基础	PowerPoint 应用	常用工具软件	综合项目任务
二考场（41~80）	计算机基础	PowerPoint 应用	常用工具软件	综合项目任务
三考场（81~120）	Flash 基础	AuthorWare 基础	常用工具软件	综合项目任务

图 3-40　考试安排表内容

（3）设置行高和列宽。设置“考试安排表”第 1 行的行高为 2 厘米，其余行的行高为 1 厘米，设置“考试安排表”第 1 列的列宽为 4 厘米，其余列的列宽为 5 厘米。

① 选定第 1 行，单击“表格”→“表格属性”菜单命令，弹出“表格属性”对话框。单击“行”选项卡，勾选“指定高度”复选框并设定高度为 2 厘米，如图 3-41 所示，单击“确定”按钮。重复以上步骤设置第 2~5 行的行高为 1 厘米。

② 选定第 1 列，单击“表格”→“表格属性”菜单命令，弹出“表格属性”对话框，单击“列”选项卡，勾选“指定列宽”复选框并设定列宽为 4 厘米，单击“确定”按钮。重复以上步骤设置第 2~5 列的列宽为 5 厘米。

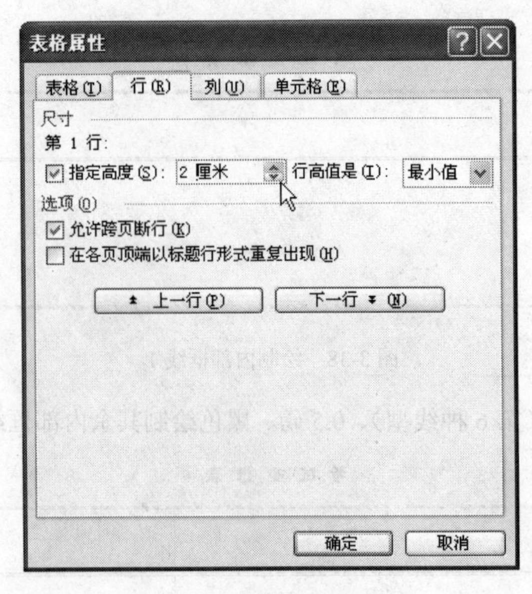

图 3-41　表格属性对话框

（4）设置单元格对齐方式。

① 选定第 1 行，设置“单元格对齐方式”为“靠上居中”。

② 选定第 1 列，设置“单元格对齐方式”为“中部两端对齐”。

③ 选定其余单元格，设置“单元格对齐方式”为“中部居中”。

（5）设置单元格底纹。表格的第一行除斜线表头部分，其余添加金色底纹，表格的第一列除斜线表头部分，其余添加酸橙色底纹。

① 选定第 1 行的 2~5 列，在“表格和边框”工具栏上的“底纹颜色”下拉列表中选择“金色”，如图 3-42 所示。

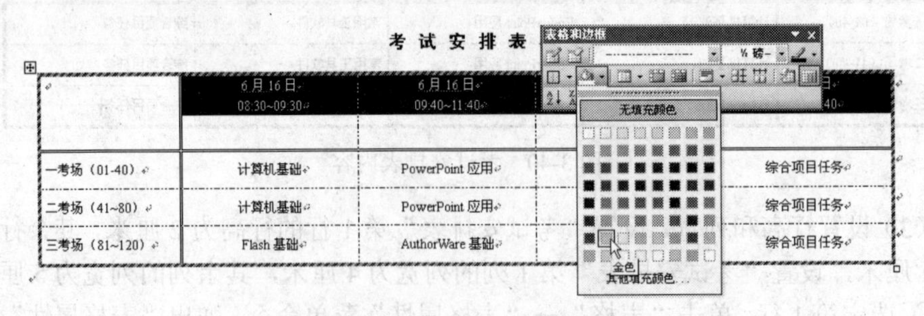

图 3-42　设置单元格底纹颜色

② 选定第 1 列的 2~4 行，在“表格和边框”工具栏上的“底纹颜色”下拉列表中选择“酸橙色”，“考试安排表”底纹效果如图 3-22 所示。

（6）绘制斜线表头。

① 将光标定位于“考试安排表”的第 1 个单元格。

② 单击“表格”→“绘制斜线表头”菜单命令，在弹出的“插入斜线表头”对话框选择“表头样式”为“样式三”，“字体大小”为“小五”，输入“行标题一”为“时间”、“行标题二”为“科目”、“列标题”为“考场”，如图3-43所示，单击“确定”按钮，插入斜线表头，如图3-44所示。

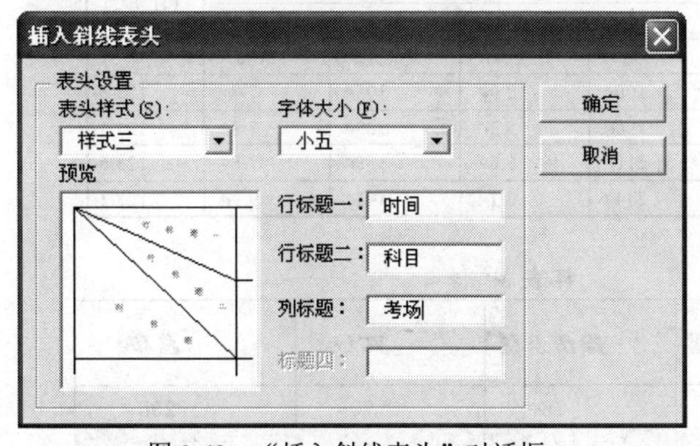

图3-43 “插入斜线表头”对话框

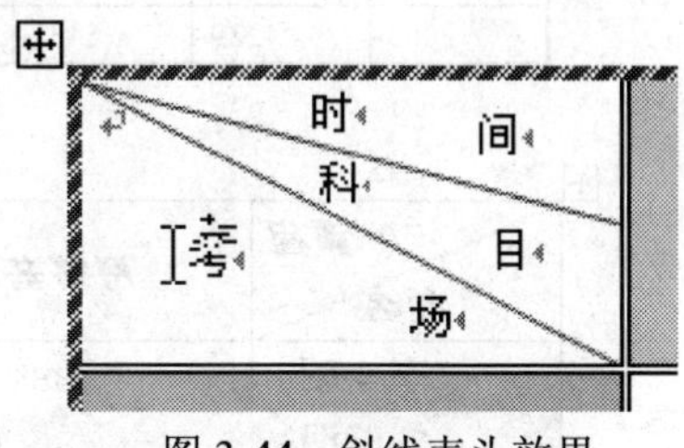

图3-44 斜线表头效果

【任务小结】

在本任务中我们用两种方法制作了两种不同类型的表格。利用“表格”菜单中的插入表格命令制作了一个常规表格“课程安排表”，并为它选用了一种“自动套用格式”；用手动绘制的方法制作了一个个性化的表格“考试安排表”。

【拓展任务】

样表1

星期 / 时间		星期一	星期二	星期三	星期四	星期五
上午	1~2节					
	3~4节					
午休						
下午	5~6节					
	7~8节					
课外活动						

样表 2

	人均纯收入（元）		比上年增减				两省收入比（江苏为100）
年份	江苏	浙江	江苏		浙江		
			（元）	（%）	（元）	（%）	
2000	3959	4254	100	2.9	305	7.7	118.3
2001	3785	4582	190	5.3	329	7.7	121.1
2002	3996	4940	211	5.6	358	7.8	123.6
2003	4239	5431	244	6.1	491	9.9	128.1

样表 3

课程 / ***姓名***	***网络基础***	***操作系统***	***VC++***	***总和***
李小明	88	78	70	**236**
刘明明	80	88	74	**242**
张国庆	75	50	78	**203**
单科平均	**81**	**72**	**74**	**227**

1. 绘制“样表 1”所示的表格

（1）插入一个如样表所示的 7 行 6 列表格。

（2）将第 1 行单元格的底纹设置为浅绿色，第 1 行单元格字体设置红色、加粗。

（3）除第一单元格的“星期”、“时间”外，其余单元格文字对齐方式为中部居中。

2. 绘制“样表 2”所示的表格

（1）插入一个 6 行 8 列表格。

（2）按样表进行相应的合并与拆分单元格操作。

（3）将表格的外框宽度设置为 1.5 磅蓝色实线，所有内框线设置为 1 磅黑色实线。

（4）指定表格宽度为 15 厘米，居中对齐。

（5）所有单元格的内容中部居中对齐。

3. 绘制“样表 3”所示的表格

（1）插入一个 4 行 4 列的表格，按样表输入相应的数据；

（2）插入“总和”列及插入“单科平均”行，并用公式计算“总和”及“单科平均”成绩；

（3）表格第五列指定列宽为 3.5 厘米，第五行指定行高为 1.2 厘米。

（4）表格采用“表格自动套用格式”的“列表型 8”。

【知识巩固】

阅读配套教材第 4 章第 4 节的内容，做配套教材第 4 章后面的相关习题。

任务 3　制作报名流程图

【任务描述】

打开任务 2 制作的“培训安排表”，另存为“报名流程图”。首先在文档中增加 1 页，然后在第 3 页中制作“报名流程图”，最后在第 1 页的落款上绘制“××市教育局”的培训专用章，如图 3-45 所示。

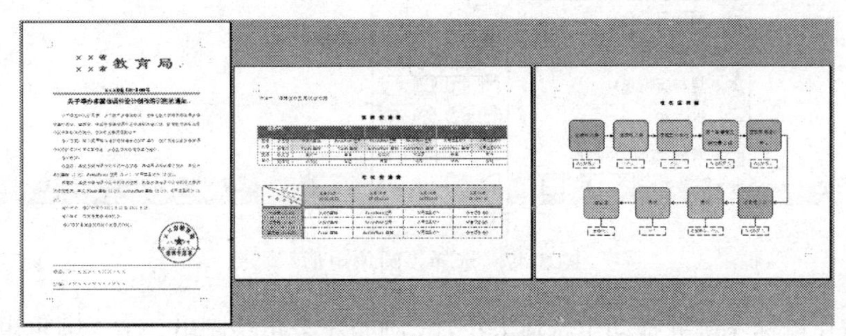

图 3-45　任务 3 效果图

【相关知识】

（1）自选图形。

（2）文本框。

（3）艺术字。

【任务实现】

1. 插入分隔符

将光标定位于第 2 节的最后，单击“插入”→“分隔符”菜单命令，在弹出的“分隔符”对话框中选择“分页符”，单击“确定”按钮，在第 2 节中增加 1 页，此时整个文档共有 3 页，如图 3-45 所示。

2. 制作报名流程图

在“通知”第 3 页中录入“报名流程图”，并在下方绘制流程图。

（1）绘制“圆角矩形”。

① 打开“绘图”工具栏：单击“视图”→“工具栏”→“绘图”，打开“绘图”工具栏，如图 3-46 所示。

图 3-46 绘图工具栏

② 单击“绘图”工具栏中的“自选图形”→“基本形状”→“圆角矩形”,如图 3-47 所示，此时会自动出现画布，同时鼠标指针变成+形状。

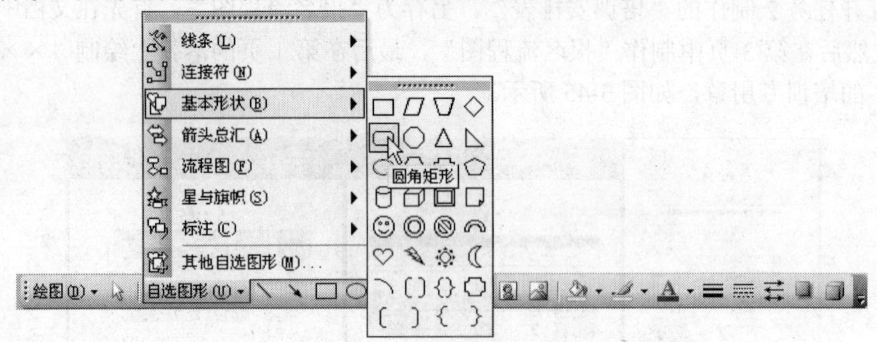

图 3-47 选择“圆角矩形”

③ 按住鼠标左键并拖动至合适大小，在画布左上角绘制出一个“圆角矩形”，如图 3-48 所示。

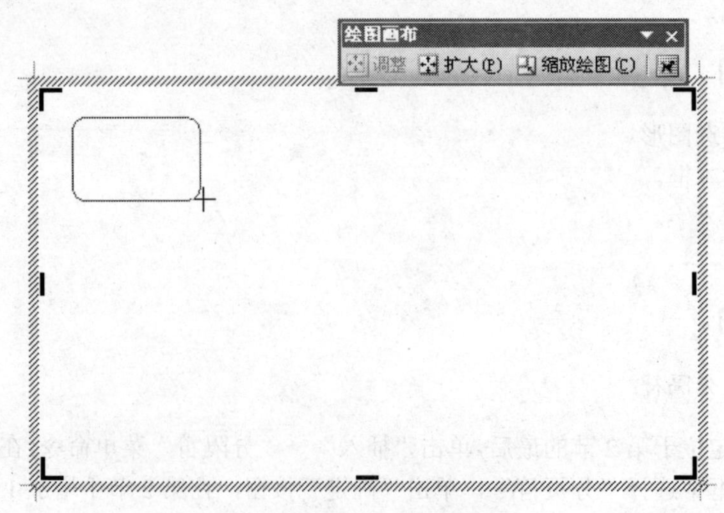

图 3-48 在画布里画圆角矩形

注意：画布的大小会默认和页面同宽同高，所以画布出现时会因为页面位置不够自动跳至下一页，此时，我们必须将画面高度调小一点，画布才可回到前一页。

（2）编辑圆角矩形。

① 添加文字：在“圆角矩形”上右击鼠标，在弹出的快捷菜单中选择“添加文字”命令，如图 3-49 所示，此时光标在圆角矩形中闪烁，输入文字“领取报名表”，并设置为“宋体”、“四号”、“居中”。

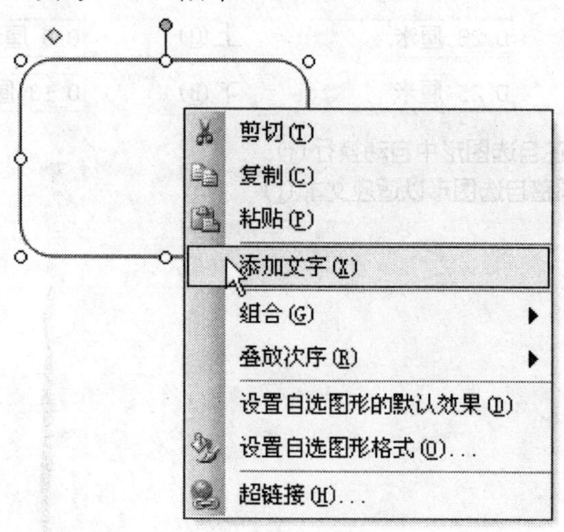

图 3-49　在圆角矩形中添加文字

② 设置图形大小：在“圆角矩形”上双击鼠标，在弹出的“设置自选图形格式”对话框中单击“大小”选项卡，设置“高度”为 3 厘米、“宽度”为 3.5 厘米，如图 3-50 所示。

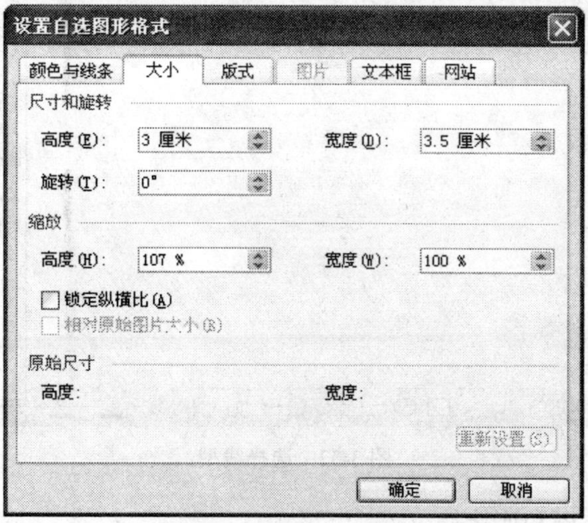

图 3-50　设置自选图形大小

③ 设置文本边距：单击“文本框”选项卡，设置内部边距“上”为 0.8 厘米，如图 3-51 所示，单击“确定”按钮。

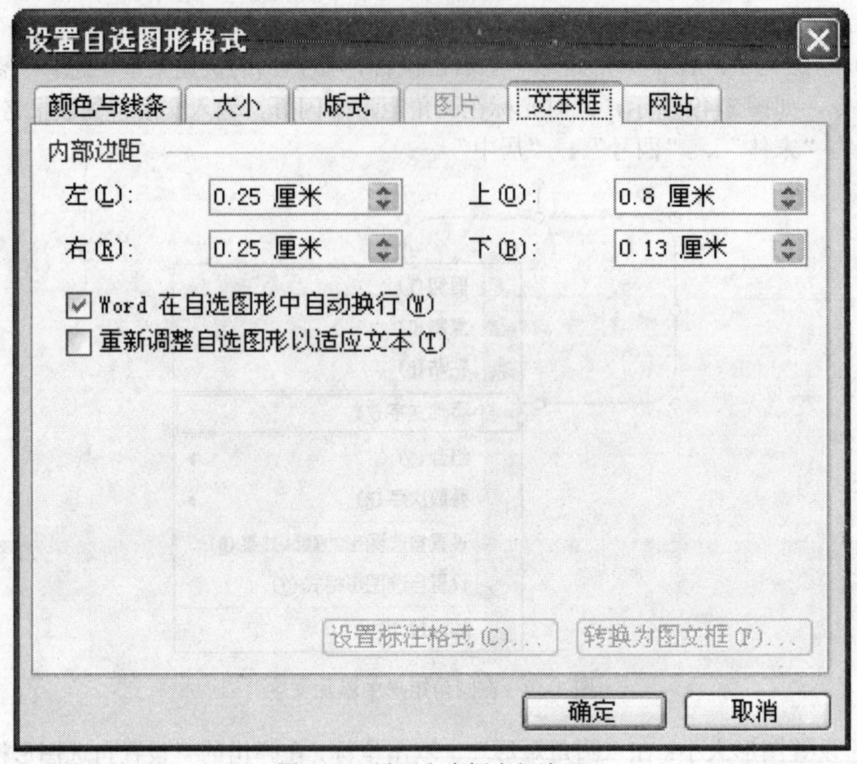

图 3-51　设置文本框内部边距

④ 在“绘图”工具栏中单击“线型”按钮，选择“2.25 磅”，如图 3-52 所示。

图 3-52　选择线型

（3）绘制文本框和连接符。

① 按照同样方法在圆角矩形下方绘制一个横排“文本框”，大小为高度 0.8 厘

米、宽度 3 厘米，线条为虚线，录入文字“单位联系人”并设置文字为宋体、小四、居中。

② 在“绘图”工具栏中选择“自选图形”→“连接符”→“直线连接符”，如图 3-53 所示。

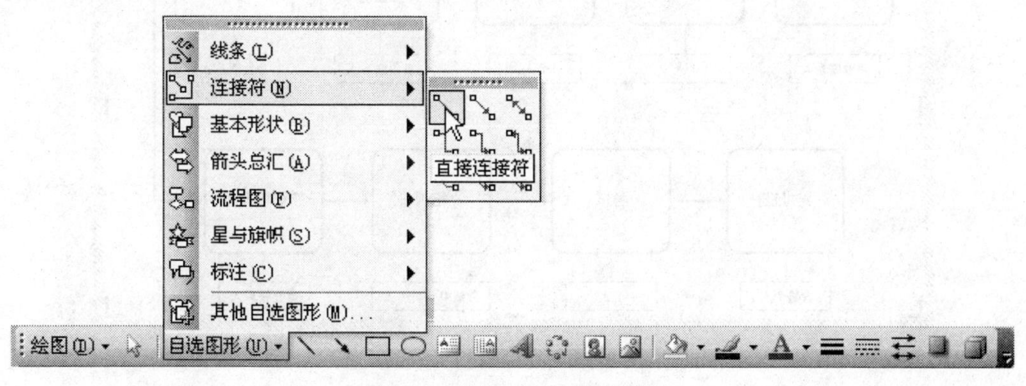

图 3-53 选择“直线连接符”

③ 在圆角矩形和文本框间绘制连接符，画好文本框和连接符的效果如图 3-54 所示。

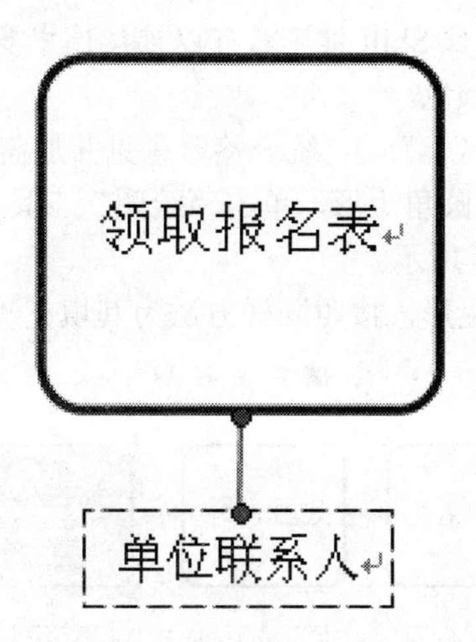

图 3-54 连接符效果

提示： 如果连接符的连接点呈绿色，则表明未连接到对象，呈红色则表示连接到对象。

（4）复制自选图形。

① 在自选图形左上方按住鼠标左键并拖出一个虚线框，框选刚才绘制好的“圆角矩形”、“连接符”、“文本框”3 个对象。

② 将选定的 3 个对象复制 8 份，并修改其中的文字内容，调整对象位置，并在圆角矩形间绘制带箭头的“连接符”，即得到流程图初步效果，如图 3-55 所示。

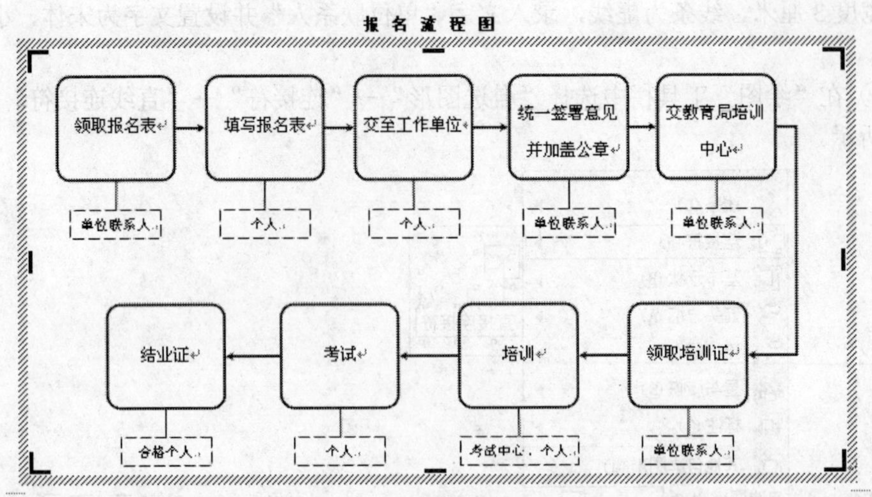

图 3-55 流程图初步效果

提示：利用 Shift 键绘制标准图形：①按住 Shift 键，画出的直线和箭头与水平线的夹角就不是任意的，而是 150、300、450、600、750、900 等几种固定的角度。②按住 Shift 键，可以画出正圆、正方形、正五角星等图形。总之，按住 Shift 键之后绘出的图形都是标准图形，而且按住 Shift 键不放可以连续选中多个图形。

（5）为自选图形填充颜色。

① 同时选定“领取报名表”、“统一签署意见并加盖公章”、“交教育局培训中心”、“领取培训证”4 个圆角矩形，单击“绘图”工具栏中的“填充颜色”按钮，选择“浅橙色”，如图 3-56 所示。

② 选定其余 5 个圆角矩形，按照同样方法为其填充“酸橙色”。

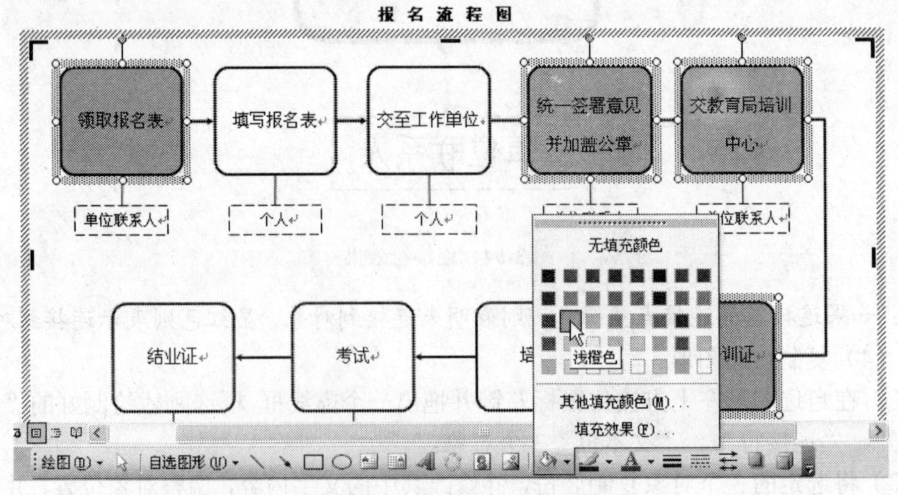

图 3-56 为自选图形填充颜色

3. 绘制培训专用章

（1）将光标定位于第一页“××市教育局”落款处。

（2）绘制正圆。

① 单击“绘图”工具栏中的“椭圆”按钮，此时会自动弹出画布，按【Esc】键取消画布。

② 按住【Shift】键的同时在落款左侧的空白处拖动鼠标，绘制正圆，设置其高和宽为4厘米、线型3磅、线条颜色“红色”、填充颜色“无填充颜色”，正圆效果如图3-57所示。

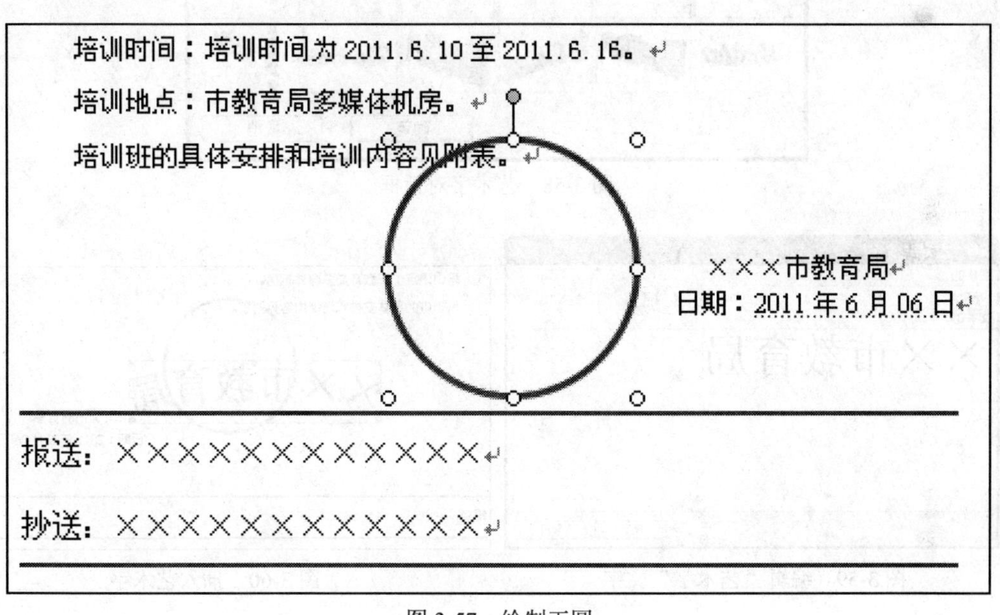

图3-57　绘制正圆

（3）插入“艺术字”。

① 将光标定位于落款前面，单击“绘图”工具栏中的“插入艺术字”按钮，在弹出的“艺术字库”对话框中选择第1行第3列的样式，如图3-58所示，单击“确定”按钮。

② 在弹出的“编辑艺术字文字”对话框的文字编辑区中输入“××市教育局”，单击“确定”按钮，如图3-59所示，得到艺术字如图3-60所示。

③ 选定“艺术字”，在“艺术字”的工具栏中单击“文字环绕”→“四周型环绕”，如图3-61所示，此时艺术字周围的八个黑点变成八个空心圆点，调整艺术字的大小并将艺术字移动放入“圆”中（左手按住【Alt】键配合着鼠标可精确移动）。

④ 选定“艺术字”，利用“绘图”工具栏设置艺术字的“填充颜色”和“线条颜色”均为“红色”，艺术字效果如图3-62所示。

图 3-58　艺术字对话框

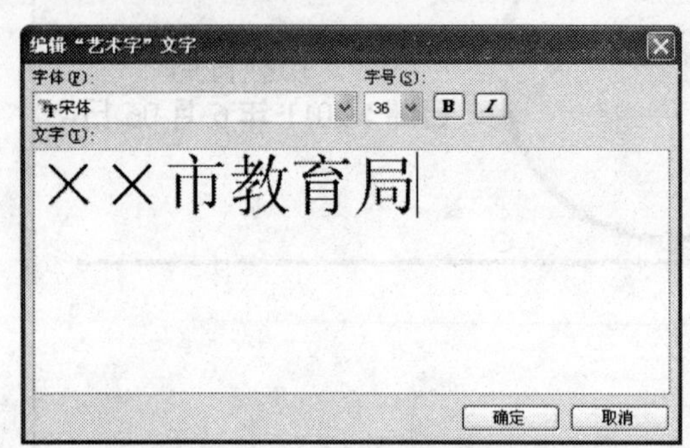

图 3-59　编辑“艺术字”文字

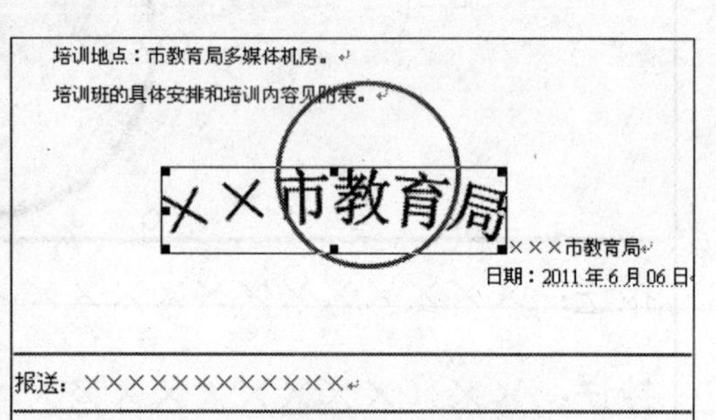

图 3-60　插入艺术字

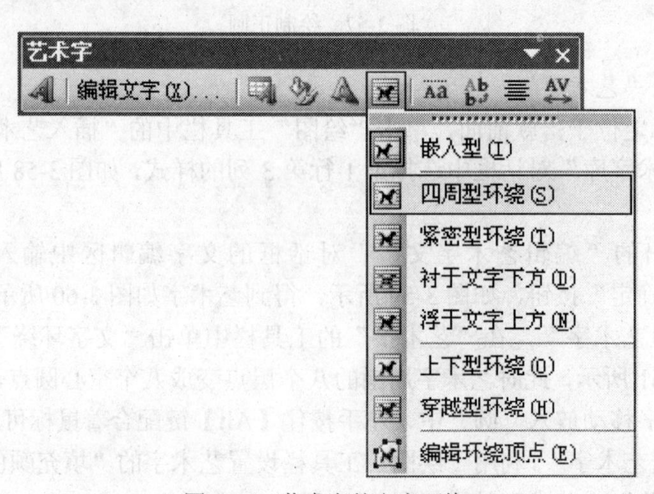

图 3-61　艺术字的文字环绕

图 3-62 “××教育局”艺术字效果

⑤ 在正圆中下方用同样方法插入艺术字“培训专用章”，艺术字效果和位置如图3-63所示。

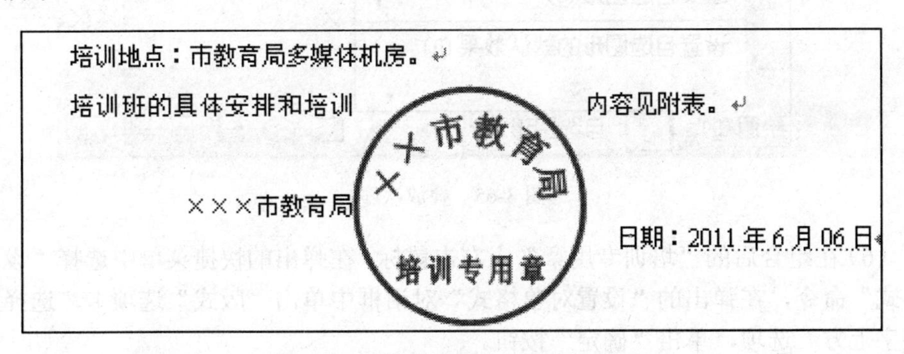

图 3-63 “培训专用章”艺术字效果

（4）绘制“五角星”。

① 单击“绘图”工具栏中的“自选图形”→“星与旗帜”→“五角星”，在“圆”中拉出一个适当大小的“五角星”。

② 设置“五角星”的“填充颜色”“线条颜色”均为“红色”，五角星效果如图3-64所示。

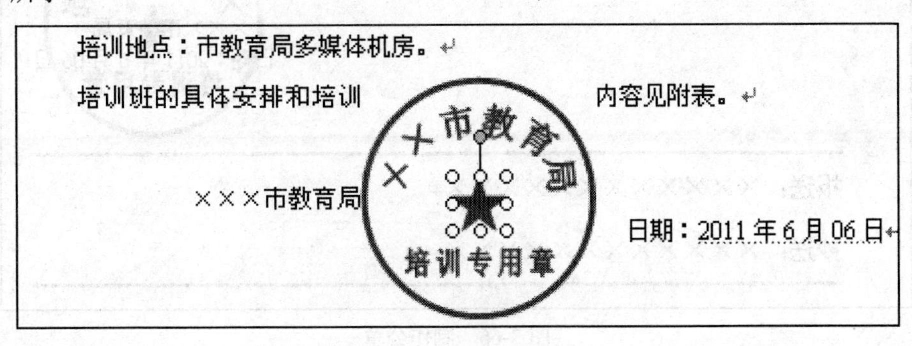

图 3-64 五角星效果

（5）同时选定正圆、艺术字、五角星 3 个对象，在“绘图”工具栏中单击“绘图”按钮，选择“组合”命令，如图 3-65 所示。

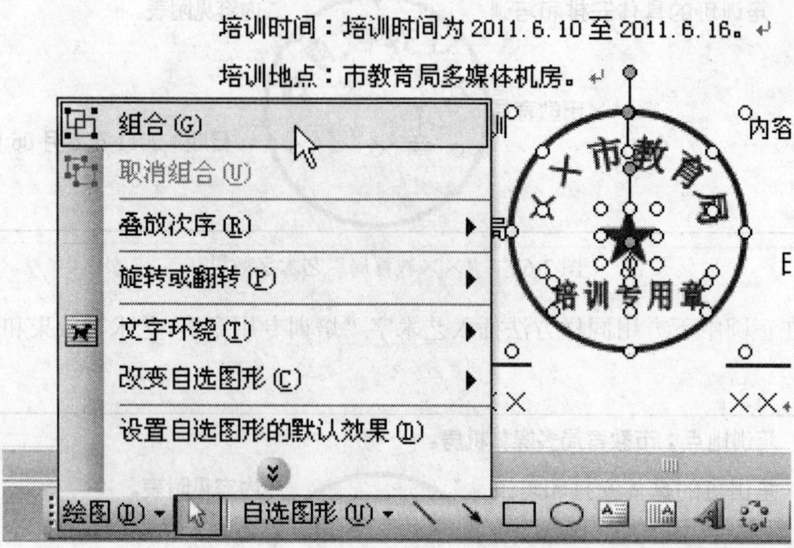

图 3-65　叠放次序

（6）在组合后的“培训专用章”上右击鼠标，在弹出的快捷菜单中选择“设置对象格式”命令，在弹出的“设置对象格式”对话框中单击“版式”选项卡，选择“浮于文字上方”选项，单击“确定”按钮。

（7）将组合后的“培训专用章”移动至落款上方，如图 3-66 所示。

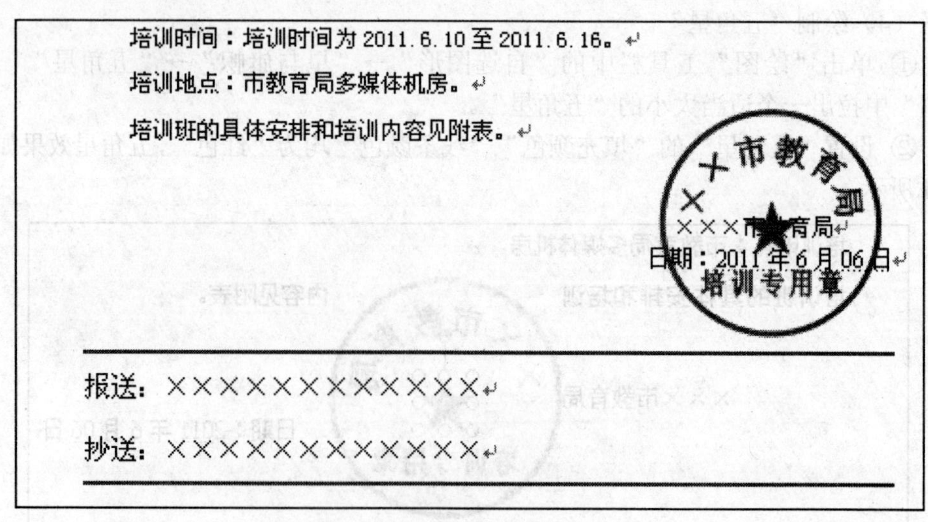

图 3-66　制作公章

【知识回顾】

本次任务主要介绍了创建流程图和制作印章等技术。

【任务拓展】

1. 完成如下流程图

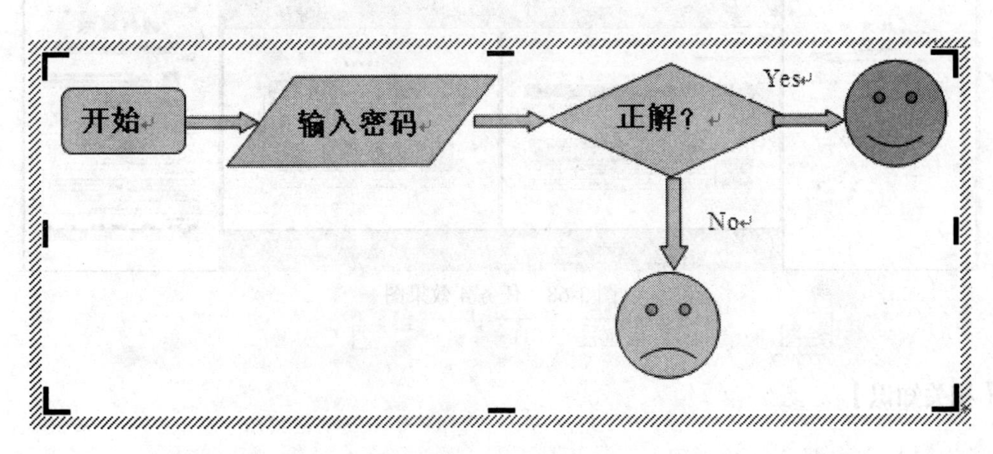

图 3-67 流程图练习

提示：“基本形状”和“箭头”填充为淡蓝色，笑脸填充为浅橙色，哭脸填充为金色，如图 3-67 所示。

2. 输入如下数学题

提示：单击“插入”→“对象”→“新建”选项卡中找到“Microsoft 3.0”进行操作。

（1）方程 $\left[\frac{dy}{dx}\right]^2-5\frac{dy}{dx}+6y=0$ 的通解是____________。

（2）方程 $\frac{dy}{dx}=\sqrt{1-y^2}$ 过点（0,0）的解为 $y=\sin x$，此解存在（　　）。

【知识巩固】

阅读配套教材的第 4 章第 5 节的内容，做配套教材第 4 章相关习题。

任务 4　制作培训简报

【任务描述】

打开任务 3 制作的“报名流程图”，另存为“培训简报”。在文档中增加 1 页，在第 4 页中制作“培训简报”，效果如图 3-68 所示。

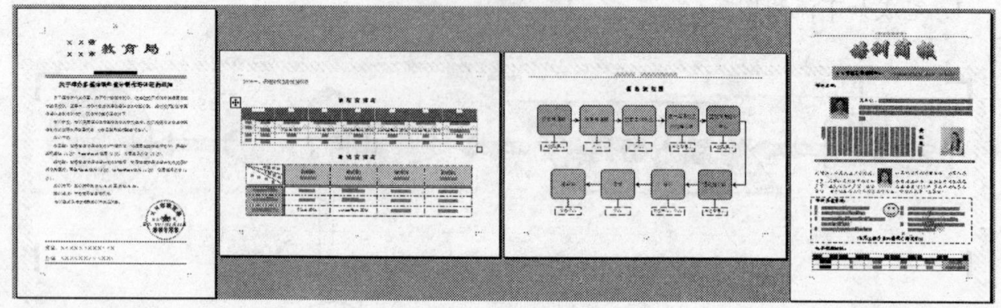

图 3-68　任务 4 效果图

【相关知识】

（1）文本框。
（2）艺术字。
（3）图片。
（4）分栏。
（5）项目符号和编号。
（6）剪贴画。

【任务实现】

1. 插入分隔符

将光标定位于第 2 节的最后，单击“插入”→“分隔符”命令，在弹出的“分隔符”对话框中选择“分页符”，单击“确定”按钮，在文档中新增 1 节，此时整个文档共有 3 节，4 页，如图 3-68 所示。

2. 页面设置

设置第 4 页的页边距为：左、右、上、下边距均为 2.5 厘米、纵向、纸张类型为 A4。

3. 制作培训简报

（1）录入简报文字内容并设置内容基本格式。

① 在第 4 页的第 1 行录入“××市教育局培训中心”（黑体、四号、加粗）和“2011 年 06 月 06 日星期一 第 0001 期”（仿宋、五号）。

② 在第 2 行录入“培训名师”（华文行楷、四号、加粗）。

③ 在第 3 行及之后分别录入三位名师的文字内容：文平耿（华文中宋、五号）、黄红波（华文新魏、五号）、刘世英（楷体、小四），三位名师的姓名另外设置（华文新魏，三号）。

④ 接着在后面录入“培训注意事项”（华文行楷、四号、加粗）及“培训注意事项”内容（宋体、五号），录入“预祝各位学员取得优异的成绩！”（华文行楷、四号、加粗、居中，礼花绽放）。录入及设置后的效果如图 3-69 所示。

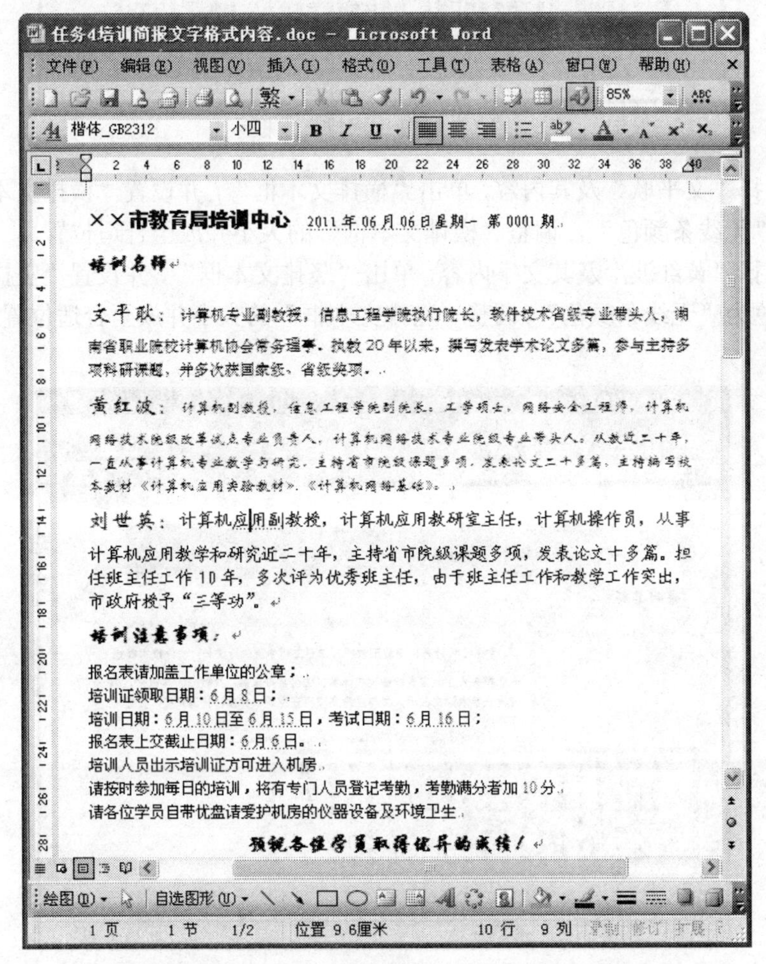

图 3-69 录入培训简报内容和设置内容的基本格式

（2）使用文本框。

① 选择第 1 行的文字内容，单击绘图工具栏中的“横排文本框”按钮，在第 1 行的文字外画一个“横排文本框”，并设置“文本框”的“填充颜色”为“天蓝”、“线条颜色”为“无线条颜色”，如图 3-70 所示。

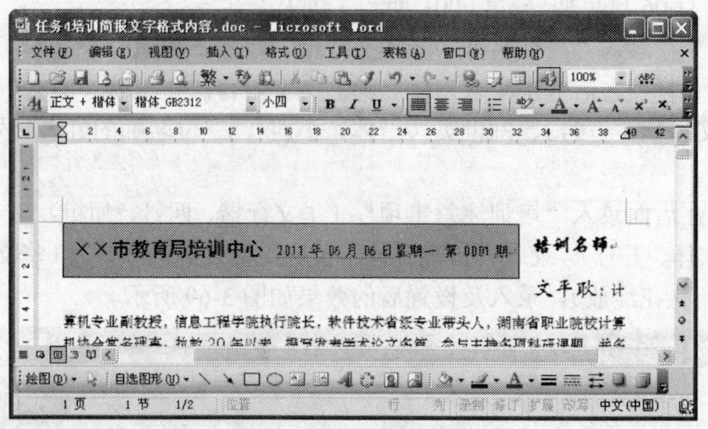

图 3-70 使用横排文本框

② 选择“文平耿”及其内容，单击“横排文本框”，并设置“横排文本框”的线条颜色为“无线条颜色”，调整“横排文本框”的大小并放至合适位置。

③ 选择“黄红波”及其文字内容，单击“竖排文本框”，并设置“竖排文本框”的线条颜色为“无线条颜色”，调整“竖排文本框”的大小并放至合适位置，如图 3-71 所示。

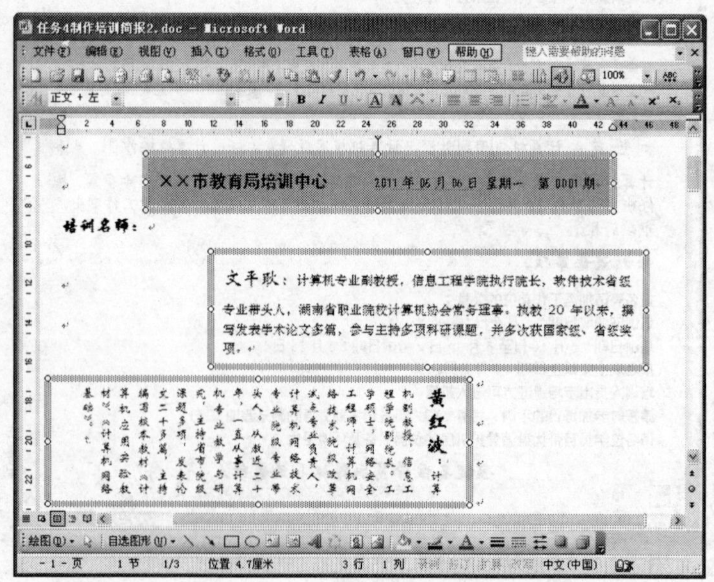

图 3-71 使用竖排文本框

（3）插入艺术字。

① 在第1行前面插入艺术字“培训简报”，选择“艺术字样式”为“第3行的第1列”样式，设置艺术字“字体”为“华文行楷”、默认字号、加粗。

② 在弹出的“艺术字”工具栏中单击“艺术字形状”按钮，在“艺术字形状”下拉菜单中选择第3行第3列的“两端近”形状，如图3-72所示。

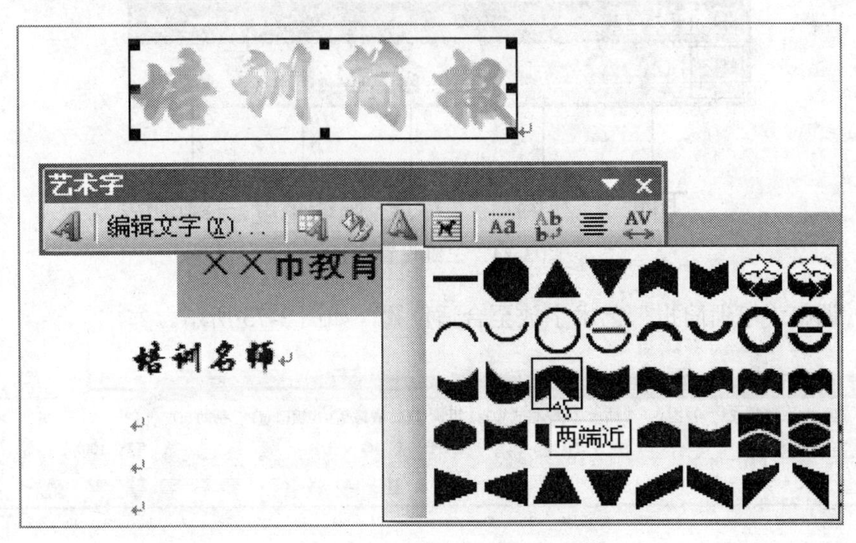

图3-72　设置艺术字形状

③ 在“艺术字”工具栏中单击 “文字环绕” 按钮，选择“上下型环绕”。

④ 单击“绘图”工具栏中的“三维效果样式”→“三维设置”，如图3-73所示。

图3-73 三维设置

⑤ 在弹出的“三维设置”工具栏中，如图3-74所示，对“培训简报”艺术字进行三维设置：“深度”为24磅；“方向”为“第5种、透视”；“照明角度”为“第

9 种、阴暗”；“表面效果”为“亚光效果”；“三维颜色”为“橙色”；适当调整“下俯”、“上翘”、“左偏”、“右偏”。

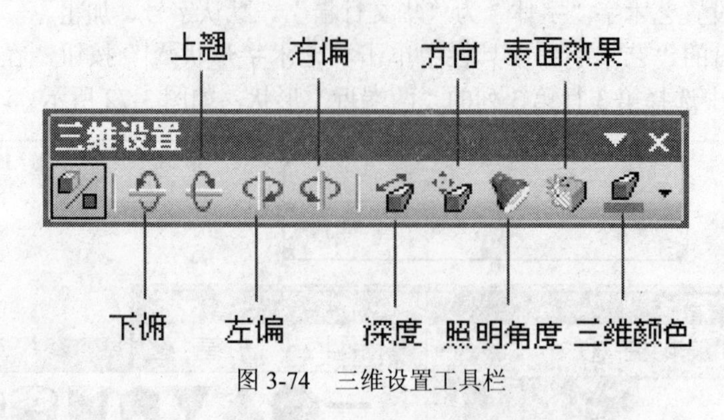

图 3-74　三维设置工具栏

⑥ 调整“培训简报”艺术字放至合适位置，如图 3-75 所示。

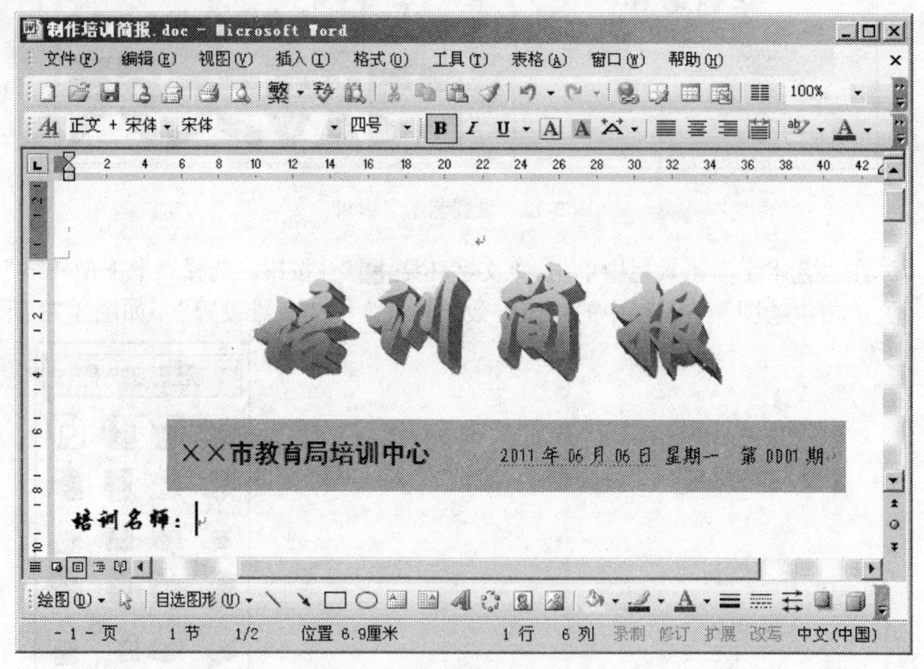

图 3-75　插入培训简报艺术字

（4）插入图片。

① 将光标定位于文平耿文字内容左边，单击“插入”→“图片”→“来自文件”菜单命令，弹出 “插入图片”对话框，如图 3-76 所示，在“查找范围”中找到图片所在位置，选择“文平耿.jpg”，单击“插入”按钮，并设置“文平耿.jpg”“图片环绕”方式为“上下型环绕”。

图 3-76　插入培训简报图片

② 用同样的方法插入“黄红波.jpg”的图片，设置“图片环绕”方式为“上下型环绕”。

③ 用同样的方法插入“刘世英.jpg”的图片，设置“图片环绕”方式为“紧密型环绕”。调整图片的大小和位置，如图 3-77 所示。

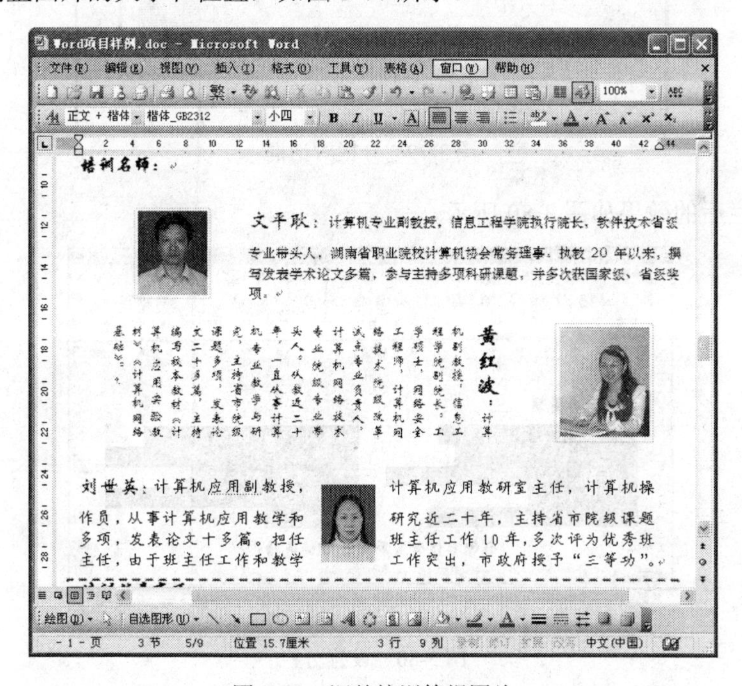

图 3-77　调整培训简报图片

提示：可以选择“视图”菜单中的“工具栏”命令，在其子菜单中单击“图片”选项，或直接单击文档中的某一图片，即可显示“图片”工具栏，如图 3-78 所示。

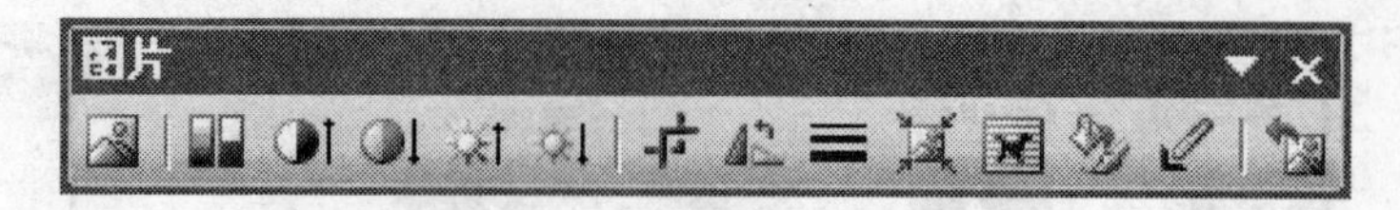

图 3-78　图片工具栏

（5）设置分栏。将文中“培训注意事项”的内容分为等宽两栏

① 选定“培训注意事项”的文本。

② 单击“格式”→ “分栏”菜单命令，弹出 “分栏”对话框。

③ 单击“预设”中的“两栏”，勾选 “栏宽相等”，单击“确定”按钮，如图 3-79 所示。

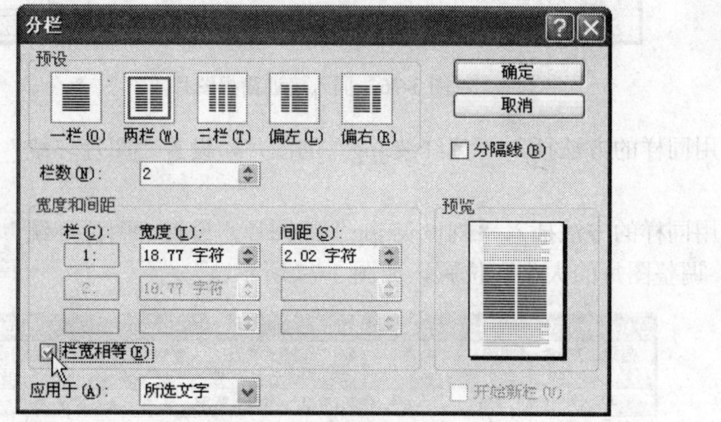

图 3-79　分栏对话框

④ 分栏后的效果如图 3-80 所示。

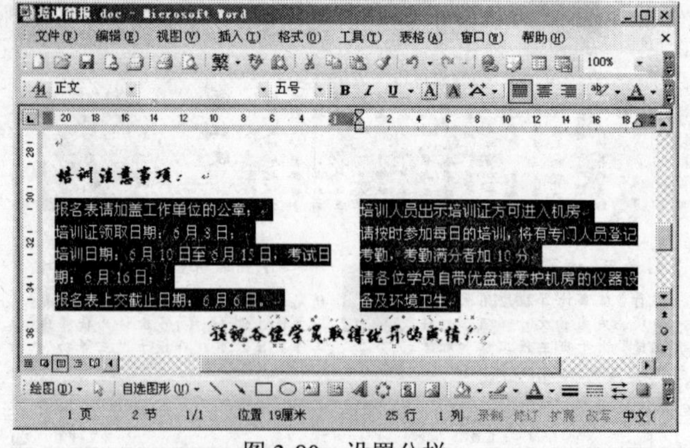

图 3-80　设置分栏

提示：给文章最后一段进行分栏时，如果这一段离下边距较远，可能会出现文字全部在最左边一栏的情况，想要避免这种情况，可以在选取对象时将最后的段落标记“↵”不选。

（6）设置项目符号和编号。将分成两栏的“左栏”设置项目编号为“1.”，“右栏”设置项目符号为“◆”。

① 选定“左栏”内容，单击“格式”→“项目符号和编号”菜单命令，弹出“项目符号和编号”对话框。

② 在“项目符号和编号”对话框中单击“编号”选项卡，选择“1.”，单击“确定”按钮，如图 3-81 所示。

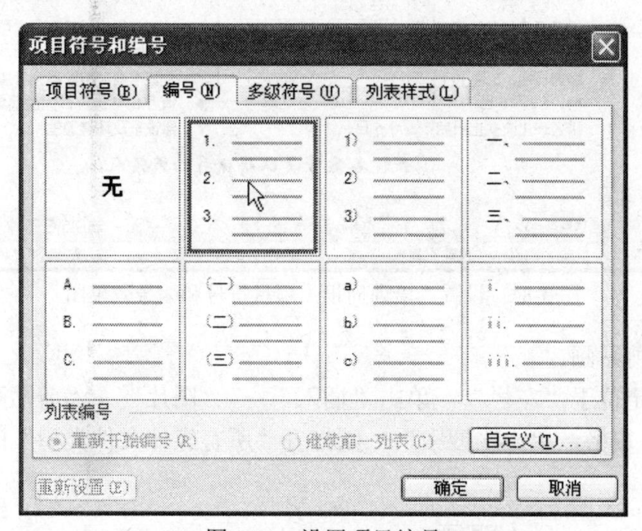

图 3-81　设置项目编号

③ 选定“右栏”内容，在“项目符号和编号”对话框中单击“项目符号”选项卡，选择“◆”，单击“确定”按钮，如图 3-82 所示。

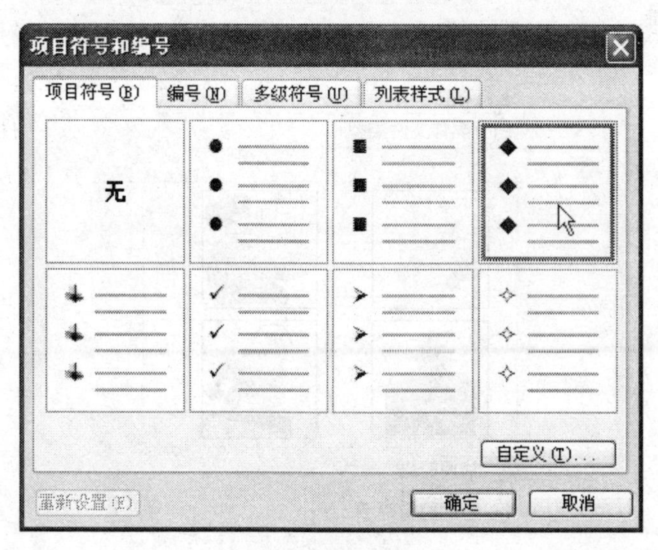

图 3-82　设置项目符号

④ 设置项目符号和编号后的效果如图 3-83 所示。

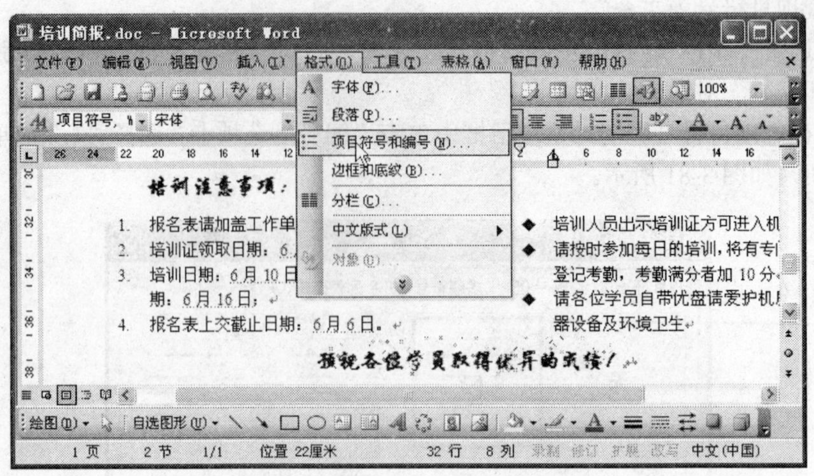

图 3-83　设置“培训简报”项目符号和编号效果图

（7）插入剪贴画。

① 将光标定位于“左栏”，单击“插入”→ “图片”→“剪贴画”命令，打开“剪贴画”任务窗格，单击“搜索”，则打开“所有媒体文件类型”的剪贴画，如图 3-84 所示。

图 3-84　剪贴画任务窗格

② 在剪贴画任务窗格中查找名为“j0195384.wmf”图片，并单击，则在左栏位置插入了指定剪贴画，并设置该图片的“文字环绕”为“衬于文字下方”，调整图片大小放至合适位置，如图 3-85 所示。

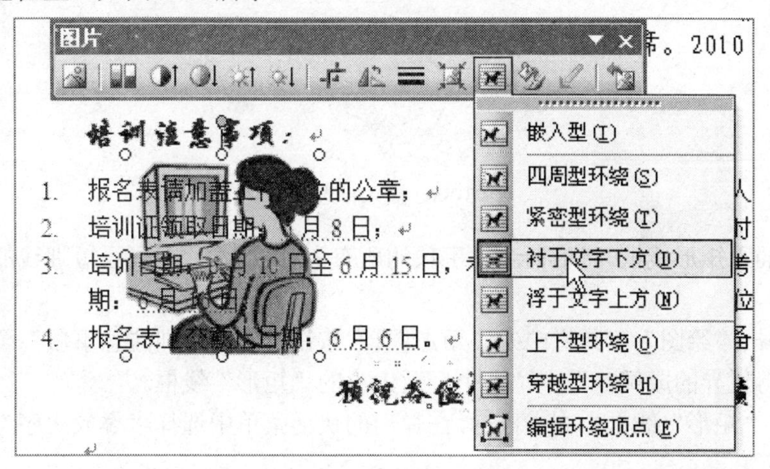

图 3-85　插入剪贴画 1

③ 设置该图片“颜色”为“冲蚀”：单击“图片”工具栏中的“颜色”按钮，选择“冲蚀”，效果如图 3-86 所示。

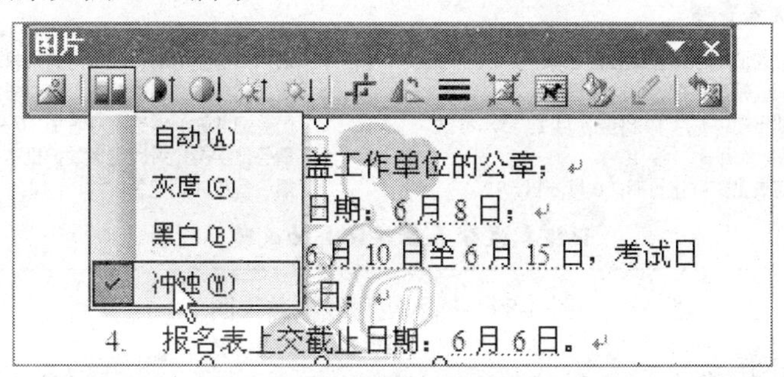

图 3-86　设置剪贴画颜色

④ 用同样的方法在“右栏”中插入剪贴画“j0292020.wmf”图片，设置该图片“文字环绕”为“衬于文字下方”，调整图片至适当位置，如图 3-87 所示。

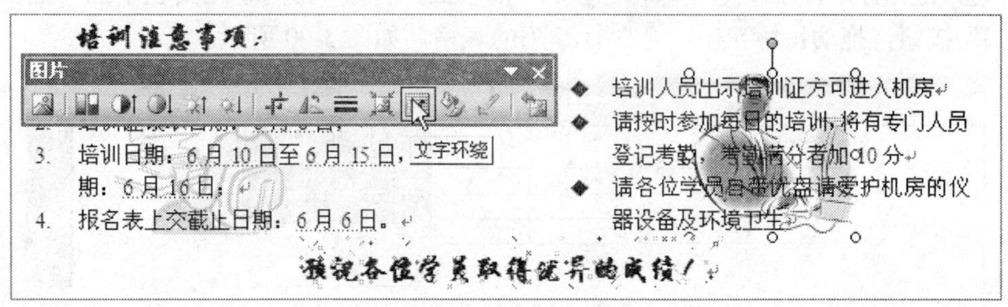

图 3-87　插入剪贴画 2

（8）插入自选图形。在分栏的中间插入一个“笑脸”：单击“绘图”工具栏中的“自选图形”→“基本形状”→“笑脸”，并将“笑脸”填充为“黄色”，如图3-88所示。

图3-88　插入自选图形

（9）插入矩形线框。将培训注意事项的所有内容放入一个蓝色、短划线的“矩形”线框内。

① 单击“绘图”工具栏中的“矩形□”按钮，在“培训注意事项”至“预祝各位学员取得优异的成绩！”中拉一个合适大小的“矩形”线框。

② 在“矩形”线框上右击鼠标，在弹出的快捷菜单中选择“叠放次序”→“衬于文字下方”。

③ 在“绘图”工具栏中，设置“矩形”线框的“线条颜色”为“蓝色”、“线型”为1.5磅、“虚线线型”为“短划线”，并“衬于文字下方”，如图3-89所示。

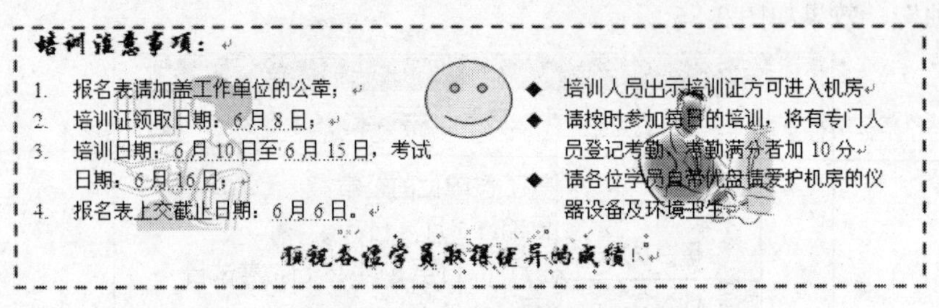

图3-89　插入矩形线框效果图

（10）插入表格。

① 将光标置于“矩形”线框之后，输入“电子邮箱回执：”并设置字体为隶书、四号、加粗。

② 将光标定位于“电子邮箱回执：”的下面，单击“常用”工具栏中的“插入表格▦”按钮，拖动鼠标拉出一个3行6列的表格，如图3-90所示。

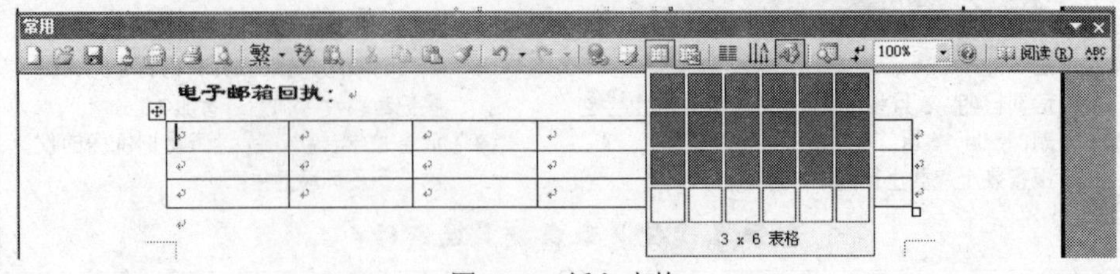

图3-90　插入表格

③ 录入表格文字内容，设置表格的“表格自动套用格式”为“彩色型 2”，如图 3-91 所示。

电子邮箱回执：

姓名	性别	出生年月	学历	所学专业	工作单位
李君旺	男	1978.6	本科	计算机软件	北京学院
冯思垚	女	1986.8	本科	计算机应用	清华学院

图 3-91　设置表格

（11）任务 4 制作“培训简报”效果图如图 3-92 所示。

××市教育局培训中心

培训简报

××市教育局培训中心　　2011 年 06 月 06 日 星期一　第 0001 期

培训名师：

文平耿：计算机专业副教授，信息工程学院执行院长，软件技术省级专业带头人，湖南省职业院校计算机协会常务理事，执教 20 年以来，撰写发表学术论文多篇，参与主持多项科研课题，并多次获国家级、省级奖项。

黄红波：计算机副教授，信息工程学院副院长。工学硕士，网络安全工程师，计算机网络技术院级改革试点专业负责人，计算机网络技术专业院级专业带头人。从教近二十年，一直从事计算机专业教学与研究，主持省市院级课题多项，发表论文二十多篇，主持编写校本教材《计算机应用实验教材》《计算机网络基础》。

刘世英：计算机应用副教授，计算机应用教研室主任，计算机操作员，从事计算机应用教学和研究近二十年，主持省市院级课题多项，发表论文十多篇。担任班主任工作 10 年，多次评为优秀班主任，由于班主任工作和教学工作突出，市政府授予“三等功”。

培训注意事项：

1. 报名表请加盖工作单位的公章；
2. 培训证领取日期：6 月 8 日；
3. 培训日期：6 月 10 日至 6 月 15 日，考试日期：6 月 16 日；
4. 报名表上交截止日期：6 月 6 日。

- 培训人员出示培训证方可进入机房
- 请按时参加每周的培训，将有专门人员登记考勤，考勤满分者加 10 分
- 请各位学员自带优盘请爱护机房的仪器设备及环境卫生

预祝各位学员取得优异的成绩！

电子邮箱回执：

姓名	性别	出生年月	学历	所学专业	工作单位
李君旺	男	1978.6	本科	计算机软件	北京学院
冯思垚	女	1986.8	本科	计算机应用	清华学院

图 3-92　任务 4 制作培训简报效果图

【知识回顾】

本任务通过对“简报”的排版，综合介绍了 Word 中的各种排版技术，如：文本框、绘图画布、表格、艺术字、图片、分栏等 。

【任务拓展】

1. 完成如图 3-93 班报的排版

图 3-93 班报

2. 操作提示

（1）页面设置：页边距上、下、左、右均为 2 厘米，横向；纸张大小宽 22 厘米、高 18 厘米。

（2）添加浅橙色波浪线页面边框。

（3）在第一行输入“班报”（楷体、一号、加粗）和“制作人：张凯　出版日期：2011 年 3 月 15 日　第 2 期”（宋体、五号、红色、加粗、下划线）。

（4）输入“言之有理”部分的文字，设置“天下只有三件事”（四号、蓝色、阳文）和“投稿人：刘芳”（黑体、灰色、15%底纹、右对齐），正文部分（浅橙色、加粗首行缩进 2 字符）。

（5)选择“插入”菜单中的“文本框”命令，选择“竖排”命令(或使用“绘图”工具栏中的“竖排文本框”按钮)，移动鼠标至需要插入文本框的位置（文本框的位置可以任意移动），拖动鼠标画一个方框，在框内输入“幽默人生”4个字。按住名柄调整文本框的大小，输入“刺激的游戏”文字（仿宋、加粗、四号、绿色），输入其内容（仿宋、五号、绿色）

（6）在“自选图形”的“基本形状”列表中选择“笑脸”，在文本框内拖动鼠标画出一个“笑脸”（填充色为黄色）。

（7）插入“剪贴画”。

（8）艺术字的设置：选择“班报”，打开“艺术字库”对话框，选择所需的艺术字样。将“班报”、“言之有理”、“幽默人生”均设置成不同样式的艺术字，如图3-93所示。

（9）其他格式的设置：阴影和三维效果、在自选图形中添加文字、选择多个图形、组合等。

【知识巩固】

阅读配套教材的第4章第2~5节的内容，做配套教材第4章的相关习题。

任务5　群发培训通知

【任务描述】

打开任务4制作的“培训简报”，另存为“群发培训通知”。在文档中增加2页，在第5页中制作“多媒体课件设计培训班报名表”，在第6页中制作“培训通知单”，并设置页眉和页脚，效果如图3-94所示。

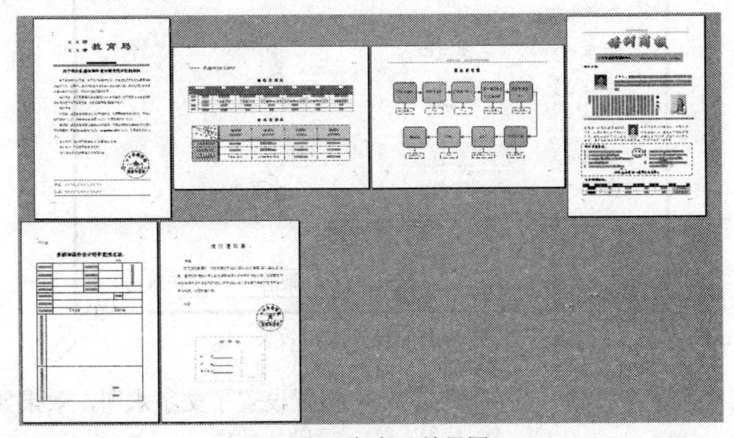

图3-94　任务5效果图

【相关知识】

邮件合并

【任务实现】

1. 插入分隔符

将光标定位于第3节后面，单击“插入”→“分隔符”命令，在第4页后面新增2页，此时整个文档共有3节，6页，如图3-94所示。

2. 制作第5页内容：多媒体课件设计培训班报名表

（1）利用任务2所学表格知识，结合样图，制作“多媒体课件设计培训班报名表”，如图3-96所示。

（2）在第5页设置“文字水印”。

① 将光标置于第五页，单击菜单“格式”→“背景” →“水印”菜单命令，弹出“水印”对话框。

② 在“水印”对话框中勾选“文字水印”，设置“文字”为“×××考试中心”，“字体”为“华文彩云”，“尺寸”为“90”，“颜色”为“灰色-25%、半透明”，“版式”为“斜式”，如图3-95所示。

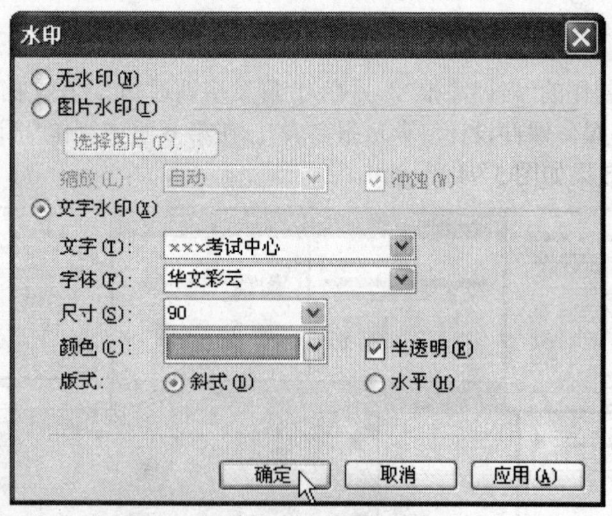

图3-95 设置水印效果

③ 单击“确定”按钮，即在第五页相应位置设置了文字水印，效果如图3-96所示。

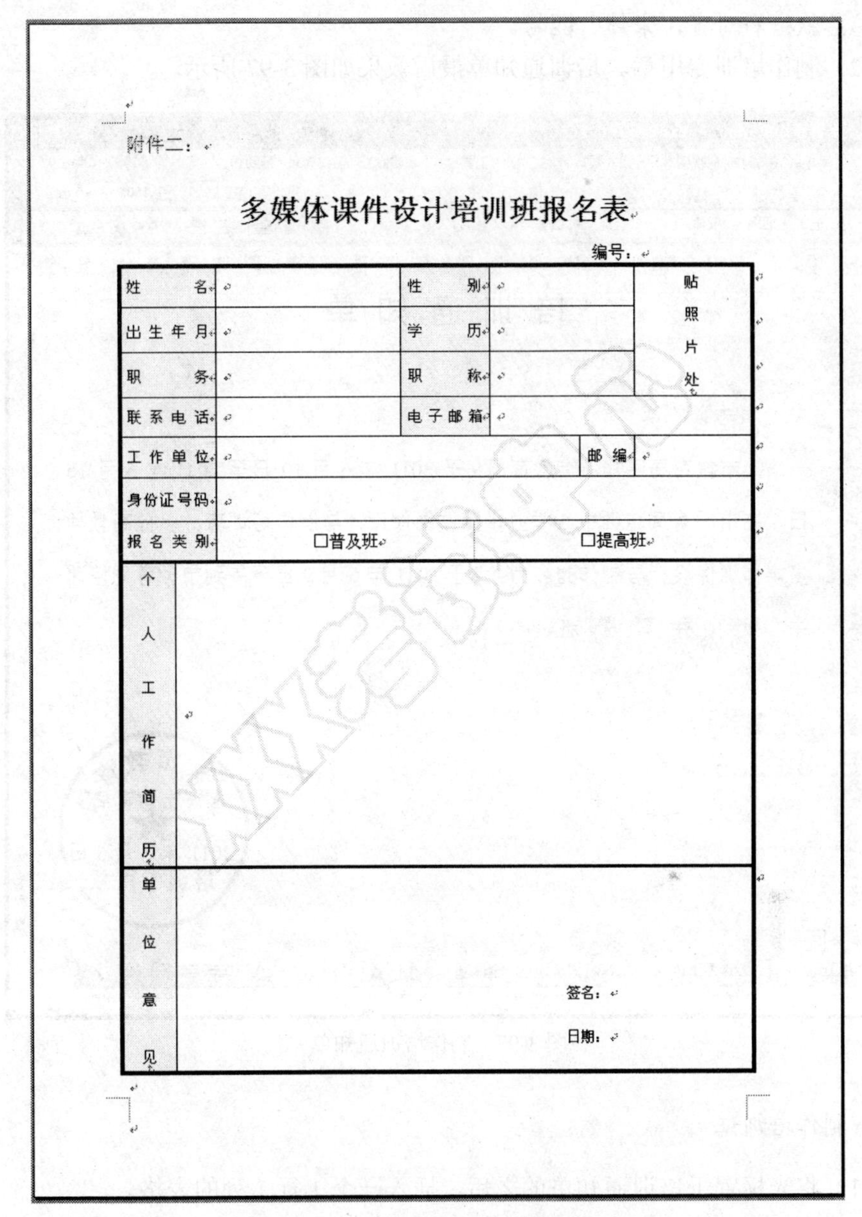

附件二：

多媒体课件设计培训班报名表

编号：

<table>
<tr><td>姓　　名</td><td></td><td>性　　别</td><td></td><td colspan="2" rowspan="3">贴照片处</td></tr>
<tr><td>出生年月</td><td></td><td>学　　历</td><td></td></tr>
<tr><td>职　　务</td><td></td><td>职　　称</td><td></td></tr>
<tr><td>联系电话</td><td></td><td>电子邮箱</td><td colspan="3"></td></tr>
<tr><td>工作单位</td><td colspan="3"></td><td>邮编</td><td></td></tr>
<tr><td>身份证号码</td><td colspan="5"></td></tr>
<tr><td>报名类别</td><td colspan="2">□普及班</td><td colspan="3">□提高班</td></tr>
<tr><td>个人工作简历</td><td colspan="5"></td></tr>
<tr><td>单位意见</td><td colspan="5">签名：
日期：</td></tr>
</table>

图 3-96　多媒体课件设计培训班报名表

3. 制作培训通知单

（1）录入“培训通知单”内容并进行简单排版。

① 标题：黑体、二号，字符间距为加宽 5 磅。

② 正文：首行缩进 2 字符，宋体、四号。

③ 落款：右对齐，宋体、四号。

（2）制作培训专用章。培训通知单最后效果如图 3-97 所示。

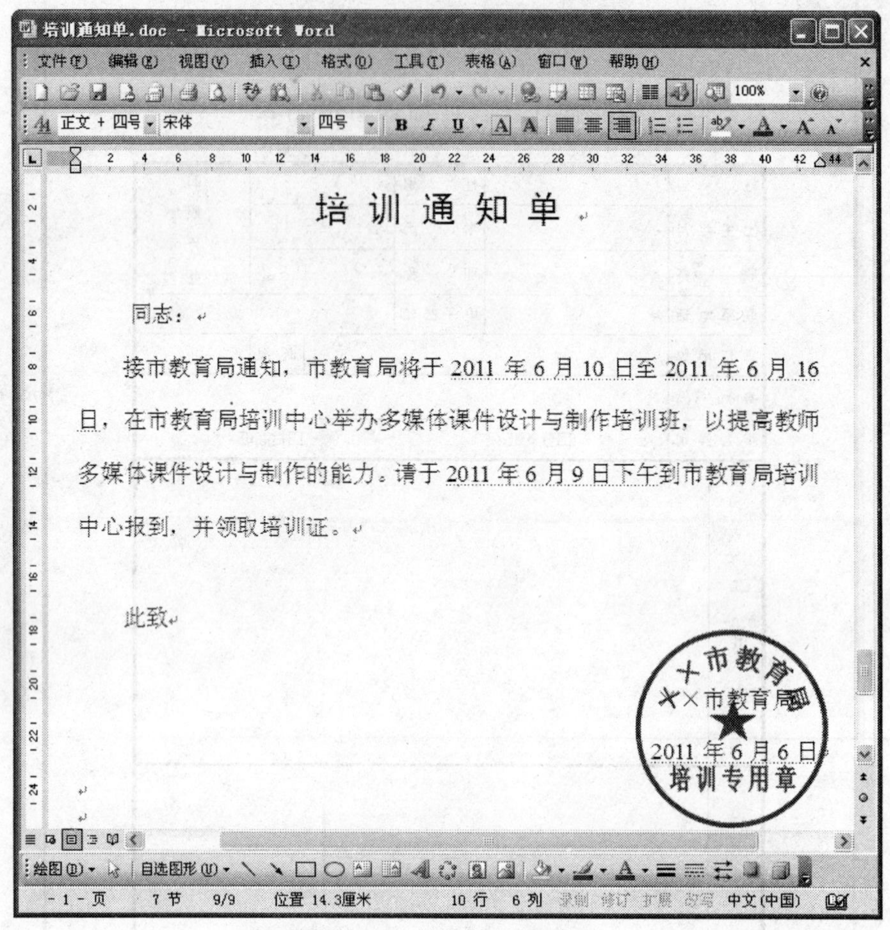

培 训 通 知 单

同志：

接市教育局通知，市教育局将于 2011 年 6 月 10 日至 2011 年 6 月 16 日，在市教育局培训中心举办多媒体课件设计与制作培训班，以提高教师多媒体课件设计与制作的能力。请于 2011 年 6 月 9 日下午到市教育局培训中心报到，并领取培训证。

此致

××市教育局

2011 年 6 月 6 日

图 3-97　制作培训通知单

4. 制作培训证

（1）将光标置于培训通知单的之后，插入一个 1 行 1 列的表格。

（2）在 1 行 1 列的表格内输入“培训证”，回车。

（3）设置“培训证”三个字的字体为隶书、二号、加粗、橙色、居中，如图 3-98 所示。

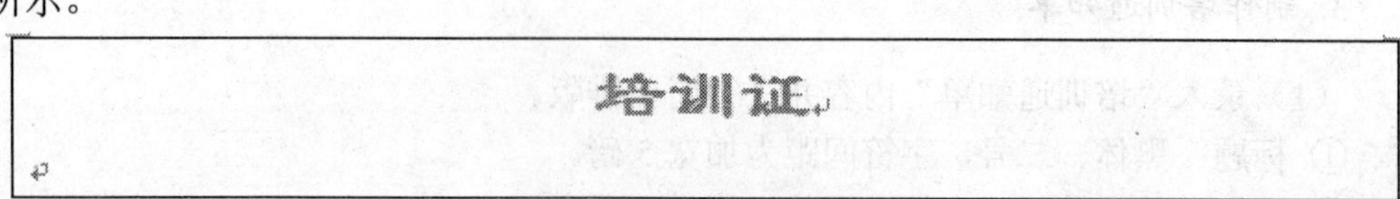

图 3-98　插入表格制作培训证

（4）调整表格至合适大小，在“表格属性”对话框中设置表格的对齐方式为“居中”，如图 3-99 所示。

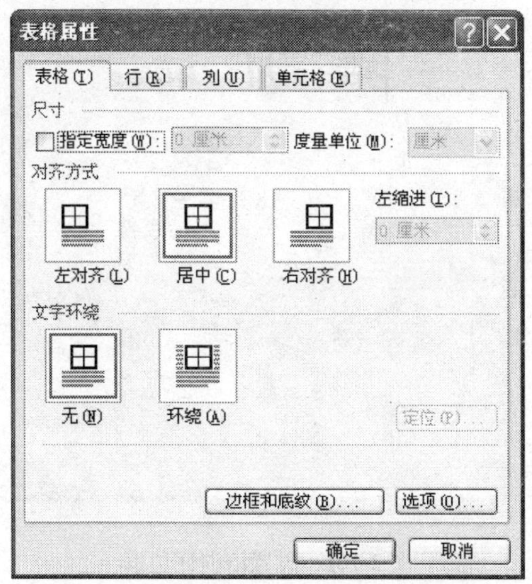

图 3-99　在表格属性中设置表格对齐方式

（5）设置表格边框颜色为“浅橙色”。

① 选定表格，单击“格式”→“边框和底纹”菜单命令，弹出“边框和底纹”对话框。

② 在“边框和底纹”对话框中单击“边框”选项卡，选择“线型”为倒数“第五种”线型、“颜色”为“浅橙色”、“宽度”为“3 磅”，如图 3-100 所示。

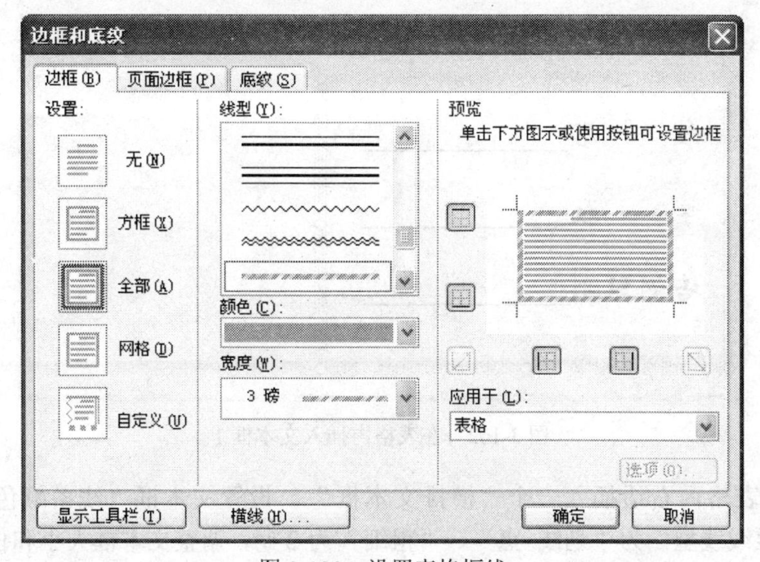

图 3-100　设置表格框线

③ 确认后单击“确定”按钮，如图 3-101 所示。

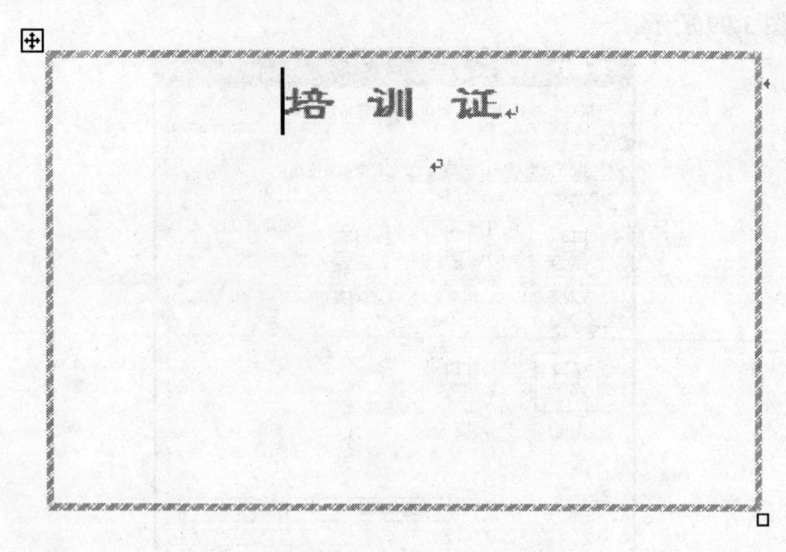

图 3-101　设置培训证边框

（6）在表格内插入文本框。

① 在表格内左边插入一个“横排文本框”，设置文本框线条颜色为“无线条色颜色”，在“文本框”内输入“姓名”、“学校”、“培训级别”并在后面加下划线，调整文本框大小和位置，如图 3-102 所示。

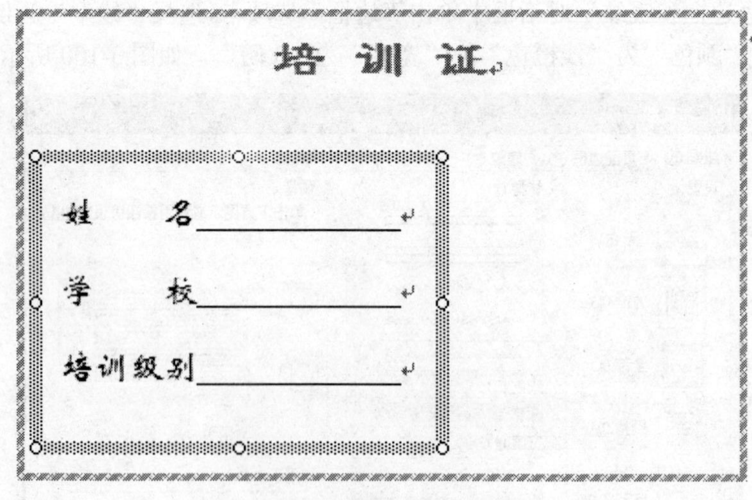

图 3-102　在表格内插入文本框 1

② 在表格内右边插入一个“横排文本框”，设置文本框“线条颜色”为“淡蓝”、“虚线线型”为“划线-点”、“粗细”为 2 磅，调整文本框大小和位置，如图 3-103 所示。

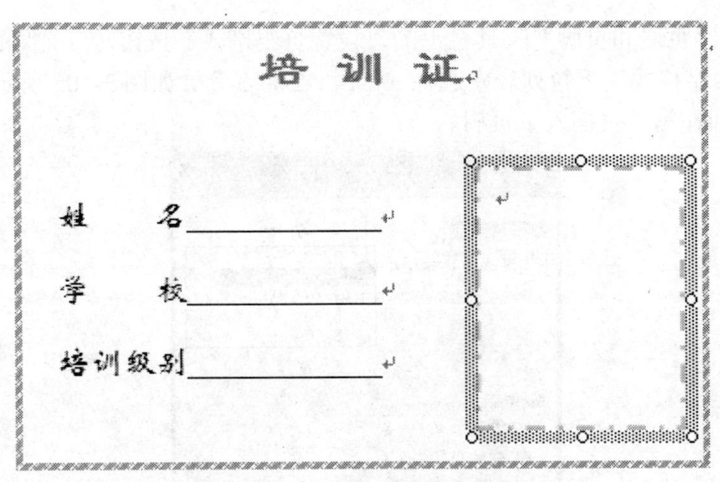

图 3-103　在表格内插入文本框 2

5. 设置页眉和页脚

培训通知 6 页内容制作完成后，在第 1 节的第 1 页设置页眉“-1-”；在第 2 节的第 1 页（全文的第 2 页）设置页脚“-1-”， 在第 2 节的第 2 页（全文的第 3 页）设置页眉“联系人：王美　联系电话：13900000000”；在第 3 节的第 1 页（全文的第 4 页）设置页眉“××市教育局培训中心”。

（1）设置第 1 页的页眉。

① 单击“视图”→“页眉和页脚”菜单命令，显示“页眉和页脚”编辑区，同时显示“页眉和页脚”工具栏。

注意：此时文档中的其他内容呈灰色显示。

② 单击“页眉和页脚”工具栏上的“插入页码”按钮，插入默认格式的页码，如图 3-104 所示。

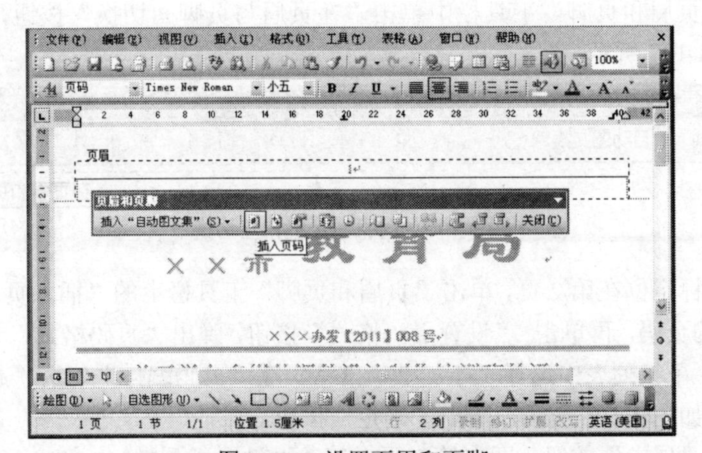

图 3-104　设置页眉和页脚

③ 单击“页眉和页脚”工具栏上的“设置页码格式”按钮,弹出“页码格式”对话框，在“数字格式”下拉列表中选择 “-1-，-2-，-3-”，如图 3-105 所示，单击“确定”按钮，即在第 1 页插入了页眉。

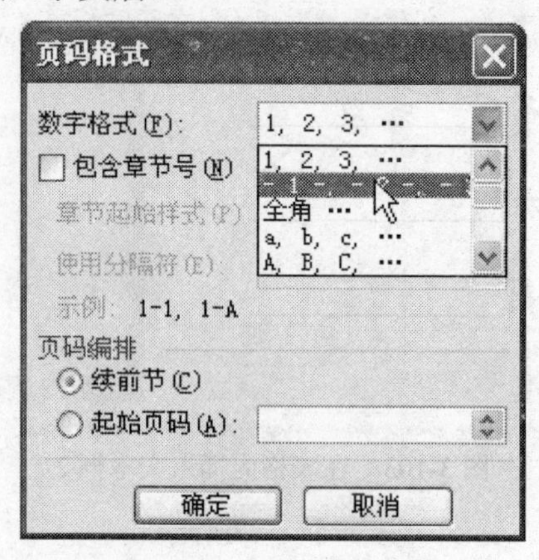

图 3-105　设置页码格式

（2）设置第 2 页、第 3 页的页眉和页脚。

① 在“页眉和页脚”工具栏中单击“链接到前一个”，可取消“与上一节相同”，则可删除第 2 页页眉处的页码。如图 3-106 所示。

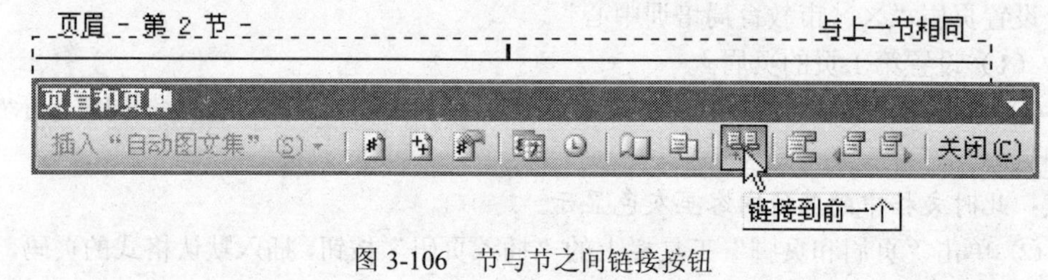

图 3-106　节与节之间链接按钮

② 在“页眉和页脚”工具栏中单击“在页眉与页脚间切换”按钮，切换至“页脚”，如图 3-107 所示。

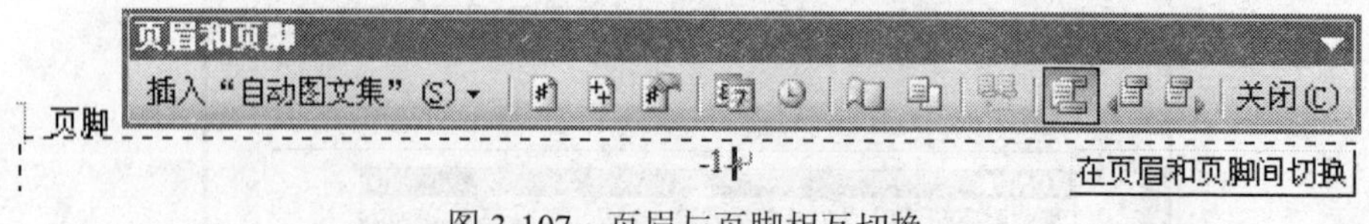

图 3-107　页眉与页脚相互切换

③ 将光标定位在第 2 页，单击“页眉和页脚”工具栏上的“插入页码”按钮，插入默认格式的页码，再单击 “设置页码格式”按钮，弹出“页码格式”对话框中，在“数字格式”下拉列表中选择“-1-，-2-，-3-”，在“页码编排”勾选“起始页码”并输入“1”，如图 3-105 所示，单击“确定”按钮。

④ 单击“居中”按钮，即在第 2 页、第 3 页设置了页脚。

⑤ 在“页眉和页脚”工具栏中单击“页面设置”按钮，弹出“页面设置”对话框，在“版式”选项卡中勾选“奇偶页不同”和“首页不同”复选项，单击“确定”按钮，如图 3-108 所示。

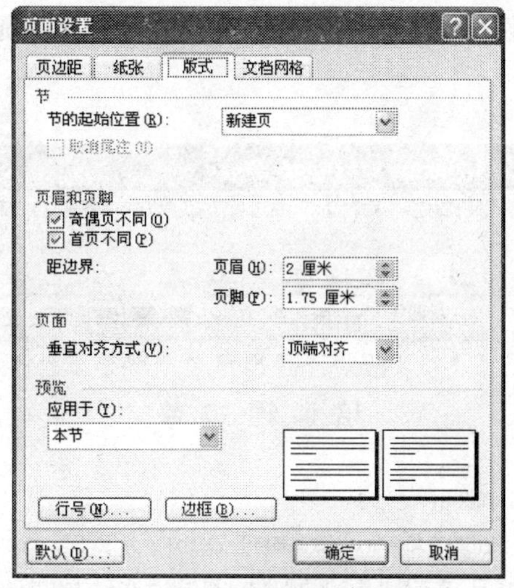

图 3-108　页面设置对话框

⑥ 在“偶数页眉-第 2 节”单击并输入“联系人：王美　联系电话：13900000000”。

（3）设置第 4 页页眉。

① 在第 4 页眉处单击，在“页眉和页脚”工具栏中单击“链接到前一个”，可取消“与上一节相同”。

② 输入“××市教育局培训中心”。

③ 在“页眉和页脚”工具栏中单击“链接到前一个”，调整，删除多余的页眉和页脚。

④ 设置完页眉和页脚后的效果如图 3-109 所示。

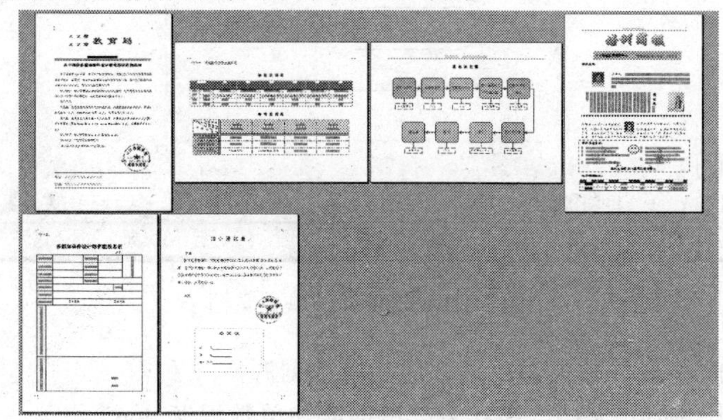

图 3-109　文档页眉和页脚设置后的效果图

6. 邮件合并：群发培训通知单和培训证

（1）创建邮件合并主文档：复制第 6 页“培训通知单”内容至一个新建的 Word 文档中，将之作为“邮件合并”的主文档，并另存为“培训通知单主文档.doc”，如图 3-110 所示。

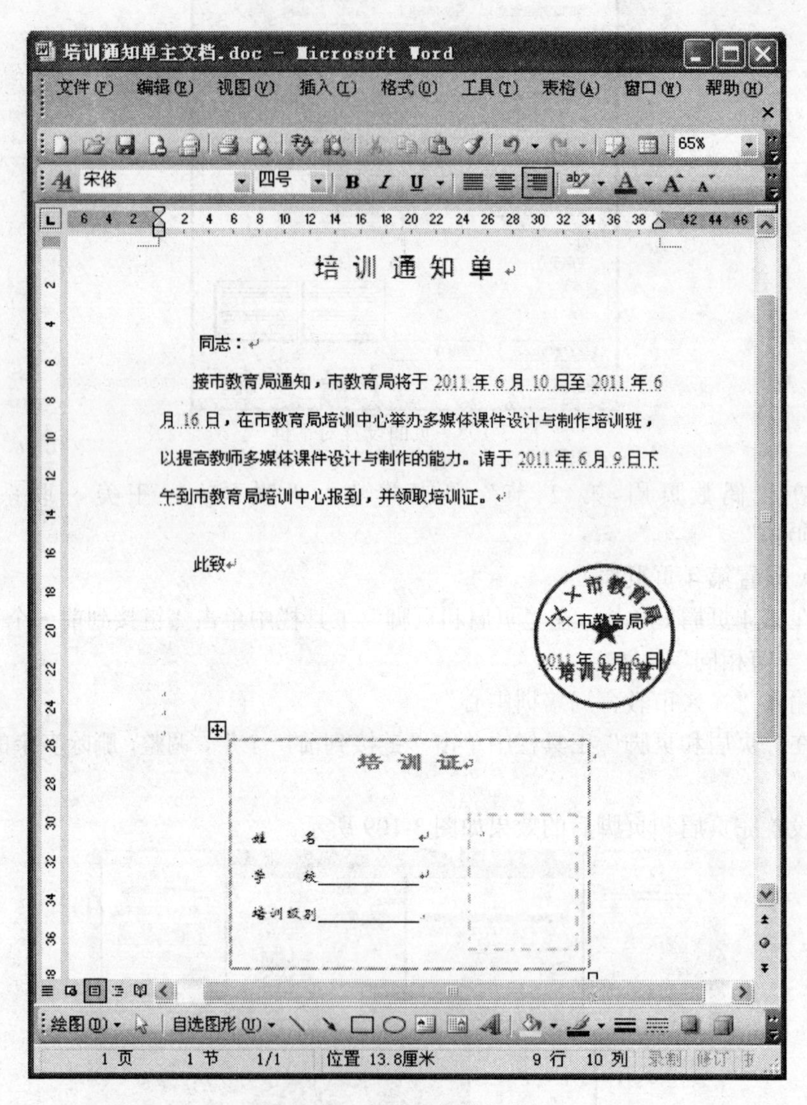

图 3-110 培训通知单主文档

（2）创建邮件合并数据源：培训通知单数据源。

① 新建一个 Word 文档，另存为“培训通知单数据源.doc”。

② 录入“培训通知单数据源”中的数据，如图 3-111 所示。

注意：数据表中的“相片”是单击菜单“插入”→“图片”→“来自文件”中的图片，图片的“文字环绕”方式是“嵌入型”。

图 3-111　邮件合并数据源

③ 录入完“培训通知单数据源”中的数据后，保存并关闭“培训通知单数据源.doc”这个文档。

（3）邮件合并。

① 打开创建好的邮件合并主文档“培训通知单主文档.doc”。

② 单击 “工具”→“信函与邮件”→“邮件合并”菜单命令，弹出“邮件合并”任务窗格，如图 3-112 所示。选取“邮件合并”任务窗格中的“信函”单选按钮，单击“下一步：正在启动文档”超链接。

③ 选取其中的“使用当前文档”单选项，单击“下一步：选取收件人”超链接，如图 3-113 所示。

④ 单击 “浏览”超链接，如图 3-114 所示，弹出“选取数据源”对话框，如图 3-115 所示。在“选取数据源”对话框中选择先前保存的“培训通知单数据源.doc”，单击“打开”按钮。勾选打开的“邮件合并收件人”对话框中的培训人员的记录，单击“确定”按钮，如图 3-116 所示。单击“下一步：撰写信函”超链接。

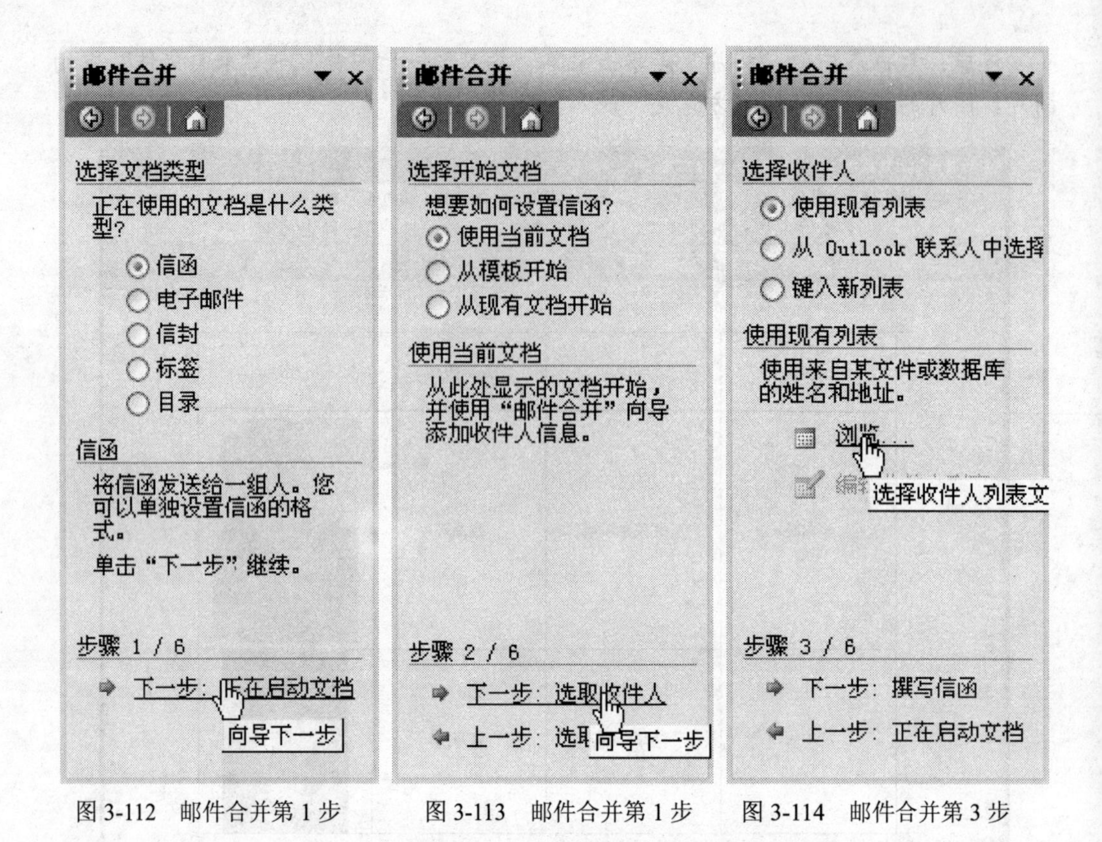

图 3-112　邮件合并第 1 步　　图 3-113　邮件合并第 1 步　　图 3-114　邮件合并第 3 步

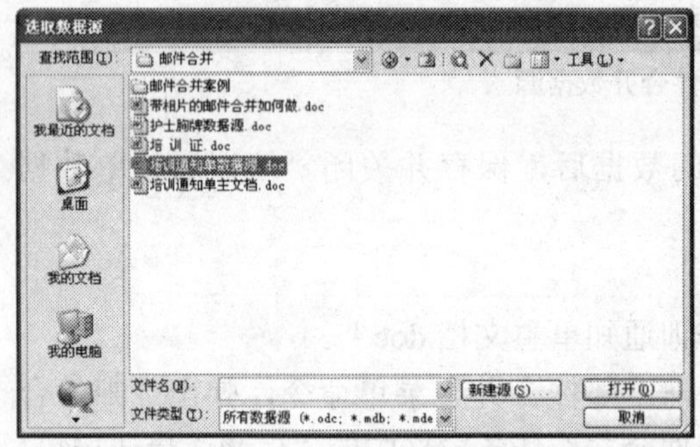

图 3-115　选取邮件合并数据源

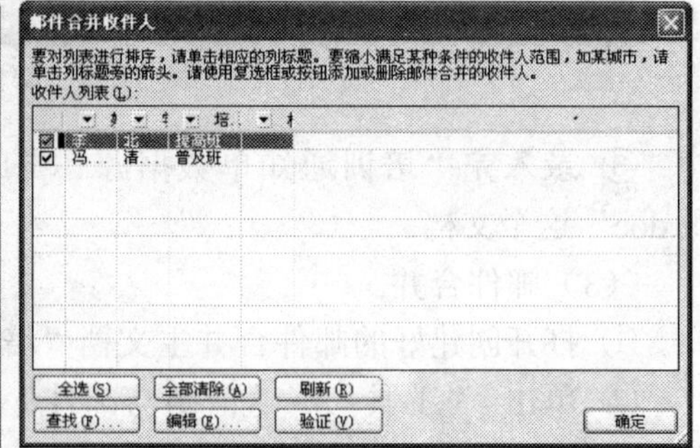

图 3-116　选取邮件合并收件人

⑤ 在编辑窗口中，将插入点置于“同志”前，再单击“其他项目”超链接，如图 3-117 所示。

⑥ 弹出“插入合并域”对话框，选中“数据库域”单选项，选择“域”列表框中的“姓名”域，单击“插入”按钮，如图 3-118 所示，再单击“关闭”按钮，如图 3-119 所示。

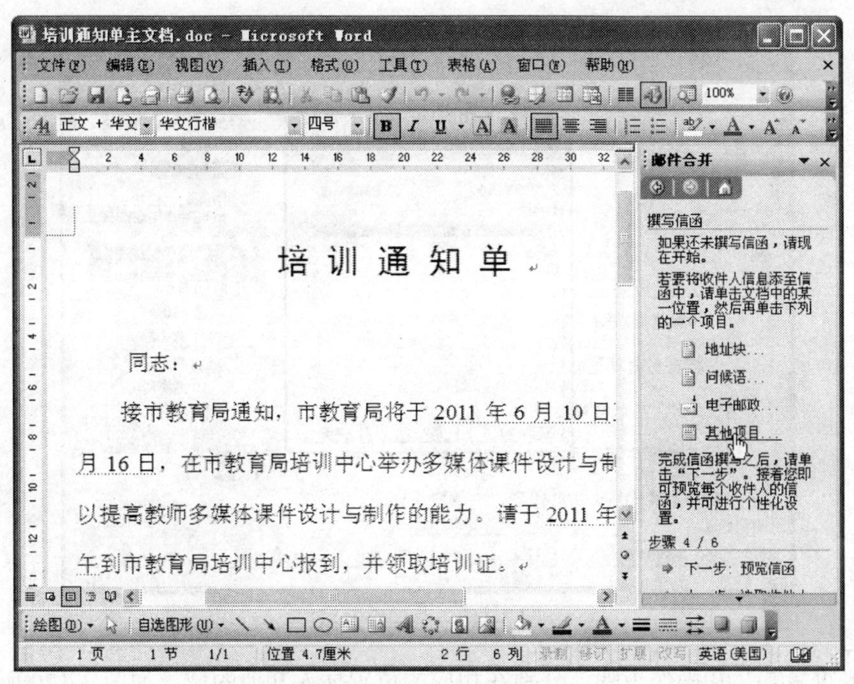

图 3-117　邮件合并第 4 步

图 3-118　插入合并域

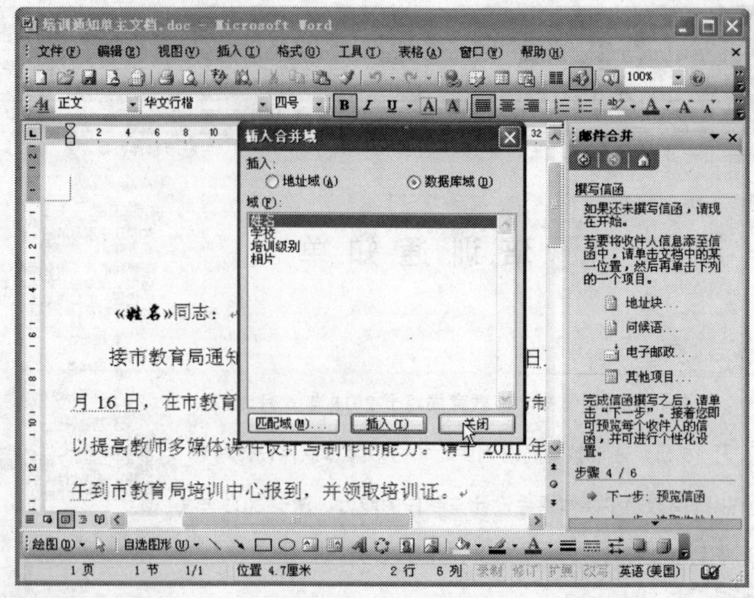

图 3-119　关闭合并域

⑦ 重复⑤、⑥操作步骤，分别在相应的位置插入其他的域，如图 3-120 所示。

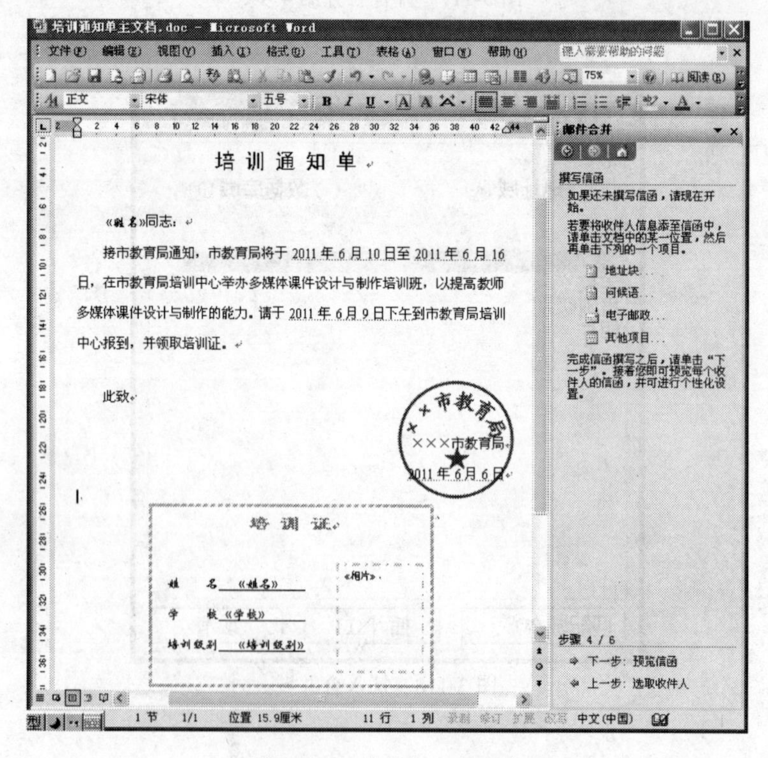

图 3-120　完成插入合并域

⑧ 单击“下一步：预览信函”超链接，要看所有的记录，单击“收件人 1”按钮即可，如图 3-121 所示。单击“下一步：完成合并”超链接。

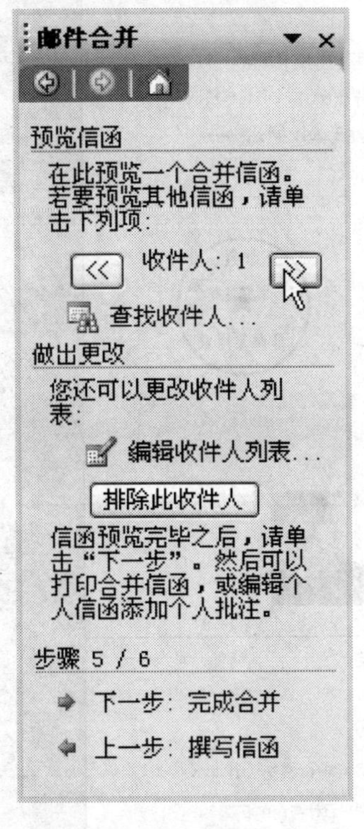

图 3-121　邮件合并第 5 步

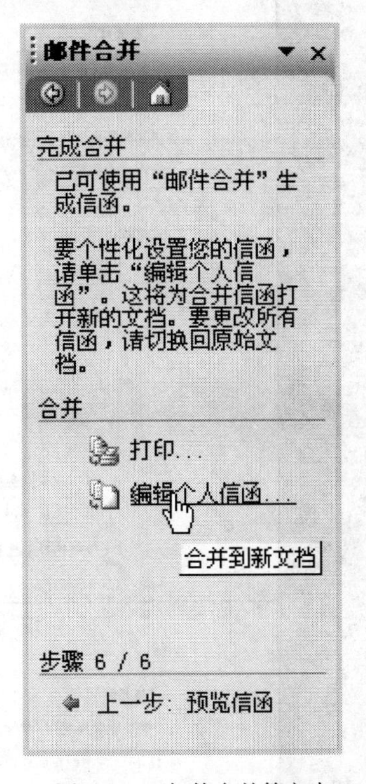

图 3-122　邮件合并第六步

⑨ 单击“编辑个人信函”，如图 3-122 所示，弹出“合并到新文档”对话框，如图 3-123 所示，单击“全部”单选按钮，单击“确定”按钮。

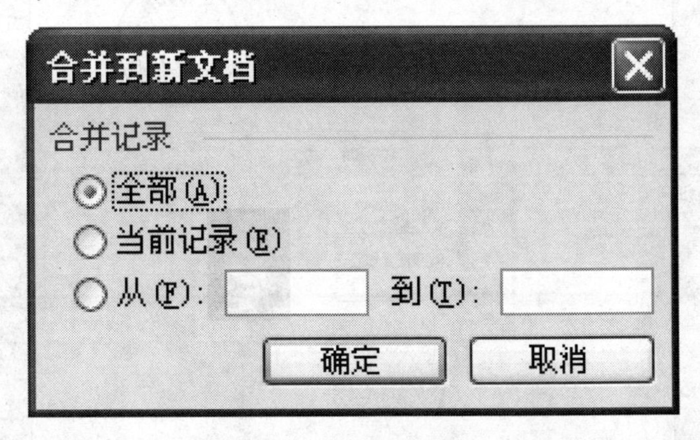

图 3-123　邮件合并全部记录合并

⑩ 全部邮件将合并到一个新文档中，即可完成邮件合并，如图 3-124 所示。

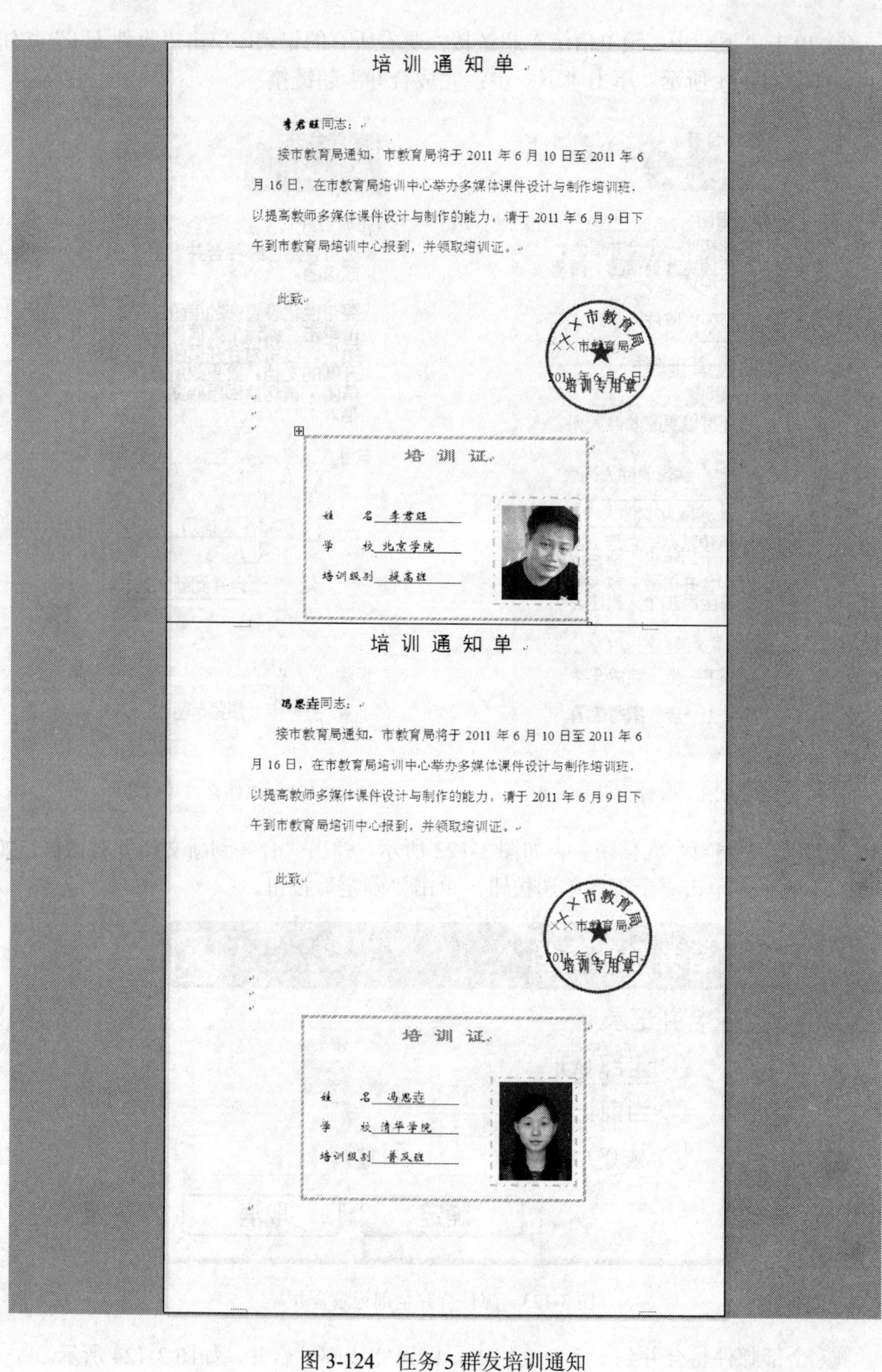

培 训 通 知 单

李君旺同志：

接市教育局通知，市教育局将于 2011 年 6 月 10 日至 2011 年 6 月 16 日，在市教育局培训中心举办多媒体课件设计与制作培训班，以提高教师多媒体课件设计与制作的能力。请于 2011 年 6 月 9 日下午到市教育局培训中心报到，并领取培训证。

此致

培 训 证

姓　　名 李君旺

学　　校 北京学院

培训级别 提高班

培 训 通 知 单

冯思垚同志：

接市教育局通知，市教育局将于 2011 年 6 月 10 日至 2011 年 6 月 16 日，在市教育局培训中心举办多媒体课件设计与制作培训班，以提高教师多媒体课件设计与制作的能力。请于 2011 年 6 月 9 日下午到市教育局培训中心报到，并领取培训证。

此致

培 训 证

姓　　名 冯思垚

学　　校 清华学院

培训级别 普及班

图 3-124　任务 5 群发培训通知

【知识回顾】

本次任务通过“制作培训通知单”案例，详细介绍了邮件合并的操作。方法主要有以下三步。

第一步：建立主文档，即制作文档中不变的部分（相当于模板）。

第二步：建立数据源，即制作文档中变化的部分，通常是 Word 或 Excel 中的表格，可事先建好。

第三步：插入合并域，将数据源中的相应内容，以域的方式插入到主文档中。

【任务拓展】

请按要求完成“准考证”的邮件合并。

1. “准考证”主文档如图 3-125 所示

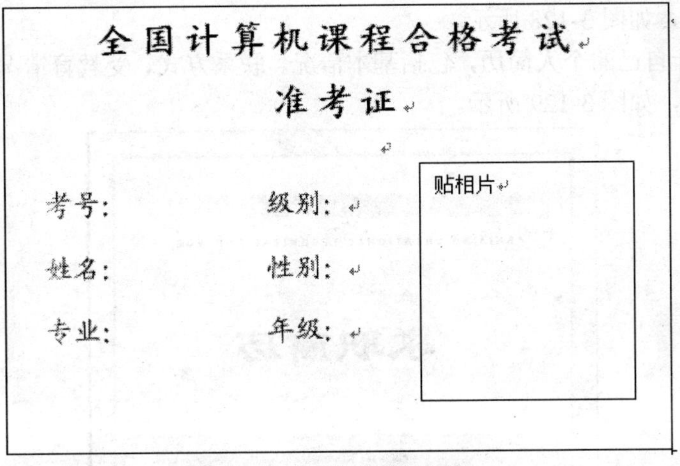

全国计算机课程合格考试

准考证

考号: 级别:

姓名: 性别:

专业: 年级:

贴相片

图 3-125 准考证主文档

2. “准考证”数据源，如图 3-126 所示。

考号	姓名	性别	专业	年级	级别	场次	考室	考试时间
201001	张一	男	机电	1	1	2	05	20 日上午
201002	张二	女	英语	2	2	3	08	20 日上午
201003	张三	男	文秘	2	2	2	06	20 日上午
201004	张四	男	广告	1	2	4	03	20 日上午
201005	张五	女	网络	1	1	3	04	20 日上午
201006	张六	女	电子	1	1	1	02	20 日上午

图 3-126 准考证数据源

【知识巩固】

阅读配套教材的第 4 章第 3~6 节的内容，完成配套教材第 4 章的所有习题。

拓展项目　求职简历的制作

小张就要大学毕业了，他想制作一份求职简历。

【要点提示】

（1）首先要为简历设计一张漂亮的封面，最好用图片或艺术字进行点缀，如图 3-127 所示。

（2）草拟一份自荐书了，要根据自荐书的内容多少，适当调整字体、字号及行间距、段间距等，如图 3-128 所示。

（3）设计自己的个人简历，包括基本情况、联系方式、受教育情况等内容，以表格的形式完成，如图 3-129 所示。

图 3-127　求职简历封面

自　荐　书

尊敬的领导：

您好！

怀着美好的憧憬与愿望，带着自信与理想，我真诚的向您自荐。

我叫王汗，是北京大学计算机科学与技术专业 2010 届应届毕业生。作为一名计算机专业的学生，我热爱自己的专业，对计算机有着浓厚兴趣，大二已配置了自己的微机并投入了极大的精力，大三曾组建商业网吧并成功运行，大四我掌握了 VB 程序设计，熟悉 VC、局域网组建与维护，计算机硬软件，熟练利用 Dreamweaver 网页制作。四年严格朴素的大学生活锻炼了我坚毅顽强的品格、雷厉风行的作风及良好的团队合作精神。

尊敬的领导，作为一个马上就要从校园走进社会的年轻人，我怀着绝对的信心，亦带着艰苦奋斗、在挫折中前进的准备和不舍不弃的斗志——需要得到您的认可和信任，我希望倾尽我所能，为贵单位贡献自己的一份力量，并借助贵单位的雄厚实力造就自己。

非常感谢您在百忙之中垂阅我的自荐书，我真诚成为贵单位的一员，为贵单位的辉煌事业贡献一份力量。

谨祝

顺达

自荐人：王汗

2011 年 6 月

图 3-128　自荐书

个 人 简 历

姓名	王汗	性别	男	出生年月	1990.4.7
民族	汉	籍贯	苏州	政治面貌	党员
学历	大专	专业	编导	外语水平	四级
通信地址	湖南金视（以一敌十）节目组			邮政编码	410100
E-mail	wanghan@163.com			联系电话	4820520
教育情况	√湖南广播电视学校				

专业课程

表演学基础	戏剧影视文学	舞台剧导论	导演理论与技巧
编剧概论	综合现场调度	电视摄像	电视剪辑
录音艺术	影视编导	表演技巧	影视剧创作
曲艺创作	电视节目策划	舞台剧编导	影视美术

获奖证书

- ◆ 通过大学英语四级考试
- ◆ 获得“全国计算机平台考试”高级操作员证书
- ◆ 2005 年被评为
- ◆ 2006 年（新周刊）2006 年中国电视节目榜 获年度节目主持人奖，最佳选秀节目主持人奖
- ◆ 2005 年中国电视主持人奖

爱好特长

- ◆ 专长方言：长沙话、湘潭话、株洲话、广东话、四川话、东北话、湘乡话、常德话还有一堆……
- ◆ 最爱做的事：学习
- ◆ 最喜欢的休闲活动：读书、看报
- ◆ 最崇拜的人：父母、周恩来

求职意向

- ◆ 玫瑰之约每周四晚九点三十分—湖南卫视（已停播）
- ◆ 音乐不断歌友会周四晚七点三十分—湖南卫视
- ◆ 幸福双响炮周六晚二十点四十五分—浙江电视台
- ◆ 越策周六晚八点半—湖南经视
- ◆ 超级英雄在周六越策放完后
- ◆ 金牌妈妈—央视 4 套（没有固定时间）

自我评价

- ☺ “据我观察，长得帅的男人都说自己长得不帅，所以我也觉得自己长得不帅。”
- ☺ “我跟伍佰不熟，他弟弟二百五跟我很熟。”
- ☺ “黑夜给了我黑色的眼睛，人们却要用它去戴博士伦。”

图 3-129 个人简历

模块四　利用 Excel 2003 处理电子表格

Excel 2003 是 Office 2003 办公组件中一个组件。它是目前最流行的关于电子表格处理的软件之一，它具有强大的运算、分析和图表等功能。

本模块以学生管理系列表为主线，学习有关数据运算处理的一些基础知识，结合项目任务来学习 Excel 电子表格的创建和数据处理过程。

培 养 目 标

知识目标

（1）理解掌握 Excel 电子表格的特点和应用范围。
（2）理解掌握工作簿、工作表、单元格、填充柄等基本知识。
（3）掌握数据类型及各类数据的输入、填充。
（4）熟练掌握工作表、单元格、行、列的操作与设置。
（5）掌握 Excel 中常用函数与公式的使用。
（6）掌握创建图表的方法。
（7）掌握自动筛选和高级筛选的使用。
（8）掌握排序和分类汇总的使用。
（9）掌握数据透视表的使用。

能力目标

（1）能创建包含各种类型数据的 Excel 表格，能对其进行格式设置、页面设置和打印。
（2）能熟练地利用填充、条件格式、公式等处理一般数据。
（3）能使用函数处理数据。
（4）能应用适当类型图表直观地表达 Excel 表格中的数据。
（5）能对表格数据进行排序和分类汇总。
（6）能用数据透视表分析复杂数据表。

素质目标

（1）培养学生独立思考、综合分析问题的能力。

（2）培养学生自主学习的能力。

（3）培养学生团结协作的精神。

项目　制作并处理学生管理系列表

本项目总体任务是制作并处理某职业学院学生管理系列表。该系列表由学籍表、各单科成绩表、成绩汇总表、排序后的成绩表、成绩分析统计图表、筛选和分类汇总表和数据透视表等组成。具体工作任务包括各种信息的录入，成绩的计算、汇总、排序、统计、分析和绘制图表等，以及打印成绩汇总表、成绩分析统计图表。

“学生管理系列表”主要表格效果图，如图 4-1 至图 4-6 所示：

学生学籍管理表

学号	姓名	性别	出生年月	入校时间	专业	注册性质	籍贯	身份证号码
00126001	李晓婷	女	1992年3月	2010-9-1	计算机应用	中专	湖南长沙	430101199203062729
00126002	郑静文	女	1991年10月	2010-9-2	网络技术	中专	湖南长沙	430101199110301236
00126003	张云松	男	1993年1月	2010-9-3	软件技术	高职	湖南岳阳	27010619930112236x
00126004	刘星	男	1992年6月	2010-9-4	计算机应用	高职	湖南岳阳	430602199206281456
00126005	刘宝龙	男	1992年9月	2010-9-5	计算机应用	自考	北京	110101199209308759
00126006	李高亮	男	1992年2月	2010-9-6	影视动画	中专	江西南昌	28060219920215369x
00126007	陈靖平	女	1992年11月	2010-9-7	环境艺术	自考	广东广州	203601199211032369
00126008	徐文祥	男	1991年5月	2010-9-8	环境艺术	中专	河南郑州	430602199105202561
00126009	范思杰	女	1993年1月	2010-9-9	软件技术	中专	河南郑州	430521199301013214
00126010	黄一淼	女	1992年8月	2010-9-10	软件技术	中专	湖南湘潭	430602199208270562
00126011	曾凌峰	男	1993年6月	2010-9-10	网络技术	自考	山东济南	152602199306052581
00126012	李丹	女	1992年12月	2010-9-10	网络技术	自考	山东济南	152601199212264523
00126013	李璐	女	1993年9月	2010-9-10	网络技术	中专	湖北武汉	270606199309052635
00126014	江家科	男	1991年10月	2010-9-10	计算机应用	中专	湖北咸宁	250607199110190562
00126015	许伶俐	女	1992年7月	2010-9-10	计算机应用	高职	湖南常德	430612199207311012
00126016	李晓磊	女	1991年8月	2010-9-10	计算机应用	中专	江苏南京	220603199108033524
00126017	秦曼云	女	1993年4月	2010-9-10	环境艺术	高职	四川成都	360603199304221862
00126018	高翔森	男	1992年7月	2010-9-10	软件技术	中专	辽宁大连	320602199207011796

图 4-1 学籍表

学号	姓名	平时1	平时2	平时3	平时4	平时平均	期中	期末	总评成绩
00126001	李晓婷	88	89	99	89	91	74	94	87.7
00126002	郑静文	94	74	81	91	85	86	62	71.5
00126003	张云松	98	76	93	79	87	77	92	87.0
00126004	刘星	81	77	88	92	85	90	81	84.1
00126005	刘宝龙	89	73	76	74	78	58	73	69.0
00126006	李高亮	91	83	76	81	83	69	84	79.4
00126007	陈靖平	88	72	75	85	80	63	70	68.9
00126008	徐文祥	85	81	76	80	81	85	72	76.8
00126009	范思杰	85	80	70	98	83	69	85	80.0
00126010	黄一淼	91	81	83	85	85	82	83	82.9
00126011	曾凌峰	75	65	78	60	70	52	58	57.4
00126012	李丹	81	80	76	94	83	74	76	76.1
00126013	李璐	70	60	75	72	69	65	64	64.8
00126014	江家科	98	98	80	73	87	92	72	79.5
00126015	许伶俐	76	85	88	78	82	94	81	85.0
00126016	李晓磊	84	95	83	95	89	85	89	87.8
00126017	秦曼云	92	99	97	92	95	86	72	78.5
00126018	高翔森	84	73	84	88	82	91	91	90.1

图 4-2　单科成绩表（以大学语文成绩表为例）

成绩汇总表

学号	姓名	大学语文	数学	英语	计算机基础	总分	平均分	等级	名次
00126001	李晓婷	88	88	65	59	300	75.0	及格	9
00126002	郑静文	72	61	73	70	276	69.0	及格	16
00126003	张云松	87	68	79	76	310	77.5	及格	5
00126004	刘星	84	75	89	84	332	83.0	及格	3
00126005	刘宝龙	69	73	73	84	299	74.8	及格	11
00126006	李高亮	79	59	72	77	287	71.8	及格	15
00126007	陈靖平	69	54	57	81	261	65.3	及格	17
00126008	徐文祥	77	81	71	72	301	75.3	及格	8
00126009	范思杰	80	89	71	85	325	81.3	及格	4
00126010	黄一淼	83	71	85	66	305	76.3	及格	6
00126011	曾凌峰	57	66	55	53	231	57.8	不及格	18
00126012	李丹	76	74	67	83	300	75.0	及格	9
00126013	李璐	65	77	77	73	292	73.0	及格	14
00126014	江家科	80	52	84	78	294	73.5	及格	13
00126015	许伶俐	85	65	72	75	297	74.3	及格	12
00126016	李晓磊	88	76	87	85	336	84.0	及格	2
00126017	秦曼云	79	74	73	79	305	76.3	及格	6
00126018	高翔森	90	87	92	93	362	90.5	优秀	1
人平分		78.2	71.7	74.6	76.3	300.7	75.2		
最高分		90	89	92	93	362	90.5		
最低分		57	52	55	53	231	57.8		
全班人数		18	18	18	18	18	18		
参考人数		18	18	18	18	18	18		
85-100(优秀)		5	3	4	3		1		
75-85(良好)		8	4	3	9		9		
60-75(及格)		4	8	9	4		7		
60以下(不及格)		1	3	2	2		1		
及格率		94%	83%	89%	89%		94%		
优秀率		28%	17%	22%	17%		6%		

图 4-3　打印预览成绩汇总表效果

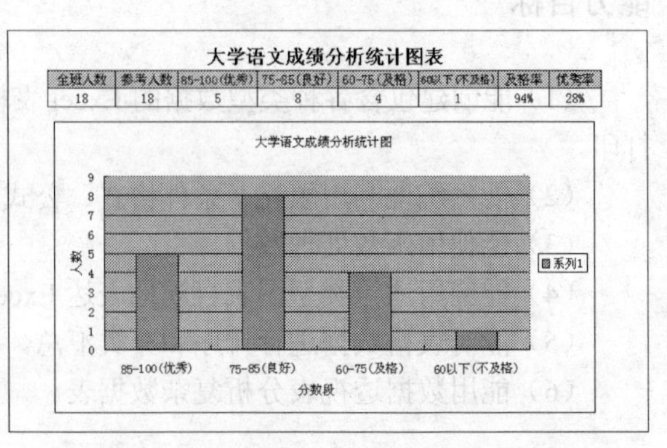

大学语文成绩分析统计图表

全班人数	参考人数	85-100(优秀)	75-85(良好)	60-75(及格)	60以下(不及格)	及格率	优秀率
18	18	5	8	4	1	94%	28%

图 4-4　打印预览成绩分析统计图表（大学语文）

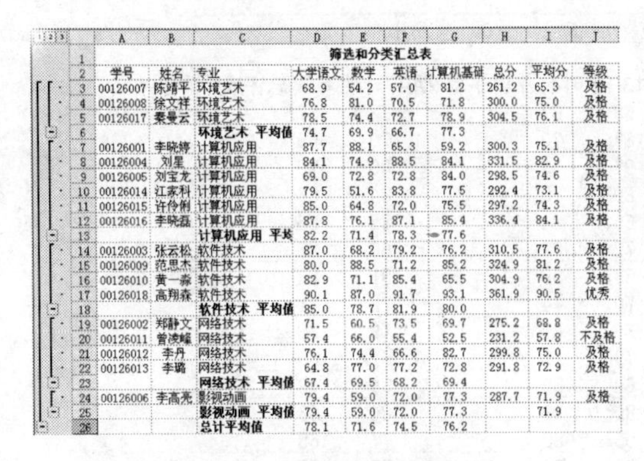

	A	B	C	D	E	F	G	H	I	J
1				筛选和分类汇总表						
2	学号	姓名	专业	大学语文	数学	英语	计算机基础	总分	平均分	等级
3	00126007	陈靖平	环境艺术	68.9	54.2	57.0	81.2	261.2	65.3	及格
4	00126008	徐文祥	环境艺术	76.8	81.0	70.5	71.8	300.0	75.0	及格
5	00126017	秦曼云	环境艺术	78.5	74.4	72.7	78.9	304.5	76.1	及格
6			环境艺术 平均值	74.7	69.9	66.7	77.3			
7	00126001	李晓婷	计算机应用	87.7	88.1	65.3	59.2	300.3	75.1	及格
8	00126004	刘星	计算机应用	84.1	74.9	88.5	84.1	331.5	82.9	及格
9	00126005	刘宝龙	计算机应用	69.0	72.8	72.8	84.0	298.5	74.6	及格
10	00126014	江家科	计算机应用	79.5	51.6	83.8	77.5	292.4	73.1	及格
11	00126015	许伶俐	计算机应用	85.0	64.8	72.0	75.5	297.2	74.3	及格
12	00126016	李晓磊	计算机应用	87.8	76.1	87.1	85.4	336.4	84.1	及格
13			计算机应用 平均	82.2	71.4	78.3	77.6			
14	00126003	张云松	软件技术	87.0	68.2	79.2	76.2	310.5	77.6	及格
15	00126009	范思杰	软件技术	80.0	88.5	71.2	85.2	324.9	81.2	及格
16	00126010	黄一淼	软件技术	82.9	71.1	85.4	65.5	304.9	76.2	及格
17	00126018	高翔森	软件技术	90.1	87.0	91.7	93.1	361.9	90.5	优秀
18			软件技术 平均值	85.0	78.7	81.9	80.0			
19	00126002	郑静文	网络技术	71.5	60.5	73.5	69.7	275.2	68.8	及格
20	00126011	曾凌峰	网络技术	57.4	66.0	55.4	52.5	231.2	57.8	不及格
21	00126012	李丹	网络技术	76.1	74.4	66.6	82.7	299.8	75.0	及格
22	00126013	李璐	网络技术	64.8	77.0	77.2	72.8	291.8	72.9	及格
23			网络技术 平均值	67.4	69.5	68.2	69.4			
24	00126006	李高亮	影视动画	79.4	59.0	72.0	77.3	287.7	71.9	及格
25			影视动画 平均值	79.4	59.0	72.0	77.3		71.9	
26			总计平均值	78.1	71.6	74.5	76.2			

图 4-5　分类汇总表效果图

注册性质	(全部)		
平均值项:平均分	性别		
专业	男	女	总计
环境艺术	75.0	70.7	72.1
计算机应用	76.9	77.8	77.3
软件技术	84.1	78.7	81.4
网络技术	57.8	72.2	68.6
影视动画	71.9		71.9
总计	75.4	74.9	75.1

图 4-6　数据透视表效果图

任务 1　创建学生管理系列表

【任务描述】

创建学籍管理表和各单科成绩表，并录入学籍信息和单科原始成绩等数据，如图 4-7 至图 4-11 所示。

	A	B	C	D	E	F	G	H	I
1	学生学籍管理表								
2	学号	姓名	性别	出生日期	入校时间	专业	注册性质	籍贯	身份证号码
3	00126001	李晓婷	女	1992-3-6	2010-9-1	计算机应用	中专	湖南长沙	430101199203062729
4	00126002	郑静文	女	1991-10-30	2010-9-2	网络技术	中专	湖南长沙	430101199110301236
5	00126003	张云松	男	1993-1-12	2010-9-3	软件技术	高职	湖南岳阳	27010619930112236x
6	00126004	刘星	男	1992-6-28	2010-9-4	计算机应用	高职	湖南岳阳	430602199206281456
7	00126005	刘宝龙	男	1992-9-30	2010-9-5	计算机应用	自考	北京	110101199209308759
8	00126006	李高亮	男	1992-2-15	2010-9-6	影视动画	中专	江西南昌	28060219920215369x
9	00126007	陈靖平	女	1992-11-3	2010-9-7	环境艺术	自考	广东广州	203601199211032369
10	00126008	徐文祥	男	1991-5-20	2010-9-8	环境艺术	中专	河南郑州	430602199105202561
11	00126009	范思杰	女	1993-1-1	2010-9-9	软件技术	中专	河南郑州	430521199301013214
12	00126010	黄一淼	女	1992-8-27	2010-9-10	软件技术	中专	湖南湘潭	430602199208270562
13	00126011	曾凌峰	男	1993-6-5	2010-9-10	网络技术	自考	山东济南	152602199306052581
14	00126012	李丹	女	1992-12-26	2010-9-10	网络技术	自考	山东济南	152601199212264523
15	00126013	李璐	女	1993-9-5	2010-9-10	网络技术	中专	湖北武汉	270606199309052635
16	00126014	江家科	男	1991-10-19	2010-9-10	计算机应用	中专	湖北咸宁	250607199110190562
17	00126015	许伶俐	女	1992-7-31	2010-9-10	计算机应用	高职	湖南常德	430612199207311012
18	00126016	李晓磊	女	1991-8-3	2010-9-10	计算机应用	中专	江苏南京	220603199108033524
19	00126017	秦曼云	女	1993-4-22	2010-9-10	环境艺术	高职	四川成都	360603199304221862
20	00126018	高翔森	男	1992-7-1	2010-9-10	软件技术	中专	辽宁大连	320602199207011796

图 4-7　学籍表原始数据

	A	B	C	D	E	F	G	H	I	J
1	大学语文成绩表									
2	学号	姓名	平时1	平时2	平时3	平时4	平时平均	期中	期末	总评成绩
3	00126001	李晓婷	88	89	99	89		74	94	
4	00126002	郑静文	94	74	81	91		86	62	
5	00126003	张云松	98	76	93	79		77	92	
6	00126004	刘星	81	77	88	92		90	81	
7	00126005	刘宝龙	89	73	76	74		58	73	
8	00126006	李高亮	91	83	76	81		69	84	
9	00126007	陈靖平	88	72	75	85		63	70	
10	00126008	徐文祥	85	81	76	80		85	72	
11	00126009	范思杰	85	80	70	98		69	85	
12	00126010	黄一淼	91	81	83	85		82	83	
13	00126011	曾凌峰	75	65	78	60		52	58	
14	00126012	李丹	81	80	76	94		74	76	
15	00126013	李璐	70	60	75	72		65	64	
16	00126014	江家科	98	98	80	73		92	72	
17	00126015	许伶俐	76	85	88	78		94	81	
18	00126016	李晓磊	84	95	83	95		85	89	
19	00126017	秦曼云	92	99	97	92		86	72	
20	00126018	高翔森	84	73	84	88		91	91	

图 4-8　大学语文成绩表原始数据

	A	B	C	D	E	F	G	H	I	J
1	数学成绩表									
2	学号	姓名	平时1	平时2	平时3	平时4	平时平均	期中	期末	总评成绩
3	00126001	李晓婷	82	81	92	90		77	94	
4	00126002	郑静文	81	60	77	91		56	60	
5	00126003	张云松	92	61	84	80		59	71	
6	00126004	刘星	72	74	89	83		79	72	
7	00126005	刘宝龙	85	87	62	60		68	75	
8	00126006	李高亮	93	80	78	70		60	55	
9	00126007	陈靖平	82	69	75	80		53	51	
10	00126008	徐文祥	88	77	92	91		79	81	
11	00126009	范思杰	92	86	85	85		92	87	
12	00126010	黄一淼	64	78	93	89		56	77	
13	00126011	曾凌峰	87	66	86	60		83	56	
14	00126012	李丹	75	86	93	94		63	78	
15	00126013	李璐	90	79	76	62		77	77	
16	00126014	江家科	69	80	68	69		50	49	
17	00126015	许伶俐	89	66	86	70		72	59	
18	00126016	李晓磊	77	66	71	94		64	82	
19	00126017	秦曼云	89	64	81	67		65	79	
20	00126018	高翔森	79	85	94	91		83	89	

图 4-9　数学成绩表原始数据

	A	B	C	D	E	F	G	H	I	J
1	英语成绩表									
2	学号	姓名	平时1	平时2	平时3	平时4	平时平均	期中	期末	总评成绩
3	00126001	李晓婷	84	80	75	67		72	60	
4	00126002	郑静文	69	89	63	66		89	66	
5	00126003	张云松	68	62	94	63		62	89	
6	00126004	刘星	89	73	92	71		92	88	
7	00126005	刘宝龙	82	94	78	79		71	72	
8	00126006	李高亮	88	91	78	91		63	74	
9	00126007	陈靖平	72	67	55	70		62	53	
10	00126008	徐文祥	82	94	93	67		69	69	
11	00126009	范思杰	62	72	83	74		59	77	
12	00126010	黄一淼	79	66	88	61		74	93	
13	00126011	曾凌峰	65	65	75	65		60	51	
14	00126012	李丹	75	73	84	93		73	61	
15	00126013	李璐	65	86	74	92		65	83	
16	00126014	江家科	90	69	66	80		78	88	
17	00126015	许伶俐	90	80	64	91		55	79	
18	00126016	李晓磊	75	71	68	90		93	86	
19	00126017	秦曼云	67	60	90	74		86	66	
20	00126018	高翔森	83	88	62	88		95	92	

图 4-10　英语成绩表原始数据

	A	B	C	D	E	F	G	H	I	J
1	计算机基础成绩表									
2	学号	姓名	平时1	平时2	平时3	平时4	平时平均	期中	期末	总评成绩
3	00126001	李晓婷	87	80	68	67		58	57	
4	00126002	郑静文	80	75	67	70		70	69	
5	00126003	张云松	69	96	97	73		86	70	
6	00126004	刘星	68	68	80	75		84	86	
7	00126005	刘宝龙	85	75	66	84		82	86	
8	00126006	李高亮	83	91	72	87		60	85	
9	00126007	陈靖平	96	76	83	99		81	80	
10	00126008	徐文祥	76	83	70	74		72	71	
11	00126009	范思杰	92	89	79	87		79	88	
12	00126010	黄一淼	78	76	79	71		61	66	
13	00126011	曾凌峰	83	75	69	50		54	49	
14	00126012	李丹	74	87	80	68		84	83	
15	00126013	李璐	95	82	95	82		77	68	
16	00126014	江家科	99	96	78	80		55	87	
17	00126015	许伶俐	96	68	92	74		74	75	
18	00126016	李晓磊	83	95	70	84		93	82	
19	00126017	秦曼云	91	93	87	90		71	81	
20	00126018	高翔森	96	87	88	79		89	96	

图 4-11　计算机基础成绩表原始数据

【相关知识】

（1）Excel 2003 窗口的组成。

（2）工作簿和工作表。

（3）单元格、行、列。

（4）单元格数字分类。

（5）填充柄、填充序列。

【任务实现】

1. Excel 2003 启动

单击“开始”→“程序”→“Microsoft Office 2003”→“Microsoft Excel 2003”菜单命令，或者双击桌面“Microsoft Excel 2003”图标均可启动 Excel 2003。从而进入 Excel 2003 工作窗口。如图 4-12 所示。

提示： Excel 2003 启动时，即新建了一个名为“Book1”的工作簿文件，该工作簿默认有 3 张工作表分别是 Sheet1、Sheet2、Sheet3。

2. 在 Sheet1 工作表中，输入如图 4-7 所示的学生学籍管理表数据

（1）在 A1 单元格输入表格标题“学生学籍管理表”，在第 2 行相应单元格依次输入表格各栏目的名称：“学号”、“姓名”、“性别”、“出生年月”、“入校时间”、“专业”、“注册性质”、“籍贯”、“身份证号码”。

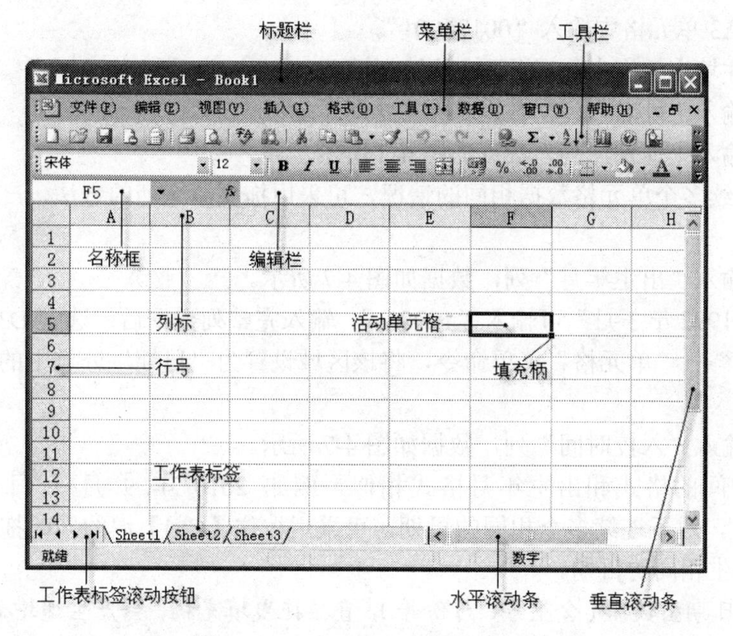

图 4-12　Excel 2003 工作窗口介绍

（2）输入“学号”列的内容，如图 4-7 所示。

① 选择学号所在列中单元格 A3，单击“单元格”→“格式” 菜单命令，弹出“单元格格式”对话框，单击“数字”选项卡，在分类中选择“文本”，如图 4-13 所示。

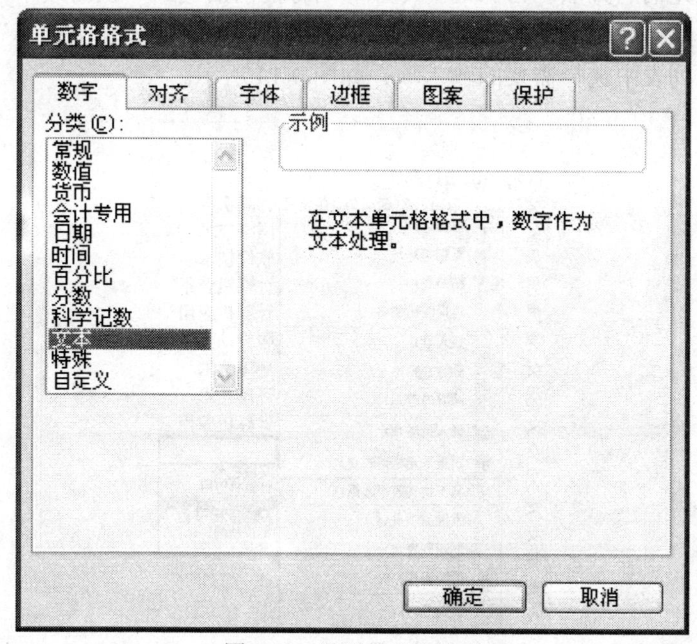

图 4-13　设置单元格格式

② 在A3单元格中输入“00126001”。

③ 按住填充柄拖曳A3单元格的填充柄至A20。

（3）输入“姓名”列，数据如图4-7所示。

（4）输入“性别”列，数据如图4-7所示。

对于连续多个单元格数据相同的情况，可采用拖曳填充柄的方法，产生相同的数据。

（5）输入“出生年月”列，数据如图4-7所示。

例如“1992年3月”可输入“1992-3”。输入完整列数据后，选定D3:D20区域，利用“格式”→“单元格”菜单命令，将该区域设置为“日期”分类中的“2001年3月”类型。

（6）输入“入校时间”列，数据如图4-7所示。

入校时间的格式和出生年月格式相似，例如2010年9月1日可以输入为“2010-9-1”，对于连续多个相同的日期，可采用按住【Ctrl】键的同时拖曳填充柄的方法，则产生相同的日期。

提示：对于日期型数据（含星期、月份等），直接拖曳填充柄，会产生递增的日期数列；按住【Ctrl】键的同时拖曳填充柄，则产生相同的日期。对于非日期型数据，直接拖曳，会产生相同的数据数列；按住【Ctrl】键的同时拖曳填充柄，则产生递增数列。

（7）输入“专业”列，数据如图4-7所示。

“专业”名称的初次输入只能直接输入，对于连续多个单元格数据相同的情况，可采用拖曳填充柄的方法。为保证“专业”名称的前后一致，在后续单元格输入时，可以在选取单元格后，单击右键在快捷菜单中选择“从下拉列表中选择”命令，从显示的一个输入列表中选择需要的输入项，如图4-14所示。

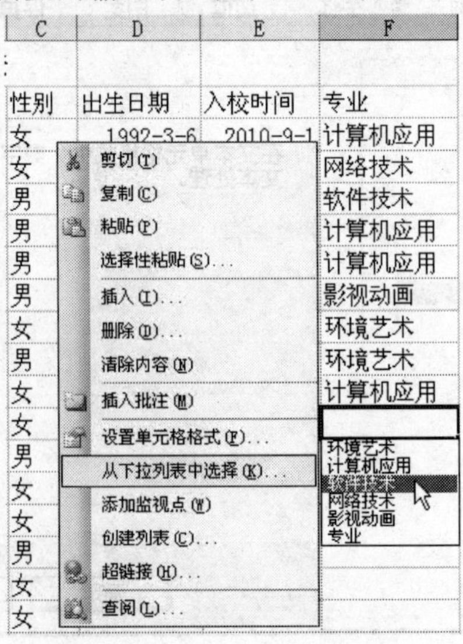

图4-14　从下拉列表中选择输入

（8）输入“注册性质”、“籍贯”列，数据如图 4-7 所示。

对于连续多个单元格数据相同的情况，可采用拖曳填充柄的方法复制。

（9）输入“身份证号码”列，数据如图 4-7 所示。

① 选择身份证号码所在列中单元格区域 I3:I20，单击“单元格”→“格式” 菜单命令，在单元格格式对话框中，单击“数字”选项卡，在分类中选择“文本”，如图 4-13 所示。

② 在对应的单元格中逐个输入身份证号码。

③ 用手动方式适当调整 I 列的宽度：将光标停在 I 列和 J 列的两个列标之间，当光标变为✛时，按住左键向右拖动，使 I 列的宽度和身份证号码长度相适应。

注意：因为身份证号码是长度为 18 的一组数字，不能作为普通数值输入，所以在输入前必须把相应的单元格区域设置为“文本”类型。

（10）将当前工作表 Sheet1 改名为“学籍表”。双击工作表 Sheet1 标签，输入“学籍表”。

3. 添加 7 张工作表

（1）单击 “插入”→“工作表” 菜单命令，插入一张新的工作表，默认工作表名为 Sheet4。以上述同样的方法依次插入 7 张工作表。使得当前工作簿共有 10 张工作表。

（2）将“学籍表”后面的工作表的标签依次改名为“大学语文成绩表”、“数学成绩表”、“英语成绩表”、“ 计算机基础成绩表”、“成绩汇总表”、“排序后的成绩表”、“成绩分析统计图表”、“筛选和分类汇总表”、“数据透视表数据源”。

4. 创建“大学语文成绩表”

在“大学语文成绩表”工作表中，创建如图 4-8 所示的“大学语文成绩表”。

（1）从“学籍表”中复制学号、姓名两列数据：在“学籍表”中选取学号、姓名两列数据区域 A2:B20，复制；再单击工作表标签，使“大学语文成绩表”成为当前工作表，单击选定 A2 单元格，然后粘贴。

（2）依次输入平时 1、平时 2、平时 3、平时 4、期中和期末各列数据。

5. 创建其他表

依照同样的方法，在相应的工作表中创建如图 4-9 所示的“数学成绩表”、 如图 4-10 所示的“英语成绩表”、 如图 4-11 所示的“ 计算机基础成绩表”。

6. 保存工作簿文件

单击“文件”→“保存” 菜单命令，弹出“另存为”对话框，在“保存位置”选择用户自己的文件夹（例如“学生管理文件夹”），“文件名”栏输入“学生管理系列表”，单击“保存”按钮。如图 4-15 所示。

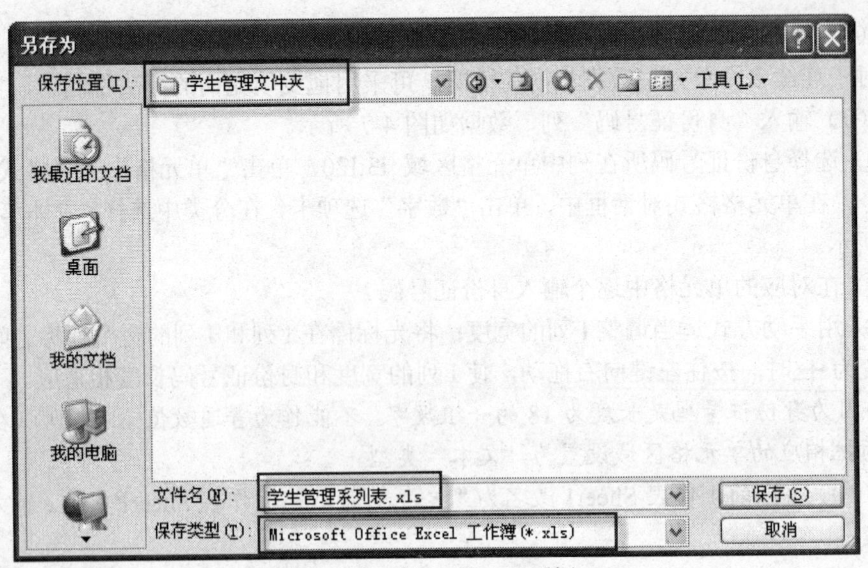

图 4-15 “另存为”对话框

提示：默认的保存类型为 Excel 工作簿文件，文件的扩展名为“.xls”。

【任务小结】

在任务 1 中，通过建立学籍管理表和单科成绩表，我们较熟练地掌握了以下操作：创建和保存工作簿，工作表的相关操作，各种类型数据的输入，单元格及单元格区域的复制、移动、填充等操作。

【拓展任务】

打开“员工档案工资管理表.xls”工作簿文件,参照相应效果图，完成以下操作。

（1）参照图 4-16，填充完“员工信息表”。

（2）在“员工信息表”后，依次插入“基本工资表”、“奖金发放表”、“收入汇总表”。

（3）参照图 4-17 和图 4-18，建立“基本工资表”、“奖金发放表”，并录入工资、奖金等原始数据。

【知识巩固】

（1）阅读辅助教材的第五章第 5.1 节、第 5.2 节中的 5.2.1~5.2.5 小节内容。

（2）做辅助教材第五章相关习题。

	A	B	C	D	E	F	G	H
1	盛华科技公司员工信息表							
2	工号	姓名	性别	出生日期	政治面貌	部门	职称	联系电话
3	201018001	徐倩丽	女	1981-3-26	党员	办公室	中级	0755-35689616
4	201018002	刘欣	男	1985-11-23	团员	技术部	初级及以下	13912366543
5	201018003	刘艳芳	女	1976-12-10	群众	人事部	中级	15823657892
6	201018004	张小山	女	1972-9-15	民主党派	人事部	高级	15073016969
7	201018005	彭文会	男	1975-8-20	党员	技术部	高级	13324632589
8	201018006	李慧	女	1985-3-22	群众	技术部	初级及以下	13017963251
9	201018007	武清风	男	1969-10-1	群众	技术部	高级	13737302563
10	201018008	王雅莉	女	1980-5-11	群众	总工室	中级	13328936528
11	201018009	李冬梅	女	1958-10-2	党员	技术部	高级	18693647528
12	201018010	王丽楠	女	1975-11-23	群众	办公室	中级	18973213721
13	201018011	张金生	男	1964-3-5	党员	后勤部	中级	13878603120
14	201018012	李高强	男	1986-7-25	团员	后勤部	初级及以下	18636202896
15	201018013	欧阳元香	女	1980-2-18	群众	技术部	中级	13773011259
16	201018014	陈一凯	男	1970-5-27	群众	技术部	中级	13623647535
17	201018015	姜韧	女	1986-4-30	团员	办公室	初级及以下	13834569886

图 4-16　员工信息表原始数据

	A	B	C	D
1	盛华科技公司基本工资表			
2	工号	姓名	基本工资	职务工资
3	201018001	徐倩丽	1520	400
4	201018002	刘欣	1460	200
5	201018003	刘艳芳	1580	200
6	201018004	张小山	1650	200
7	201018005	彭文会	2600	800
8	201018006	李慧	1200	200
9	201018007	武清风	1820	400
10	201018008	王雅莉	1570	200
11	201018009	李冬梅	1890	500
12	201018010	王丽楠	1450	200
13	201018011	张金生	1380	400
14	201018012	李高强	1410	200
15	201018013	欧阳元香	1500	200
16	201018014	陈一凯	1550	200
17	201018015	姜韧	1660	200

图 4-17　基本工资表原始数据

	A	B	C	D	E
1	盛华科技公司奖金补贴发放表				
2	工号	姓名	职称	奖金	补贴
3	201018001	徐倩丽	中级	540	800
4	201018002	刘欣	初级及以下	480	600
5	201018003	刘艳芳	中级	560	800
6	201018004	张小山	高级	600	1000
7	201018005	彭文会	高级	800	1000
8	201018006	李慧	初级及以下	500	600
9	201018007	武清风	高级	720	1000
10	201018008	王雅莉	中级	500	800
11	201018009	李冬梅	高级	600	1000
12	201018010	王丽楠	中级	500	800
13	201018011	张金生	中级	800	800
14	201018012	李高强	初级及以下	360	600
15	201018013	欧阳元香	中级	540	800
16	201018014	陈一凯	中级	360	800
17	201018015	姜韧	初级及以下	360	600

图 4-18　奖金补贴表原始数据

任务 2　处理成绩表

【任务描述】

（1）打开任务 1 已经创建的工作簿文件“学生管理系列表.xls”，计算出各单科成绩表中的平时平均和总评成绩，效果如图 4-19 所示（以“大学语文成绩表”为例）。

（2）将各单科成绩表中的“总评成绩”汇总到“成绩汇总表”，然后对“成绩汇总表”进行如下操作。

① 计算各人的总分、平均分。

② 用特殊的格式突出显示单科成绩和平均成绩。

③ 统计出各科、总分和平均分的全班“人平分”、“最高分”、“最低分”。

④ 根据各人的“平均分”评定等级。

“成绩汇总表”效果图如图 4-20 所示。

	A	B	C	D	E	F	G	H	I	J
1	大学语文成绩表									
2	学号	姓名	平时1	平时2	平时3	平时4	平时平均	期中	期末	总评成绩
3	00126001	李晓婷	88	89	99	89	91	74	94	87.7
4	00126002	郑静文	94	74	81	91	85	86	62	71.5
5	00126003	张云松	98	76	93	79	87	77	92	87.0
6	00126004	刘星	81	77	88	92	85	90	81	84.1
7	00126005	刘宝龙	89	73	76	74	78	58	73	69.0
8	00126006	李高亮	91	83	76	81	83	69	84	79.4
9	00126007	陈靖平	88	72	75	85	80	63	70	68.9
10	00126008	徐文祥	85	81	76	80	81	85	72	76.8
11	00126009	范思杰	85	80	70	98	83	69	85	80.0
12	00126010	黄一淼	91	81	83	85	85	82	83	82.9
13	00126011	曾凌峰	75	65	78	60	70	52	58	57.4
14	00126012	李丹	81	80	76	94	83	74	76	76.1
15	00126013	李璐	70	60	75	72	69	65	64	64.8
16	00126014	江家科	98	98	80	73	87	92	72	79.5
17	00126015	许伶俐	76	85	88	78	82	94	81	85.0
18	00126016	李晓磊	84	95	83	95	89	85	89	87.8
19	00126017	秦曼云	92	99	97	92	95	86	72	78.5
20	00126018	高翔森	84	73	84	88	82	91	91	90.1

图 4-19　经过计算处理后的单科成绩表效果图（以大学语文成绩表为例）

	A	B	C	D	E	F	G	H	I
1	成绩汇总表								
2	学号	姓名	大学语文	数学	英语	计算机基	总分	平均分	等级
3	00126001	李晓婷	88	88	65	**59**	300	75.0	及格
4	00126002	郑静文	72	61	73	70	276	69.0	及格
5	00126003	张云松	87	68	79	76	310	77.5	及格
6	00126004	刘星	84	75	89	84	332	83.0	及格
7	00126005	刘宝龙	69	73	73	84	299	74.8	及格
8	00126006	李高亮	79	**59**	72	77	287	71.8	及格
9	00126007	陈靖平	69	**54**	**57**	81	261	65.3	及格
10	00126008	徐文祥	77	81	71	72	301	75.3	及格
11	00126009	范思杰	80	89	71	85	325	81.3	及格
12	00126010	黄一淼	83	71	85	66	305	76.3	及格
13	00126011	曾凌峰	**57**	66	**55**	**53**	231	**57.8**	不及格
14	00126012	李丹	76	74	67	83	300	75.0	及格
15	00126013	李璐	65	77	77	73	292	73.0	及格
16	00126014	江家科	80	**52**	84	78	294	73.5	及格
17	00126015	许伶俐	85	65	72	75	297	74.3	及格
18	00126016	李晓磊	88	76	87	85	336	84.0	及格
19	00126017	秦曼云	79	74	73	79	305	76.3	及格
20	00126018	高翔森	90	87	92	93	362	90.5	优秀
21	人平分		78.2	71.7	74.6	76.3	300.7	75.2	
22	最高分		90	89	92	93	362	90.5	
23	最低分		57	52	55	53	231	57.8	

图 4-20　初步处理后的成绩汇总表

【相关知识】

（1）公式，多工作表操作。

（2）SUM、AVERAGE、ROUND、MAX、MIN、IF、MID、DATE、YEAR、NOW等函数。

（3）条件格式。

【任务实现】

（1）打开“学生管理系列表.xls”工作簿文件。

（2）计算“大学语文成绩表”中的“平时平均”和“总评成绩”。

① 利用函数计算“平时平均”。在“大学语文成绩表”中，选定单元格G3。单击“插入”→“函数”菜单命令，弹出“插入函数”对话框，如图4-21所示。

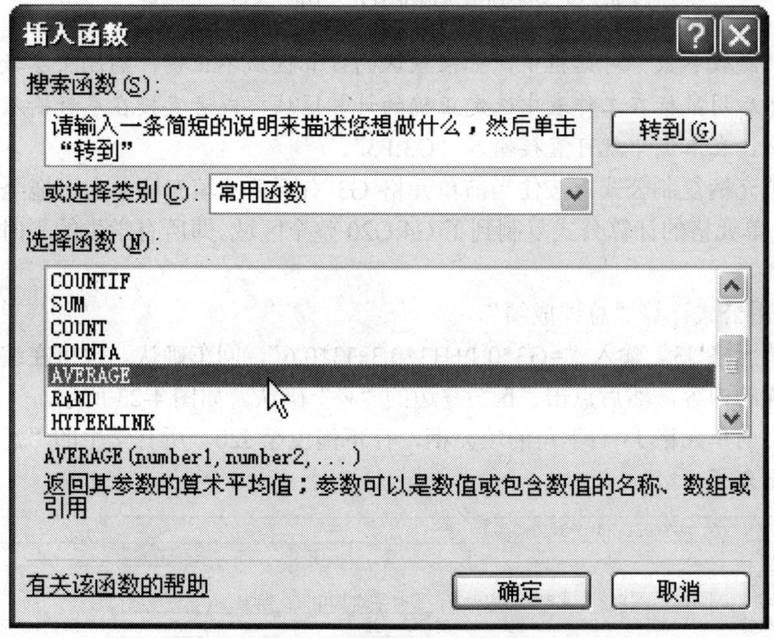

图4-21　“插入函数”对话框

提示：在函数列表中，“常用函数”按最近使用的原则排列，“全部”和其他分类则按照英文字母顺序排列。

在“选择函数”列表中选择“AVERAGE”（求平均值函数），单击“确定”按钮。

在弹出的AVERAGE“函数参数”对话框中，第一个参数输入框中显示“C3:F3”，即默认的求平均范围是C3:F3单元格区域，这正是我们需要求平均的区域，如图4-22所示，单击“确定”按钮。这样就计算出了第一个学生的“平时平均”。

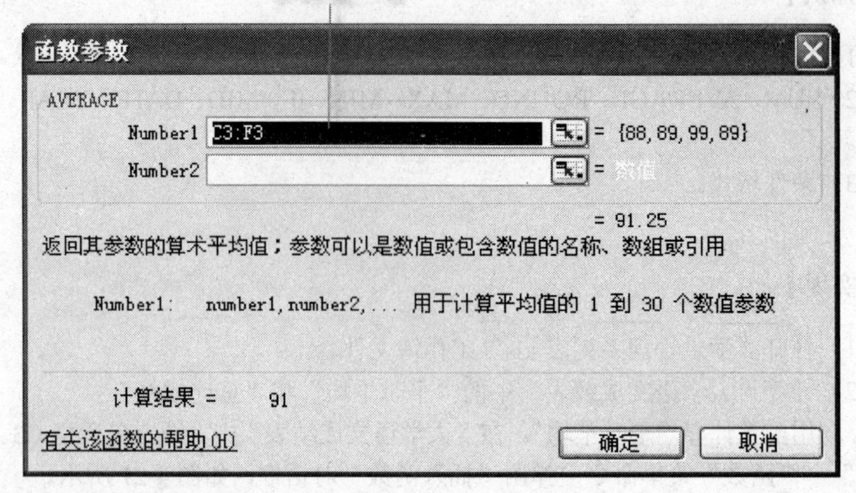

图 4-22 求平均值 AVERAGE“函数参数”对话框

注意：在“函数参数”对话框中，如果默认的计算区域不正确，则删除参数输入框中的内容，然后用鼠标在工作表中选定正确的计算区域，或者直接在参数输入框中输入单元格区域，在本例中就可直接输入“C3:F3”。

利用填充柄复制公式。按住当前单元格 G3 右下角的填充柄，向下拖至 G20，这样就将 G3 单元格的计算公式复制到了 G4:G20 整个区域。即所有学生的平时平均都计算出来了。

② 利用公式计算“总评成绩”。

选定单元格 J3。输入“=G3*0.1+H3*0.3+I3*0.6”，回车确认。也可在编辑栏中直接输入同样的内容，然后点击“fx”左边的“✓”确认。如图 4-23 所示。

按住当前单元格 J3 右下角的填充柄，往下拖曳至 J20。所有学生的“总评成绩”也就计算出来了。

=G3*0.1+H3*0.3+I3*0.6

B	C	D	E	F	G	H	I	J	K
成绩表									
姓名	平时1	平时2	平时3	平时4	平时平均	期中	期末	总评成绩	
李晓婷	88	89	99	89	91	74	94	=G3*0.1+H3*0.3+I3*0.6	
郑静文	94	74	81	91	85	86	62		
张云松	98	76	93	79	87	77	92		
刘星	81	77	88	92	85	90	81		
刘宝龙	89	73	76	74	78	58	73		
李高亮	91	83	76	81	83	69	84		
陈靖平	88	72	75	85	80	63	70		

图 4-23 公式的输入

③ 将“平时平均”小数位数设置为 0 位，将“总评成绩”的小数位数设置为 1 位。

选定 G3:G20 单元格区域。单击“格式”→“单元格”菜单命令，弹出“单元格格式”对话框，单击“数字” 选项卡。在分类中选择“数值”，将小数位数设置为 0 位，如图 4-24 所示，单击“确定” 按钮。按上述同样的方法，将“总评成绩”所在的 J3:J20 单元格区域的小数位数设置为 1 位。

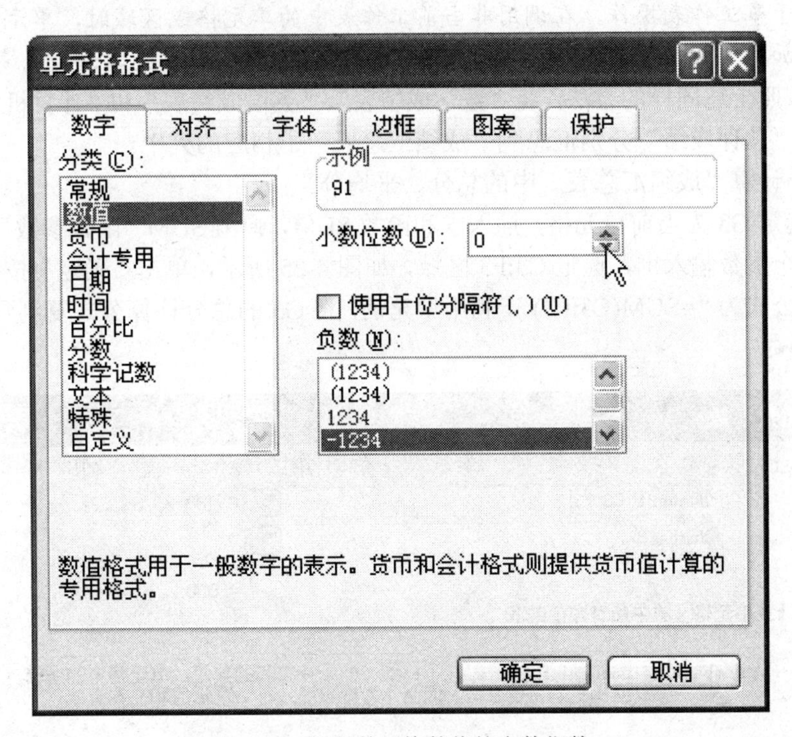

图 4-24　设置单元格数值的小数位数

④ 依照同样的方法，计算并处理“数学成绩表”、“英语成绩表”、“ 计算机基础成绩表”三张单科成绩表中的“平时平均”和“总评成绩”。

提示：对于数值型数据，可以用格式工具栏中 ←.0 .00 工具按钮增加小数位数，或用 .00 →.0 工具按钮减少小数位数。

（3）把各单科成绩表中的“总评成绩”汇总到“成绩汇总表”中。

① 在“成绩汇总表”中，输入表格标题“成绩汇总表”，并建立相应栏目（列），如图 4-20 所示。从“学籍表”中复制“学号”、“姓名”两列数据（即 A2:B20 单元格区域），并粘贴到“成绩汇总表”中 A2:B20 单元格区域。

② 将大学语文成绩汇总到“成绩汇总表”中“大学语文”列（即 C 列），并进行四舍五入取整。操作步骤如下：

选定当前工作表“成绩汇总表”中 C3 单元格，输入“=”；单击“大学语文成绩表”工作表标签，切换到“大学语文成绩表”，选定 J3；回车确认，自动切换到“成绩汇总表”，单击 C3 单元格，此时 C3 单元格在编辑栏里显示“=大学语文成绩表!J3”；

在编辑栏中直接插入四舍五入函数 ROUND 对 C3 单元格进行取整，在编辑栏中对公式进行编辑，使之变为“=ROUND(大学语文成绩表!J3,0)”，回车确认；选定当前单元格 C3，按住填充柄拖至 C20，“大学语文成绩表”中的“总评成绩”就汇总到了“成绩汇总表”。

提示：对于多工作表操作，在调用非当前工作表中的单元格或区域时，单元格或区域的前面都加上了所在工作表的名字，中间用“!”隔开，例如“大学语文成绩表!J3”。

③ 按照上述同样的方法，将“数学成绩表”、“英语成绩表”和“计算机基础成绩表”中的“总评成绩”分别汇总到“成绩汇总表”中相应的列中。

（4）计算“成绩汇总表”中的总分、平均分。

① 选定 G3 为当前单元格，插入求和函数 SUM，弹出 SUM“函数参数”对话框，单击第一个参数输入框，选定 C3:F3 区域，如图 4-25 所示，单击“确定”按钮。此时编辑栏的公式为“=SUM(C3:F3)”。利用填充柄，将 G3 的总分计算公式复制到 G4:G20 区域。

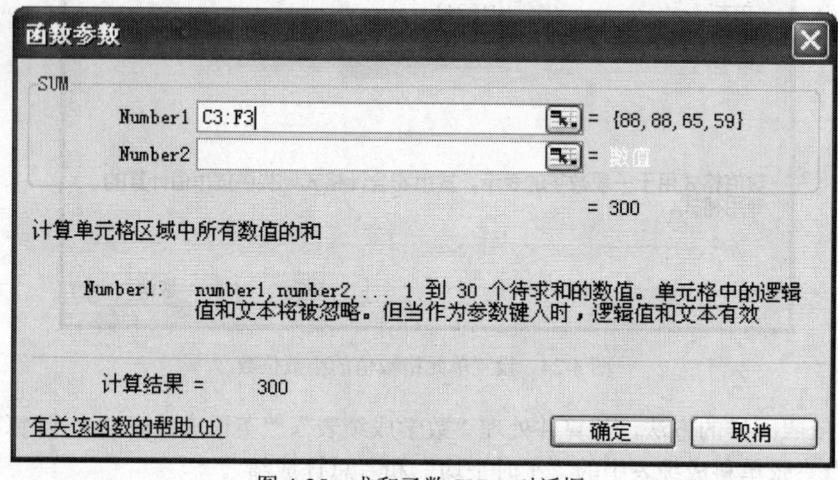

图 4-25 求和函数 SUM 对话框

② 选定 H3，利用 AVERAGE 函数计算平均分，函数参数为 C3:F3。利用填充柄，将 H3 的平均分计算公式复制到 H4:H20 区域。

③ 将平均分所在列数据（即 H3:H20 区域）的小数位设置为 1 位。

（5）利用条件格式，将单科成绩和平均分中 60 分以下的分数用红色、加粗突出显示，将单科成绩和平均分中 85 分及以上的分数用蓝色、单下划线突出显示：

① 同时选定 C3:F20 和 H3:H20 两个不连续的单元格区域：先选定 C3:F20 单元格区域，再按住 Ctrl 的同时选定 H3:H20 单元格区域。

② 单击“格式”→“条件格式”菜单命令，弹出“条件格式”对话框，在条件 1 中，在第一个下拉列表中选择“单元格数值”，在第二个下拉列表中选择“小于”，第三个框中输入“60”， 如图 4-26（a）所示。单击右侧的“格式”按钮，弹出“单

元格格式”对话框，在单元格格式对话框中字体设置为红色，字形选加粗，如图 4-26（b）所示。单击“确定”按钮，完成条件 1 的格式设置。

③ 在“条件格式”对话框中，单击“添加”按钮，对话框扩展，添加了条件 2，选择“单元格数值”，选择“大于或等于”，输入“85”。单击条件 2 右侧的“格式”按钮，在弹出的“单元格格式”对话框中，将条件 2 的格式设置为蓝色字体，带单下划线，如图 4-26（c）所示。

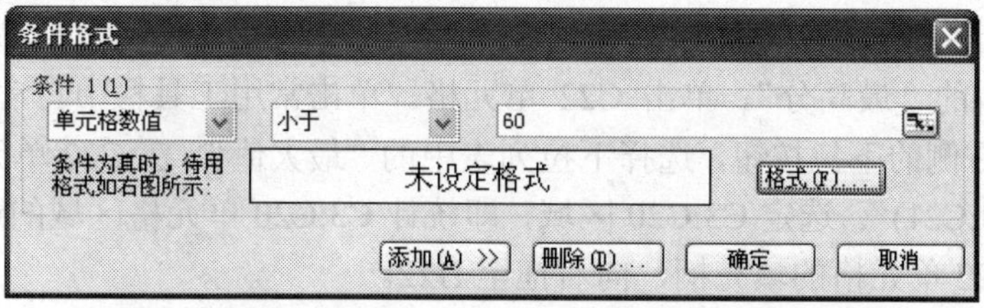

（a）

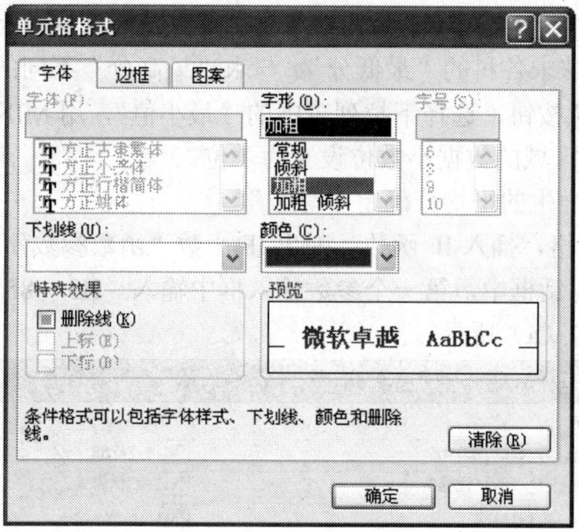

（b）

（c）

图 4-26　条件格式设置

（6）统计各科的全班“人平分”、“最高分”、“最低分”。

① 选定 A21:B21 连续两个单元格，单击格式工具栏中“合并及居中”工具（如图），在合并后的单元格中输入“人平分”。用同样的方法合并 A22:B22、A23:B23，在合并后的相应单元格中输入“最高分”、“最低分”，如图 4-20 所示。

② 利用 AVERAGE 函数，在 C21 单元格中计算 C3:C20 单元格区域的平均值，按住 C21 单元格的填充柄，向右拖至 H21。将 C21:H21 单元格区域的数据小数位设置为 1 位。

③ 求各科的“最高分”。单击 C22 单元格。单击常用工具栏中自动求和工具(如图Σ ▾所示)右侧的下拉按钮，选择下拉列表中的“最大值”，在 C22 单元格中自动显示“=MAX(C3:C21)”。选定 C3:C20 区域，即统计 C3:C20 单元格区域的最大值，回车确认。按住 C22 单元格的填充柄，向右拖至 H22。

注意：

此函数自动选取的参数区域比本例中所要求最大值的区域稍大，所以要重新选取。

④ 用类似的方法求各科的“最低分”。与求“最高分”不同的是，单击常用工具栏中Σ ▾右侧的下拉按钮，选择下拉列表中的“最小值”，用 MIN 函数。

⑤ 将 H21:H23 区域的数据小数位设置为 1 位。

（7）根据每个学生的平均分确定“等级”。

① 选定 I3 单元格，插入 IF 函数。弹出 IF 函数“函数参数”对话框。

② 在 IF 函数对话框中，第一个参数输入框中输入“H3>=85”，第二个参数输入“优秀”。 如图 4-27（a）所示。

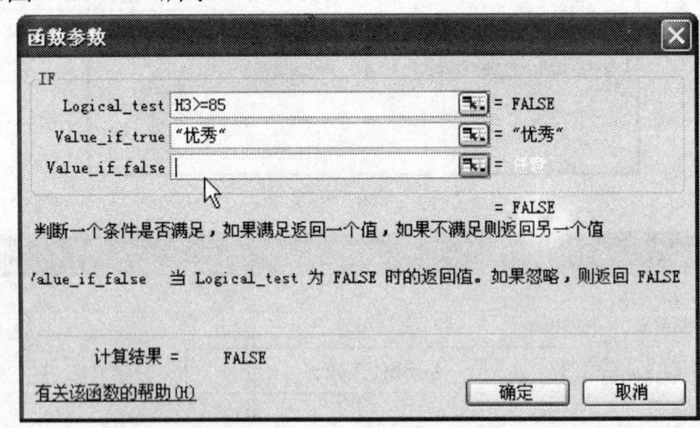

图 4-27（a） IF 函数对话框

③ 单击第三个参数输入框，在编辑栏左边的函数下拉列表中再次选择 IF 函数（即 IF 函数嵌套使用），又弹出一个 IF“函数参数”对话框，在新的对话框中第一个参数输入“H3>=60”，第二个参数输入“及格”，第三个参数输入“不及格”，如图 4-27（b）所示。单击“确定”。此时编辑栏中的公式为“=IF(H3>=85,"优秀",IF(H3>=60,"及格","不及格"))”。

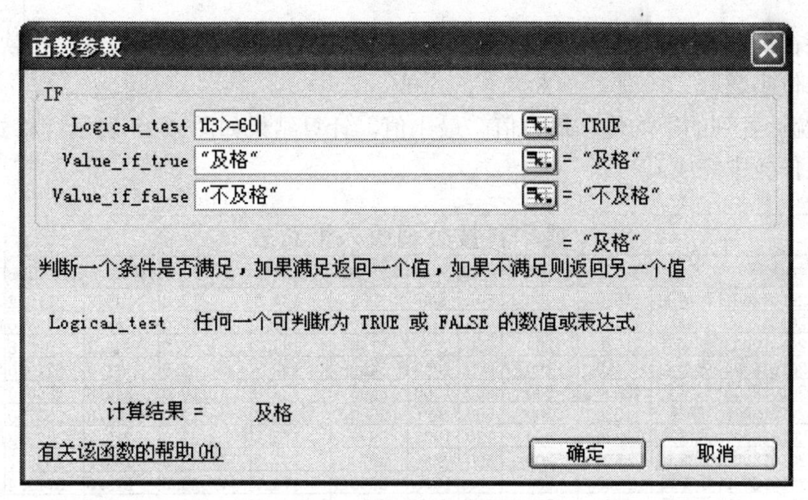

图 4-27（b） IF 函数对话框

④ 利用填充柄，将 I3 单元格的公式复制到 I4:I20 区域。

任务 2 完成后，“成绩汇总表”的效果图如图 4-20 所示。

【任务小结】

在任务 2 中，我们利用多工作表操作完成了成绩的汇总；使用条件格式突出显示符合条件的数据；使用相应函数进行总分、平均分、最大值、最小值的计算和统计；使用 IF 函数根据分数来确定不同的等级。

【拓展任务】

（1）打开“学生管理系列表.xls”工作簿，在学籍表中“身份证号码”后添加两栏“出生日期”、“年龄”（注：原表只是出生年月，没有日期），然后利用相关函数计算并填入两列数据。（提示：使用 MID、DATE、YEAR、NOW 等函数）

（2）打开“员工档案工资管理表 2.xls”工作簿文件，完成以下操作。

① 在“奖金补贴表”中计算“补贴”，补贴的发放原则是：根据职称每月发放补贴，“高级”职称发放 1000 元，“中级”职称发放 800 元，“初级及以下”发放 600 元。（提示：利用 IF 函数来计算）

② 将“基本工资表”和“奖金发放表”中相应数据汇总到“收入汇总表”。

③ 在“收入汇总表”中，计算应发工资、医保社保、个人所得税、扣款合计、实发工资各列。计算公式、原则是：应发工资＝基本工资＋职务工资＋奖金＋补贴；医保社保＝基本工资×9%（结果保留 1 位小数）；个人所得税的征缴原则：如果应发工资超过 3000 元，则缴纳超过部分的 5%，否则不缴纳（结果保留 1 位小数）；扣款合

计＝医保社保＋个人所得税(结果保留 1 位小数)；实发工资＝应发工资－扣款合计(结果保留 1 位小数)。

④ 统计各列的平均值、最大值、最小值。计算结果如图 4-28 所示（格式设置在后续拓展任务中完成）。

盛华科技公司收入汇总表										
工号	姓名	基本工资	职务工资	奖金	补贴	应发工资	医保社保	个人所得税	扣款合计	实发工资
201018001	徐倩丽	1520	400	540	800	3260	136.8	13.0	149.8	3110.2
201018002	刘欣	1460	200	480	600	2740	131.4	0.0	131.4	2608.6
201018003	刘艳芳	1580	200	560	800	3140	142.2	7.0	149.2	2990.8
201018004	张小山	1650	200	600	1000	3450	148.5	22.5	171.0	3279.0
201018005	彭文会	2600	800	800	1000	5200	234.0	110.0	344.0	4856.0
201018006	李慧	1200	200	500	600	2500	108.0	0.0	108.0	2392.0
201018007	武清风	1820	400	720	1000	3940	163.8	47.0	210.8	3729.2
201018008	王雅莉	1570	200	500	800	3070	141.3	3.5	144.8	2925.2
201018009	李冬梅	1890	500	600	1000	3990	170.1	49.5	219.6	3770.4
201018010	王丽楠	1450	200	500	800	2950	130.5	0.0	130.5	2819.5
201018011	张金生	1380	400	800	800	3380	124.2	19.0	143.2	3236.8
201018012	李高强	1410	200	360	600	2570	126.9	0.0	126.9	2443.1
201018013	欧阳元香	1500	200	540	800	3040	135.0	2.0	137.0	2903.0
201018014	陈一凯	1550	200	360	800	2910	139.5	0.0	139.5	2770.5
201018015	姜韧	1660	200	360	600	2820	149.4	0.0	149.4	2670.6
平均值		1616	300	548	800	3264	145.4	18.2	163.7	3100.3
最大值		2600	800	800	1000	5200	234.0	110.0	344.0	4856.0
最小值		1200	200	360	600	2500	108.0	0.0	108.0	2392.0

图 4-28 收入汇总表效果图

【知识巩固】

（1）阅读辅助教材的第五章第 5.3 节、第 5.2 节中的 5.2.6 小节关于条件格式的内容。

（2）做辅助教材第五章相关习题。

任务 3 初步分析成绩汇总表

【任务描述】

（1） 对“成绩汇总表”进行如下操作，效果如图 4-29 所示。

① 按“平均分”对全班进行排名次（降序）。

② 统计全班人数和各科参考人数。

③ 针对各单科成绩和平均分，统计各分数段人数。

④ 计算各单科和平均分的及格率、优秀率。

（2）在“成绩分析统计图表”中，以大学语文成绩为例，用柱形图直观显示各分数段的人数，如图 4-30 所示。

	A	B	C	D	E	F	G	H	I	J
1	成绩汇总表									
2	学号	姓名	大学语文	数学	英语	计算机基	总分	平均分	等级	名次
3	00126001	李晓婷	88	88	65	59	300	75.0	及格	9
4	00126002	郑静文	72	61	73	70	276	69.0	及格	16
5	00126003	张云松	87	68	79	76	310	77.5	及格	5
6	00126004	刘星	84	75	89	84	332	83.0	及格	3
7	00126005	刘宝龙	69	73	73	84	299	74.8	及格	11
8	00126006	李高亮	79	59	72	77	287	71.8	及格	15
9	00126007	陈靖平	69	54	57	81	261	65.3	及格	17
10	00126008	徐文祥	77	81	71	72	301	75.3	及格	8
11	00126009	范思杰	80	89	71	85	325	81.3	及格	4
12	00126010	黄一淼	83	71	85	66	305	76.3	及格	6
13	00126011	曾凌峰	57	66	55	53	231	57.8	不及格	18
14	00126012	李丹	76	74	67	83	300	75.0	及格	9
15	00126013	李璐	65	77	77	73	292	73.0	及格	14
16	00126014	江家科	80	52	84	78	294	73.5	及格	13
17	00126015	许伶俐	85	65	72	75	297	74.3	及格	12
18	00126016	李晓磊	88	76	87	85	336	84.0	及格	2
19	00126017	秦曼云	79	74	73	79	305	76.3	及格	6
20	00126018	高翔森	90	87	92	93	362	90.5	优秀	1
21	人平分		78.2	71.7	74.6	76.3	300.7	75.2		
22	最高分		90	89	92	93	362	90.5		
23	最低分		57	52	55	53	231	57.8		
24	全班人数		18	18	18	18	18	18		
25	参考人数		18	18	18	18	18	18		
26	85-100(优秀)		5	3	4	3		1		
27	75-85(良好)		8	4	3	9		9		
28	60-75(及格)		4	8	9	4		7		
29	60以下(不及格)		1	3	2	2		1		
30	及格率		94%	83%	89%	89%		94%		
31	优秀率		28%	17%	22%	17%		6%		

图 4-29　成绩汇总表效果图

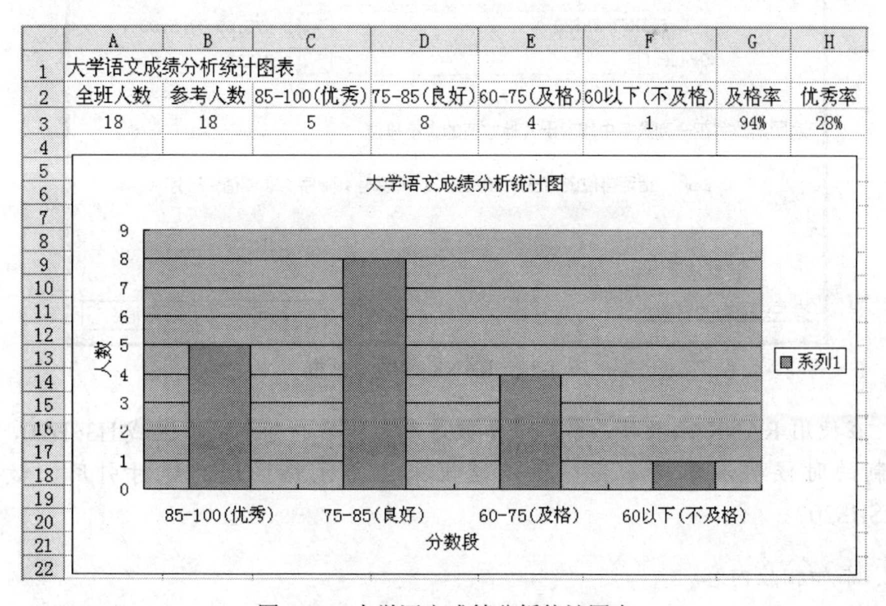

	A	B	C	D	E	F	G	H
1	大学语文成绩分析统计图表							
2	全班人数	参考人数	85-100(优秀)	75-85(良好)	60-75(及格)	60以下(不及格)	及格率	优秀率
3	18	18	5	8	4	1	94%	28%

图 4-30　大学语文成绩分析统计图表

【相关知识】

（1）RANK、COUNTA、COUNT、COUNTIF、SUMIF 等函数。

（2）选择性粘贴。

（3）图表。

【任务实现】

1. 按平均分排名次

（1）选定 J3 单元格，插入 RANK 函数，弹出 RANK“函数参数”对话框。

（2）单击第一个输入框，选 H3 单元格或直接输入“H3”。

（3）单击第二个输入框，选定 H3:H20 单元格区域，然后把 H3:H20 改为 $H$3:$H$20。

（4）单击第三个输入框，输入 0 或者忽略，如图 4-31 所示。单击“确定”按钮。此时编辑栏的公式为：“=RANK(H3,$H$3:$H$20,0)”

（5）利用填充柄将 J3 的公式复制到 J4 到 J20 区域。

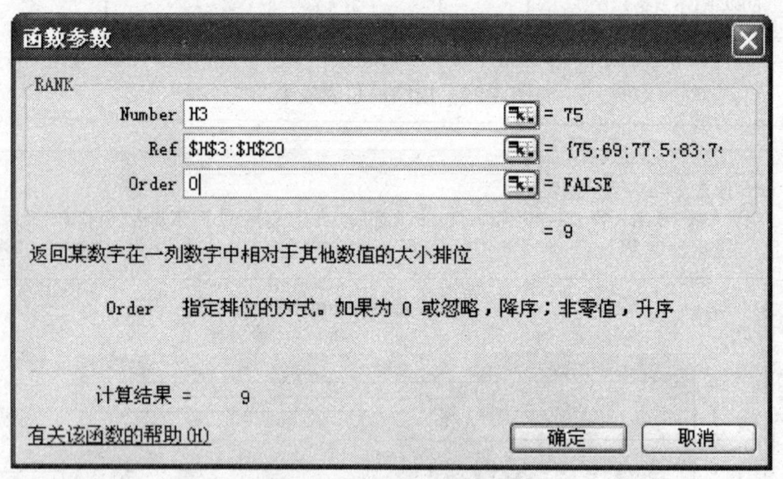

图 4-31　RANK 函数对话框

提示：在使用 RANK 函数时，第二个参数是参与排名的整个数据区域 H3: H20，在公式复制的时候要求保持不变，所以这里采用单元格区域的绝对引用，故改为 $H$3:$H$20。

2. 添加相应内容

在“最低分”的下方（即从 24 行开始），合并相应单元格，然后在合并的单元格中依次输入“全班人数”、“参考人数”、“85-100（优秀）”、“75-85（良好）”、“60-75（及格）”、“60 以下（不及格）”、“及格率”、“优秀率”，如图 4-29 所示。

3. 统计全班人数（根据姓名统计）

（1）选定 C24 单元格，插入 COUNTA 函数，在函数对话框中的参数输入框中选择 B3:B20 区域（即姓名所在列），单击“确定”。

编辑栏中显示计算公式为“=COUNTA(B3:B20)”。

（2）利用填充柄向右拖曳，将公式复制到 D24:H24 区域。

4. 统计各科的参考人数（根据各科分数统计）

（1）先统计“大学语文”的参考人数：选定 C25 单元格，插入 COUNT 函数，在函数参数输入框中选择 C3:C20 区域（即“大学语文”所在列），单击“确定”按钮。

编辑栏中显示计算公式为“=COUNT(C3:C20)”。

（2）利用填充柄向右拖曳，将公式复制到 D25:H25 区域。

5. 统计各分数段人数

（1）选定 C26 单元格，插入 COUNTIF 函数，弹出 COUNTIF“函数参数”对话框，在相应参数输入框中分别输入“C3:C20”、“>=85”，如图 4-32 所示，单击“确定”按钮。此时，编辑栏中公式显示为“=COUNTIF(C3:C20,">=85")”。利用填充柄将公式复制到 D26:H26 区域。

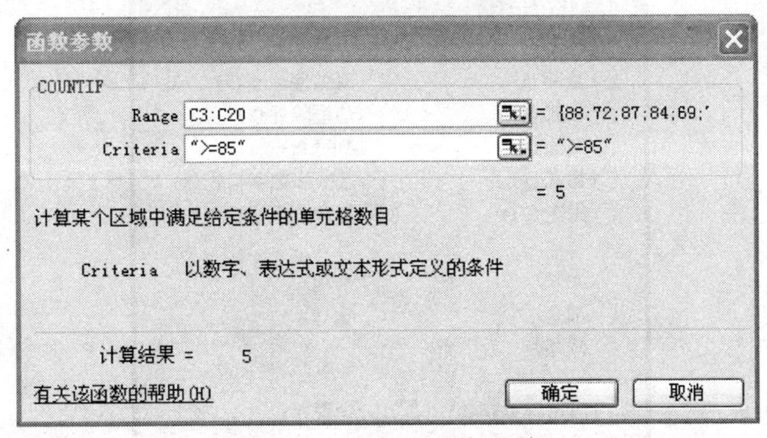

图 4-32 COUNTIF 函数对话框

（2）选定 C27 单元格，在编辑栏中直接输入公式“=COUNTIF(C3:C20,">=75")-C26”，回车确认。利用填充柄将公式复制到 D27:H27 区域。

（3）选定 C28 单元格，在编辑栏中直接输入公式“=COUNTIF(C3:C20,">60")-C27-C26”，回车确认。利用填充柄将公式复制到 D28:H28 区域。

（4）选定 C29 单元格，在编辑栏中直接输入公式“=COUNTIF(C3:C20,"<60")”，回车确认。利用填充柄将公式复制到 D29:H29 区域。

6. 计算各单科和平均分的及格率、优秀率

（1）选定 C30 单元格，在编辑栏中直接输入公式“=SUM(C26:C28)/C25”，回车确认。利用填充柄将公式复制到 D30:H30 区域。

（2）选定 C31 单元格，在编辑栏中直接输入公式“=C26/C25”，回车确认。利用填充柄将公式复制到 D31:H31 区域。

（3）选定 C30:H31 单元格区域，利用单元格格式工具设置该区域的格式为“百分比”格式，小数位数设置为 0。

（4）删除无意义的统计数据，即删除总分所在列 G26:G31 区域的所有内容。

7. 以“大学语文成绩”为例绘制成绩分析统计图

（1）从“成绩汇总表”工作表中复制大学语文成绩相应的统计数据，如图 4-30 所示。

① 在“成绩汇总表”工作表中选定 A24:C31 单元格区域，单击右键复制。

② 单击“成绩分析统计图表”工作表标签，在该表中选定 A2 单元格。

③ 单击右键，选择“选择性粘贴”菜单命令，弹出“选择性粘贴”对话框。如图 4-33 所示。

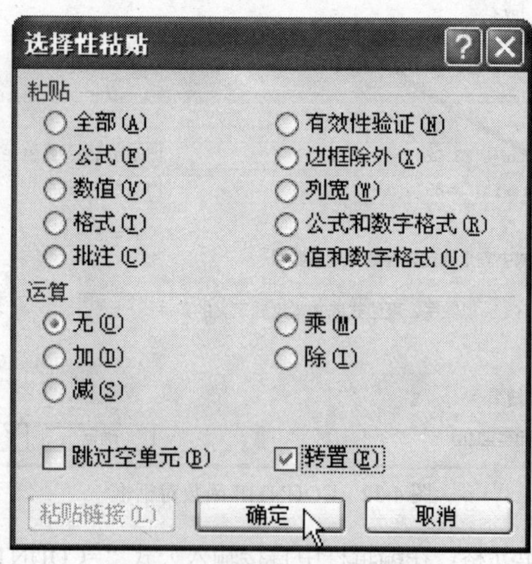

图 4-33 “选择性粘贴”对话框

④ 在该对话框中，选择粘贴“值和数字格式”，选择运算“无”，勾选“转置”。

⑤ 单击“确定”按钮。

⑥ 删除第 3 行（空行），适当调整各列的宽度，使每个单元格都能完整显示其内容。

（2）选择 C2:F3 区域，单击常用工具栏中图表工具，弹出“图表向导”对话框。

步骤之1:“图表类型”选择柱形图的第一种子类型，即簇状柱形图，如图4-34 所示。单击“下一步”按钮。

图 4-34 图表向导对话框-步骤 1

步骤之 2：数据区域已选定，即“=成绩分析统计图表!$C$2:$F$3”区域，选择系列产生在“行”，如图 4-35 所示。单击“下一步”按钮。

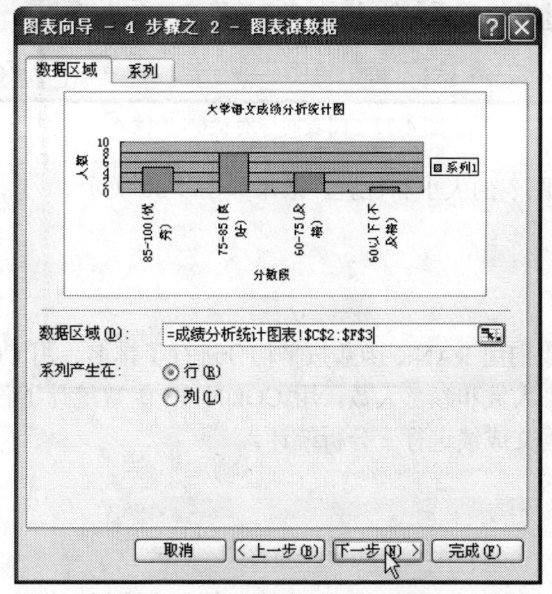

图 4-35 图表向导对话框-步骤 2

步骤之 3：图表标题填“大学语文成绩分析统计图”，分类(X)轴填入“分数段”，数值（Y）轴填入“人数”，如图 4-36 所示。单击“下一步”按钮。

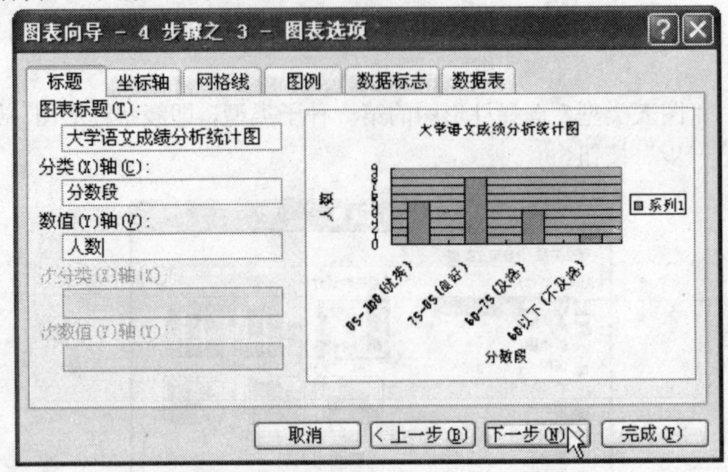

图 4-36　图表向导对话框-步骤 3

步骤之 4：图表位置选择“作为其中的对象插入”，如图 4-37 所示。单击“完成”按钮。

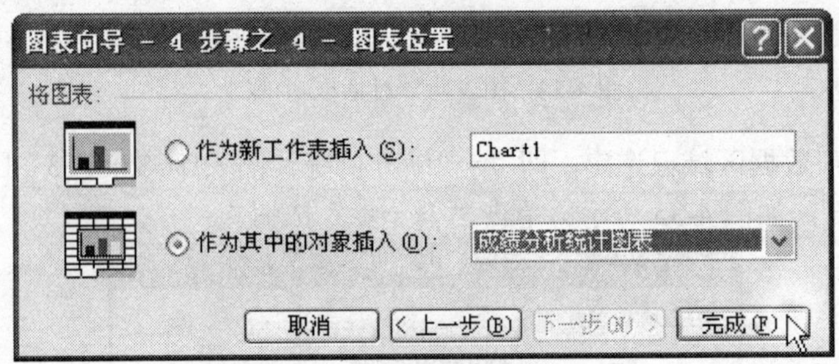

图 4-37　图表向导对话框-步骤 4

（3）适当调整图表的大小和位置，效果如图 4-30 所示。

【任务小结】

在任务 3 中，我们用 RANK 函数按平均分进行了排名，用 COUNTA 和 COUNT 函数分别统计了全班人数和参考人数，用 COUNTIF 函数统计了各分数段的人数。用图表的方法对大学语文成绩进行了分析统计。

【拓展任务】

打开“员工档案工资管理表.xls”工作簿文件，完成以下操作。

（1）在员工信息表的“出生年月”和“部门”之间插入一列“政治面貌”，填入如图 4-38 所示内容。利用函数分别统计各种政治面貌的人数，并用三维饼图展示。如图 4-39 所示。

D	E	F
出生日期	政治面貌	部门
1981-3-26	党员	办公室
1985-11-23	团员	技术部
1976-12-10	群众	人事部
1972-9-15	民主党派	人事部
1975-8-20	党员	技术部
1985-3-22	群众	技术部
1969-10-1	群众	技术部
1980-5-11	群众	总工室
1958-10-2	党员	技术部
1975-11-23	群众	办公室
1964-3-5	党员	后勤部
1986-7-25	团员	后勤部
1980-2-18	群众	技术部
1970-5-27	群众	技术部
1986-4-30	团员	办公室

图 4-38　政治面貌数据（工作表局部图）

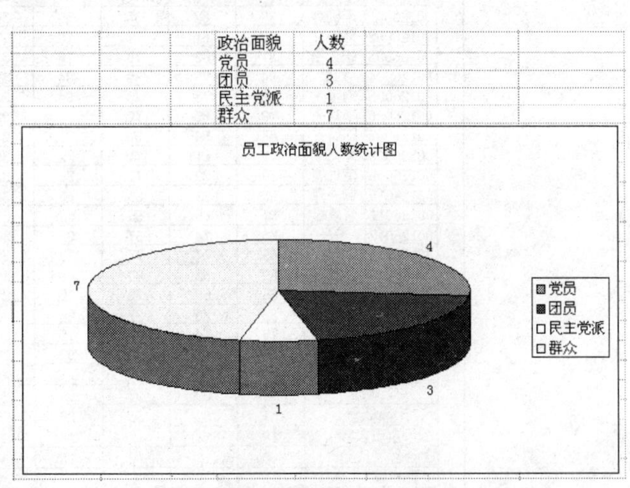

图 4-39　政治面貌人数统计的三维饼图

（2）在奖金补贴表中，统计所有具有“高级”职称员工的奖金总和，结果显示在 D19 单元格。(提示：用 SUMIF 函数)

（3）统计职工总人数。

（4）在收入汇总表中，用 RANK 函数按实发工资进行排名（降序）。

【知识巩固】

（1）阅读辅助教材的第五章第 5.3 节中 5.3.3 小节、第 5.4 节的内容。

（2）做辅助教材第五章相关习题。

任务 4　打印表格

【任务描述】

（1）将“成绩汇总表”工作表中数据复制到“排序后的成绩表”工作表中，然后在新表中进行排序。

（2）设置“成绩汇总表”和“成绩分析统计图表”的格式。

（3）打印成绩汇总表和成绩分析统计图表。打印预览效果如图 4-40、图 4-41 所示。

第 1 页　　学生管理系列表4.xls

成绩汇总表

学号	姓名	大学语文	数学	英语	计算机基础	总分	平均分	等级	名次
00126001	李晓婷	88	88	65	59	300	75.0	及格	9
00126002	郑静文	72	61	73	70	276	69.0	及格	16
00126003	张云松	87	68	79	76	310	77.5	及格	5
00126004	刘星	84	75	89	84	332	83.0	及格	3
00126005	刘宝龙	69	73	73	84	299	74.8	及格	11
00126006	李高亮	79	59	72	77	287	71.8	及格	15
00126007	陈靖平	69	54	57	81	261	65.3	及格	17
00126008	徐文祥	77	81	71	72	301	75.3	及格	8
00126009	范思杰	80	89	71	85	325	81.3	及格	4
00126010	黄一淼	83	71	85	66	305	76.3	及格	6
00126011	曾凌峰	57	66	55	53	231	57.8	不及格	18
00126012	李丹	76	74	67	83	300	75.0	及格	9
00126013	李璐	65	77	77	73	292	73.0	及格	14
00126014	江家科	80	52	84	78	294	73.5	及格	13
00126015	许伶俐	85	65	72	75	297	74.3	及格	12
00126016	李晓磊	88	76	87	85	336	84.0	及格	2
00126017	秦曼云	79	74	73	79	305	76.3	及格	6
00126018	高翔森	90	87	92	93	362	90.5	优秀	1
人平分		78.2	71.7	74.6	76.3	300.7	75.2		
最高分		90	89	92	93	362	90.5		
最低分		57	52	55	53	231	57.8		
全班人数		18	18	18	18	18	18		
参考人数		18	18	18	18	18	18		
85-100(优秀)		5	3	4	3		1		
75-85(良好)		8	4	3	9		9		
60-75(及格)		4	8	9	4		7		
60以下(不及格)		1	3	2	2		1		
及格率		94%	83%	89%	89%		94%		
优秀率		28%	17%	22%	17%		6%		

图 4-40　打印预览成绩汇总表

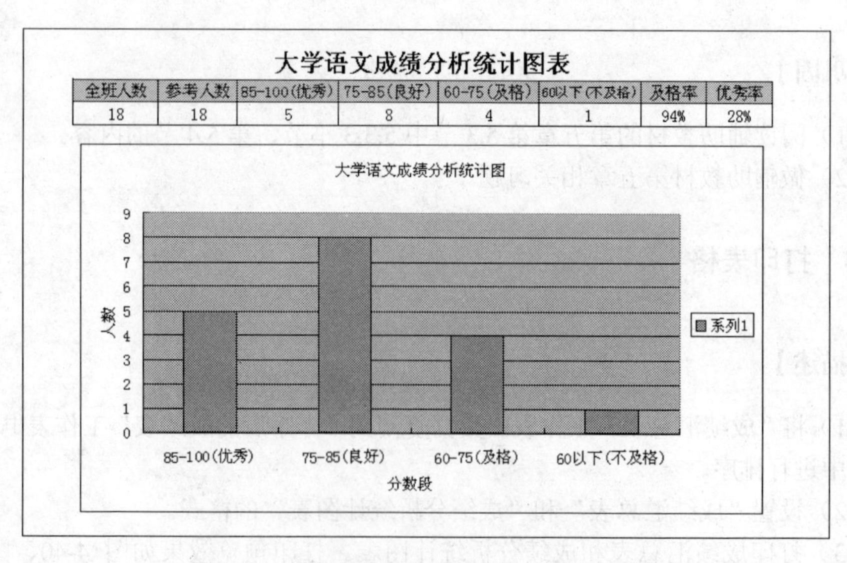

大学语文成绩分析统计图表

全班人数	参考人数	85-100(优秀)	75-85(良好)	60-75(及格)	60以下(不及格)	及格率	优秀率
18	18	5	8	4	1	94%	28%

图 4-41　打印预览大学语文成绩分析统计图表

【相关知识】

（1）数据表排序。
（2）单元格格式设置。
（3）页面设置、打印设置。

【任务实现】

1. 数据表排序

将“成绩汇总表”中 A1:J20 区域的数据复制，利用“选择性粘贴”将“值和数字格式”粘贴到“排序后的成绩表”工作表中 A1 开始的区域，然后在“排序后的成绩表”中进行对数据表进行排序，具体操作步骤如下。

（1）单击数据区域中任一非空单元格，单击“数据”→“排序”菜单命令，弹出“排序”对话框。此时排序的范围自动选取整个数据表。

（2）我的数据区域选“有标题行”（默认）。

（3）主要关键字在选择“总分”，选“降序”。

（4）次关键字选择“计算机基础”，选“升序”，如图 4-42 所示。

（5）单击“确定”按钮，即得到排序后的成绩表。

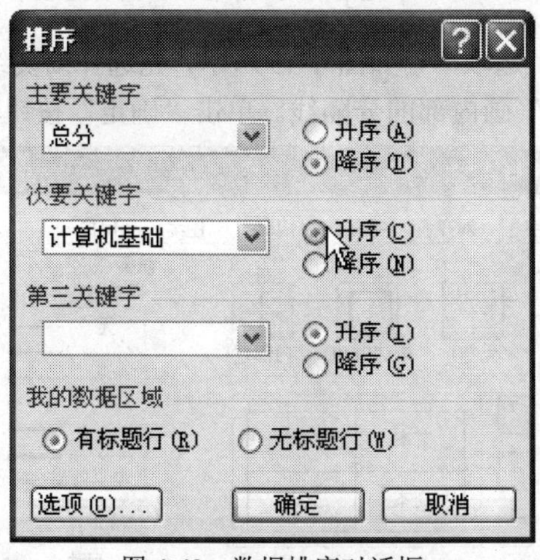

图 4-42　数据排序对话框

2. 单击“成绩汇总表”，设置“成绩汇总表”的格式

（1）选择 A1:J1 区域，利用格式工具栏相应工具，将其“合并及居中”，并设置为加粗、18 号字。进行上述设置后的格式工具栏如图 4-43 所示。

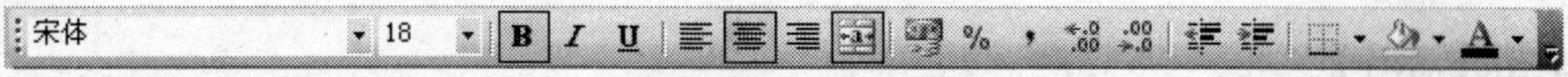

图 4-43　格式工具栏

（2）选择 A2:J31 区域，单击“格式”→“单元格”菜单命令，弹出“单元格格式”对话框。在该对话框中，单击“对齐” 选项卡，水平对齐方式设置“居中”，垂直对齐方式设置“居中”，文本控制勾选“缩小字体以填充”，如图 4-44 所示。

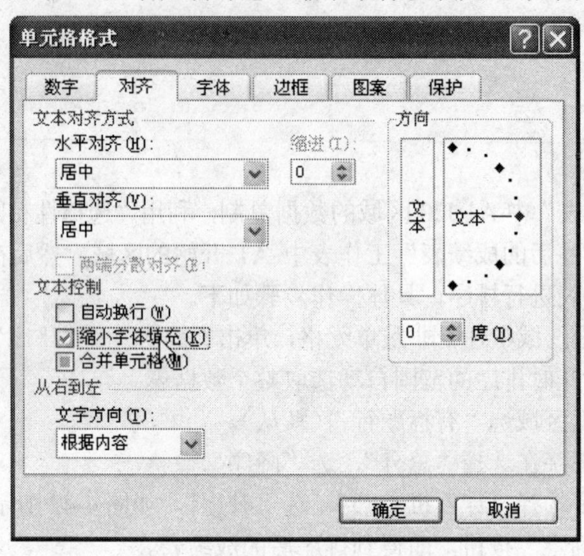

图 4-44　单元格格式对话框——对齐选项卡

（3）单击“边框” 选项卡，如图 4-45 所示，先选择细实线，然后单击“外边框”画外边框，单击“内部”画内部的分隔线。单击“确定”按钮。

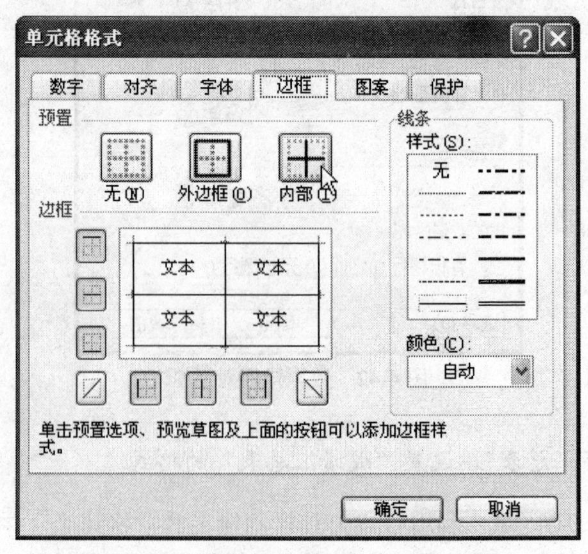

图 4-45　单元格格式对话框——边框选项卡

（4）选择 21~31 行，单击“格式”→“行”→“行高”菜单命令，将行高设置为 15（默认单位：磅）。

（5）将第 1 行的高度设为 33，将第 2 行的高度设为 20，用手动方式适当调整各列的宽度。

（6）利用格式工具栏中底纹工具，在下拉颜色列表中选择相应颜色，将 A2:J2 区域的底纹设置为“金色”，将 A21:J31 区域的底纹设置为“青绿”色。

提示：在列标位置同时选定若干列，手动调整列宽，这样可以使该若干列的列宽保持一致。

3. 设置“成绩分析统计图表”的格式

（1）选定 A1:H1 单元格区域，利用格式工具栏相应工具，将其“合并及居中”，并设置为加粗、18 号字。适当调整第 1 行的行高。

（2）选定 A2:H3 单元格区域，利用“单元格格式”对话框，将其设置为水平居中、垂直居中、缩小字体以填充、加边框（内部和外边框均加）。

（3）选定 A2:H2 单元格区域，利用格式工具栏中底纹工具，给该区域加金色底纹。

（4）选定图表，单击图表右侧的“系列 1 ”，单击右键选择“清除”命令。选定图表，将图表移动到数据表的下方居中的位置。

4. 页面设置

选择当前工作表为“成绩汇总表”，对其进行页面设置。单击“文件”→“页面设置”菜单命令，弹出“页面设置”对话框（包含 4 张选项卡），如图 4-46 所示。

（1）在“页面”选项卡中，页面方向选择“纵向”，纸张大小在下拉列表中选择“A4”，如图 4-46 所示。

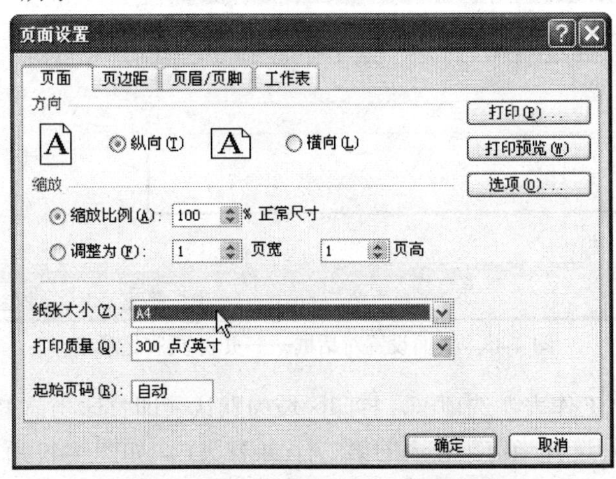

图 4-46　页面设置对话框——页面选项卡

（2）单击“页边距”选项卡，设置页边距上下均为 2.5、左右均为 1.9，居中方式勾选“水平”，如图 4-47 所示。

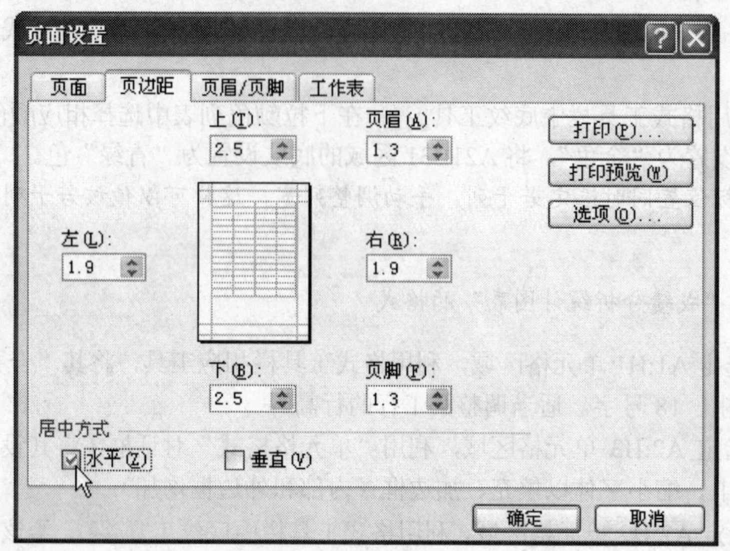

图 4-47　页面设置对话框——页边距选项卡

（3）单击“页眉 / 页脚”选项卡，在页眉下拉列表中选择适当页眉内容，如图 4-48 所示。

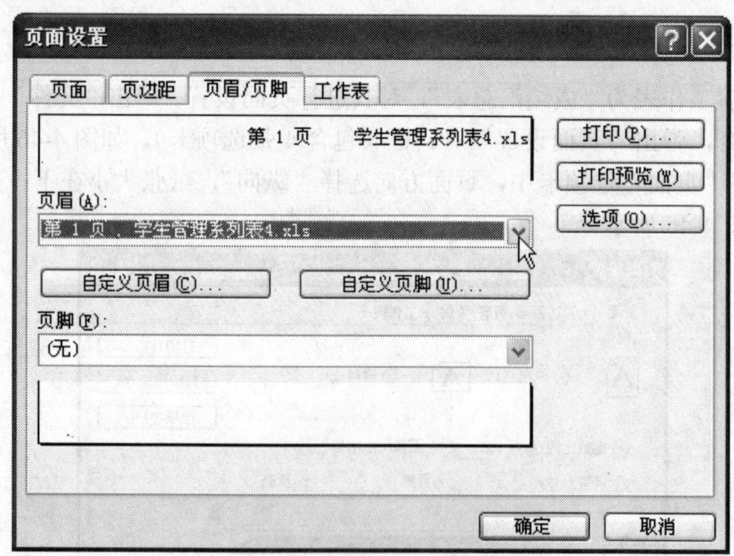

图 4-48　页面设置对话框——页眉/页脚选项卡

（4）单击“工作表”选项卡，打印区域为默认（即打印当前工作表的所有数据区域）；顶端标题行选择当前工作表的第二行(即表头)，如图 4-49 所示。单击“确定”按钮。

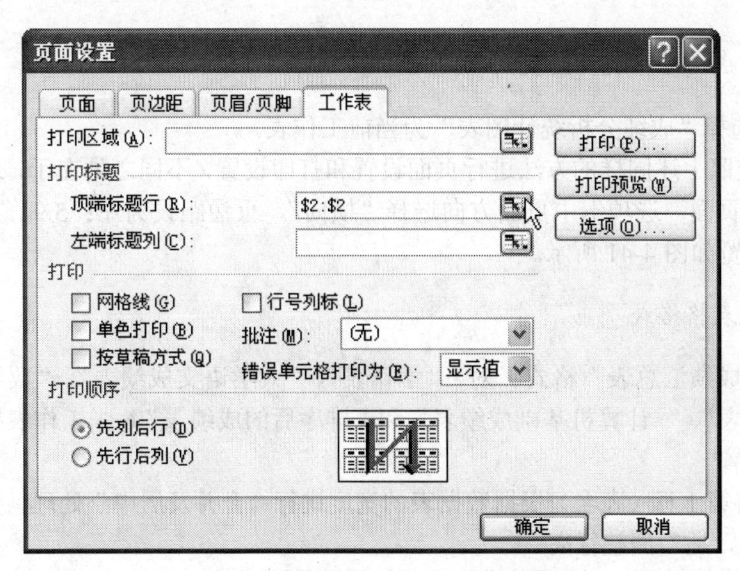

图 4-49　页面设置对话框——工作表选项卡

5. 打印成绩汇总表

（1）选择“成绩汇总表”为当前工作表。

（2）单击“文件”菜单→“打印”命令，弹出 “打印内容”对话框，如图 4-50 所示。

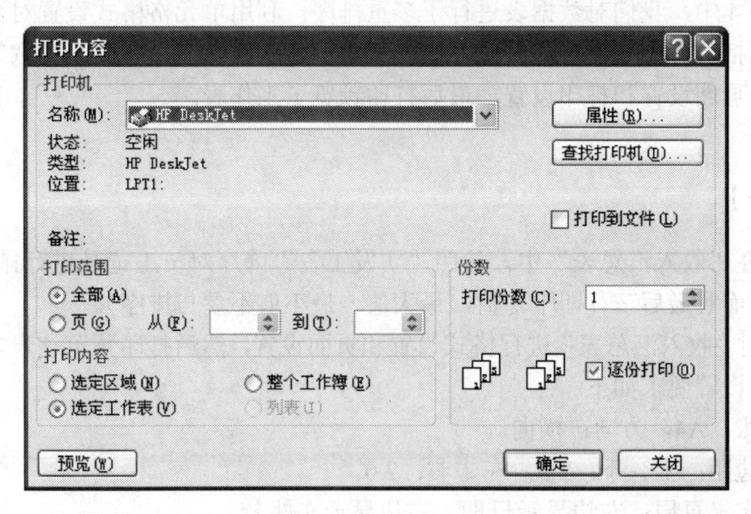

图 4-50　打印内容设置对话框

（3）打印机名称选择用户指定打印机，打印内容选“选定工作表”。

（4）单击“确定”按钮，即开始打印。如果没有连接打印机，则可单击常用工具栏中打印预览工具，预览打印效果，“成绩汇总表”打印预览效果如图 4-40 所示。

6. 打印成绩分析统计图表

（1）选择“成绩分析统计图表”为当前工作表。

（2）依照上述同样的方法进行页面设置和打印设置，不同之处在于，进行页面设置时，在“页面”选项卡中页面方向选择“横向”，页边距设为左：5.9，不加页眉页脚。打印预览如图 4-41 所示。

7. 设置表格格式

参照“成绩汇总表”格式，对 “学籍表”、“大学语文成绩表”、“数学成绩表”、“英语成绩表”、“ 计算机基础成绩表”和“排序后的成绩表”6 张工作表按以下要求进行格式设置。

（1）将第 1 行（表名）根据数据表的宽度进行“合并及居中”处理，并设置为加粗、18 号字，适当调整行高。

（2）将第 2 行数据表区域（即标题行）设置金色底纹。

（3）将第 2 行起的整个数据区域设置水平、垂直居中，加框线。

（4）适当调整各列的宽度。

【任务小结】

在任务 4 中，我们对数据表进行了多重排序；利用单元格格式设置对数据表进行了美化，包括数字类型、对齐方式、字体、边框、底纹图案、行高、列宽等方面的设置；进行了页面设置和打印设置，最后打印预览了工作表。

【拓展任务】

（1）在“收入汇总表”中，按照“实发工资”降序对员工记录进行排序（提示：有标题行，而且最后三行即平均值、最大值、最小值不参与排序）。

（2）对“收入汇总表”进行格式设置和页面设置，然后打印预览该表，如图 4-28 所示。页面设置要求如下

① 纸张：A4，方向：横向。

② 页边距：上、下：2.5，左、右：2.0。

③ 自定义页眉：左边显示日期，右边显示文件名。

④ 页脚显示“第　1　页 共　　?　　页”。

⑤ 将工作表第 2 行作为“顶端标题行”。

（3）参照图 4-51，对“员工信息表”（附：政治面貌人数统计饼图）进行格式设置和页面设置，然后打印预览该表。页面设置要求如下。

① 纸张：A4，方向：纵向。

② 页边距：上、下：2.2，左、右：1.9。

③ 页眉显示“员工档案工资管理表”。

④ 自定义页脚：左边显示日期，中间显示页码，右边显示文件名。

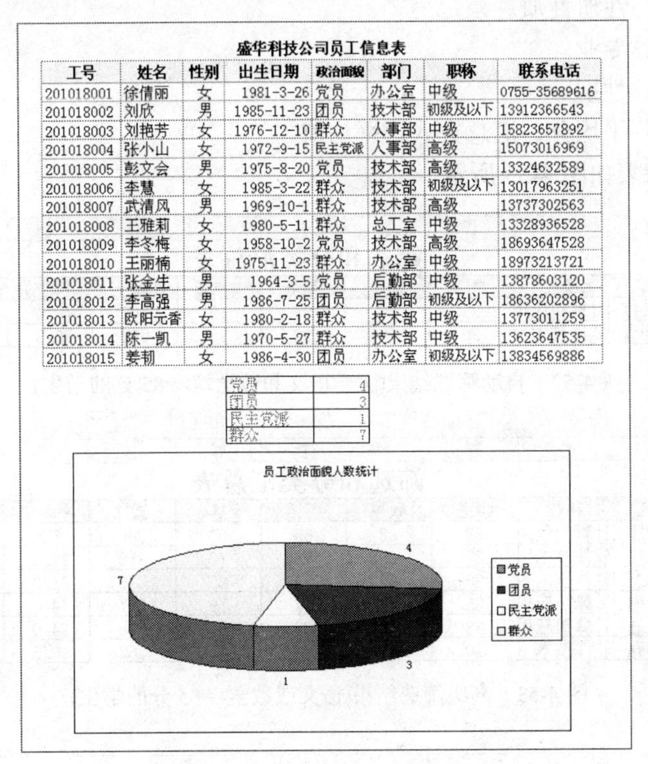

盛华科技公司员工信息表

工号	姓名	性别	出生日期	政治面貌	部门	职称	联系电话
201018001	徐倩丽	女	1981-3-26	党员	办公室	中级	0755-35689616
201018002	刘欣	男	1985-11-23	团员	技术部	初级及以下	13912366543
201018003	刘艳芳	女	1976-12-10	群众	人事部	中级	15823657892
201018004	张小山	女	1972-9-15	民主党派	人事部	高级	15073016969
201018005	彭文会	男	1975-8-20	党员	技术部	高级	13324632589
201018006	李慧	女	1985-3-22	群众	技术部	初级及以下	13017963251
201018007	武清风	男	1969-10-1	群众	技术部	高级	13737302563
201018008	王雅莉	女	1980-5-11	群众	总工室	中级	13328936528
201018009	李冬梅	女	1958-10-2	党员	技术部	高级	18693647528
201018010	王丽楠	女	1975-11-23	群众	办公室	中级	18973213721
201018011	张金生	男	1964-3-5	党员	后勤部	中级	13878603120
201018012	李高强	男	1986-7-25	团员	后勤部	初级及以下	18636202896
201018013	欧阳元香	女	1980-2-18	群众	技术部	中级	13773011259
201018014	陈一凯	男	1970-5-27	群众	技术部	中级	13623647535
201018015	姜韧	女	1986-4-30	团员	办公室	初级及以下	13834569886

党员	4
团员	3
民主党派	1
群众	7

图 4-51　员工信息表打印预览效果图

【知识巩固】

（1）阅读辅助教材的第五章第 5.2 节中 5.2.6 小节、第 5.5 节中的 5.5.2 小节内容。

（2）做辅助教材第五章相关习题。

任务 5　综合分析成绩汇总表

【任务描述】

（1）在“筛选和分类汇总表”中分别按以下要求进行筛选操作。

① 筛选出大学语文和数学均>=85 分的学生，如图 4-52 所示。

② 筛选出大学语文或数学>=85 分的学生，如图 4-53 所示。

③ 按“专业”进行分类汇总，汇总各科的平均分，如图 4-54 所示。

（2）在“数据透视表数据源”工作表中，组建一个新的数据表，按下面的要求进行数据透视和分析：

① 页字段：注册性质。

② 行字段：专业。

③ 列字段：性别。

④ 数据项：平均分，汇总方式：平均值。

产生的透视表如图 4-55 所示。

	A	B	C	D	E	F	G	H	I	J	K
1	筛选和分类汇总表										
2	学号	姓名	专业	大学语文	数学	英语	计算机基	总分	平均分	等级	名次
3	00126001	李晓婷	计算机应用	88	88	65	59	300	75.0	及格	9
20	00126018	高翔森	软件技术	90	87	92	93	362	90.5	优秀	1

图 4-52　自动筛选结果(大学语文和数学均>=85 分的学生)

	A	B	C	D	E	F	G	H	I	J	K
1	筛选和分类汇总表										
2	学号	姓名	专业	大学语文	数学	英语	计算机基础	总分	平均分	等级	名次
3	00126001	李晓婷	计算机应用	88	88	65	59	300	75.0	及格	9
5	00126003	张云松	软件技术	87	68	79	76	310	77.5	及格	5
11	00126009	范思杰	软件技术	80	89	71	85	325	81.3	及格	4
17	00126015	许伶俐	计算机应用	85	65	72	75	297	74.3	及格	12
18	00126016	李晓磊	计算机应用	88	76	87	85	336	84.0	及格	2
20	00126018	高翔森	软件技术	90	87	92	93	362	90.5	优秀	1

图 4-53　高级筛选结果(语文或数学>=85 分的学生)

	A	B	C	D	E	F	G	H	I	J	K
1	筛选和分类汇总表										
2	学号	姓名	专业	大学语文	数学	英语	计算机基础	总分	平均分	等级	名次
3	00126007	陈靖平	环境艺术	69	54	57	81	261	65.3	及格	17
4	00126008	徐文祥	环境艺术	77	81	71	72	301	75.3	及格	8
5	00126017	秦曼云	环境艺术	79	74	73	79	305	76.3	及格	6
6			**环境艺术 平均值**	75.0	69.7	67.0	77.3				
7	00126001	李晓婷	计算机应用	88	88	65	59	300	75.0	及格	9
8	00126004	刘星	计算机应用	84	75	89	84	332	83.0	及格	3
9	00126005	刘宝龙	计算机应用	69	73	73	84	299	74.8	及格	11
10	00126014	江家科	计算机应用	80	52	84	78	294	73.5	及格	13
11	00126015	许伶俐	计算机应用	85	65	72	75	297	74.3	及格	12
12	00126016	李晓磊	计算机应用	88	76	87	85	336	84.0	及格	2
13			**计算机应用 平均值**	82.3	71.5	78.3	77.5				
14	00126003	张云松	软件技术	87	68	79	76	310	77.5	及格	5
15	00126009	范思杰	软件技术	80	89	71	85	325	81.3	及格	4
16	00126010	黄一淼	软件技术	83	71	85	66	305	76.3	及格	6
17	00126018	高翔森	软件技术	90	87	92	93	362	90.5	优秀	1
18			**软件技术 平均值**	85.0	78.8	81.8	80.0				
19	00126002	郑静文	网络技术	72	61	73	70	276	69.0	及格	16
20	00126011	曾凌峰	网络技术	57	66	55	53	231	57.8	不及格	18
21	00126012	李丹	网络技术	76	74	67	83	300	75.0	及格	9
22	00126013	李璐	网络技术	65	77	77	73	292	73.0	及格	14
23			**网络技术 平均值**	67.5	69.5	68	69.75				
24	00126006	李高亮	影视动画	79	59	72	77	287	71.8	及格	15
25			**影视动画 平均值**	79.0	59.0	72.0	77.0				
26			**总计平均值**	78.2	71.7	74.6	76.3				

图 4-54　分类汇总效果图

	A	B	C	D
1	注册性质	(全部) ▾		
2				
3	平均值项:平均分	性别 ▾		
4	专业 ▾	男	女	总计
5	环境艺术	75.3	70.8	72.3
6	计算机应用	77.1	77.8	77.4
7	软件技术	84.0	78.8	81.4
8	网络技术	57.8	72.3	68.7
9	影视动画	71.8		71.8
10	总计	75.5	74.9	75.2

图 4-55　数据透视表效果图

【相关知识】

（1）自动筛选和高级筛选。

（2）分类汇总。

（3）数据透视表。

【任务实现】

1. 在“筛选和分类汇总表”中组建新表

将“成绩汇总表”中 A1:J20 区域数据复制到“筛选和分类汇总表”中 A1 开始的区域，单击“大学语文”列中任意单元格，单击“插入”→“列”菜单命令，把“学籍表”中“专业”列的内容复制到新插入的空列中。删除所有条件格式。修改新表的标题为“筛选和分类汇总表”。

2. 用自动筛选，筛选出大学语文和数学均>=85 分的学生

（1）单击数据区任意单元格，单击“数据”→“筛选”→“自动筛选”菜单命令，在数据表每一栏目的右侧出现下拉按钮▾——即筛选按钮。

（2）点击“大学语文”栏筛选按钮，在下拉列表中选“自定义”选项，弹出“自定义自动筛选方式”对话框。在第一个下拉列表中选择“大于或等于”，右侧输入框中输入 85，如图 4-56 所示。单击“确定”按钮，即筛选出大学语文>=85 的学生，如图 4-57 所示。

（3）单击“数学”列筛选按钮，选“自定义”，弹出“自定义自动筛选方式”对话框。在第一个下拉列表中选择“大于或等于”，右侧输入框中输入 85。单击“确定”

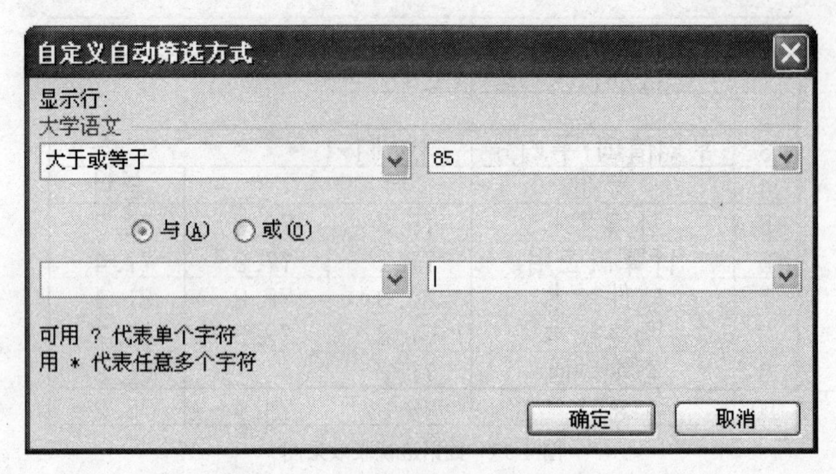

图 4-56　自动筛选－自定义对话框

	A	B	C	D	E	F	G	H	I	J	K
1	筛选和分类汇总表										
2	学号	姓名	专业	大学语文	数学	英语	计算机基	总分	平均分	等级	名次
3	00126001	李晓婷	计算机应用	88	88	65	59	300	75.0	及格	9
5	00126003	张云松	软件技术	87	68	79	76	310	77.5	及格	5
17	00126015	许伶俐	计算机应用	85	65	72	75	297	74.3	及格	12
18	00126016	李晓磊	计算机应用	88	76	87	85	336	84.0	及格	2
20	00126018	高翔森	软件技术	90	87	92	93	362	90.5	优秀	1

图 4-57　自动筛选初步结果（大学语文>=85）

按钮，这样就在上述筛选的基础上进一步筛选出数学>=85 的学生。得到如图 4-48 所示的筛选结果。

（4）选定筛选结果区域（即筛选出的两条记录），复制到 A30 开始的区域。

（5）取消自动筛选。单击“数据”→“筛选”→“自动筛选”菜单命令，即可取消自动筛选。

3. 筛选出大学语文>=85 分或数学>=85 分的学生，如图 4-58 所示

（1）将第 2 行复制到第 23 行，分别在第 23、24 行大学语文和数学所在两列填入“>=85”（注意：不在同一行）。

（2）单击数据区任意单元格，单击“数据”→“筛选” →“高级筛选” 菜单命令，弹出 “高级筛选”对话框。列表区域即筛选的数据区域默认为 A2:K20，条件区域选定 D23:E25。如图 4-58 所示。

（3）确定。即得到如图 4-53 所示的高级筛选的结果。

（4）选定筛选结果区域，复制，粘贴到 A35 开始的区域。

（5）取消高级筛选：单击“数据”→“筛选” →“全部显示” 菜单命令，即可取消高级筛选。

	A	B	C	D	E	F	G	H	I	J	K
1	筛选和分类汇总表										
2	学号	姓名	专业	大学语文	数学	英语	计算机基础	总分	平均分	等级	名次
3	00126001	李晓婷	计算机应用	88	88	65	59	300	75.0	及格	9
4	00126002	郑静文	网络技术	72	61	73	70	276	69.0	及格	16
5	00126003	张云松	软件技术	87	68	79	76	310	77.5	及格	5
6	00126004	刘星	计算机应用	84	75	89	84	332	83.0	及格	3
7	00126005	刘宝龙	计算机应用	69	73	73	84	299	74.8	及格	11
8	00126006	李高亮	影视动画	79	59	72	77	287	71.8	及格	15
9	00126007	陈靖平	环境艺术	69	54	57	81	261	65.3	及格	17
10	00126008	徐文祥	环境艺术	77	81	71	72	301	75.3	及格	8
11	00126009	范思杰	软件技术	80	89	71	[illegible]	[illegible]	[illegible]	[illegible]	4
12	00126010	黄一淼	软件技术	83	71	85	[illegible]	[illegible]	[illegible]	[illegible]	6
13	00126011	曾凌峰	网络技术	57	66	55	[illegible]	[illegible]	[illegible]	格	18
14	00126012	李丹	网络技术	76	74	67	[illegible]	[illegible]	[illegible]	[illegible]	9
15	00126013	李璐	网络技术	65	77	77	[illegible]	[illegible]	[illegible]	[illegible]	14
16	00126014	江家科	计算机应用	80	52	84	[illegible]	[illegible]	[illegible]	[illegible]	13
17	00126015	许伶俐	计算机应用	85	65	72	[illegible]	[illegible]	[illegible]	[illegible]	12
18	00126016	李晓磊	计算机应用	88	76	87	[illegible]	[illegible]	[illegible]	[illegible]	2
19	00126017	秦曼云	环境艺术	79	74	73	[illegible]	[illegible]	[illegible]	[illegible]	6
20	00126018	高翔森	软件技术	90	87	92	[illegible]	[illegible]	[illegible]	[illegible]	1
21											
22											
23	学号	姓名	专业	大学语文	数学	英语	计算机基础	总分	平均分	等级	名次
24				>=85							
25					>=85						

高级筛选
方式
在原有区域显示筛选结果(F)
将筛选结果复制到其他位置(O)
列表区域(L)：$A$2:$K$20
条件区域(C)：$D$23:$E$25
选择不重复的记录(R)
确定 取消

图 4-58　高级筛选

4. 汇总平均分

在“筛选和分类汇总表”中，按“专业”进行分类汇总，汇总各科的平均分。操作步骤如下。

（1）用“数据”菜单中“排序”命令，按“专业”进行升序排序。

（2）单击数据区任意单元格，单击“数据”→“分类汇总” 菜单命令，弹出“分类汇总”对话框。

（3）在“分类汇总”对话框中，分类字段选择“专业”，汇总方式选择“平均值”，选定汇总项（勾选）：大学语文、数学、英语、计算机基础。如图 4-59 所示。

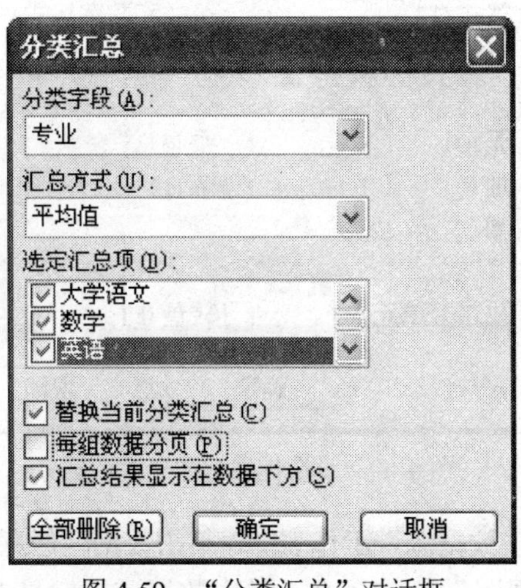

图 4-59　“分类汇总”对话框

（4）单击“确定”按钮，即得到分类汇总结果，将汇总项（即各专业的平均值）数据小数位都设置为 1 位。如图 4-54 所示。

提示：在进行分类汇总时，应先以分类字段为关键字对该工作表进行排序，然后再进行分类汇总。否则分类汇总的结果很凌乱，达不到理想的效果。

5. 数据透视和分析

（1）在“数据透视表数据源”工作表中，组建一个新的数据表，将“学籍表”中学号、姓名、性别、专业、注册性质共 5 列数据复制，粘贴到“数据透视表数据源”工作表中相应的区域。

（2）将成绩汇总表中的“平均分”一列的数值复制到“数据透视表数据源”相应的区域，操作步骤如下。

① 选定将“成绩汇总表”中 H2:H20 区域，单击右键选择“复制”命令。

② 单击工作表“数据透视表数据源”标签，切换到“数据透视表数据源”工作表，单击选定 F2 单元格。

③ 单击右键选择“选择性粘贴”，弹出“选择性粘贴”对话框。选择粘贴“数值”，如图 4-60 所示，单击“确定”按钮。

④ 在新表中 A1 单元格输入标题“数据透视表数据源”，并整理新表的格式，使“平均分”所在列的格式与其他各列保持一致，得到了如图 4-61 所示的数据表。

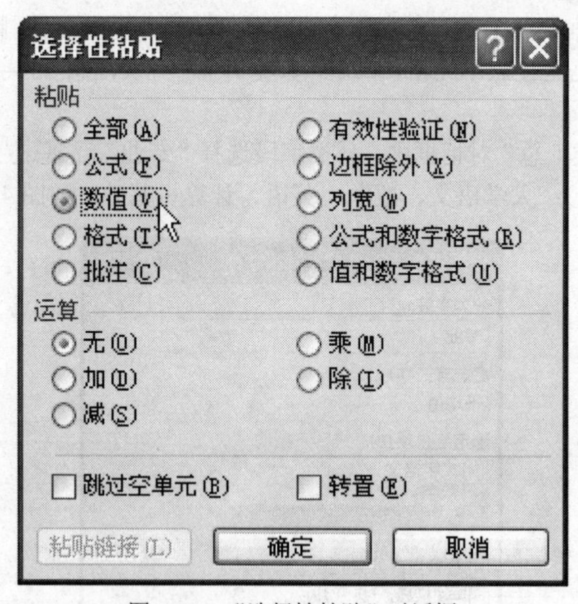

图 4-60　“选择性粘贴”对话框

（3）在“数据透视表数据源”工作表中，单击数据区任意单元格，单击“数据”→“数据透视表和数据透视图”菜单命令，弹出数据透视向导对话框。

	A	B	C	D	E	F
1	数据透视表数据源					
2	学号	姓名	性别	专业	注册性质	平均分
3	00126001	李晓婷	女	计算机应用	中专	75.0
4	00126002	郑静文	女	网络技术	中专	69.0
5	00126003	张云松	男	软件技术	高职	77.5
6	00126004	刘星	男	计算机应用	高职	83.0
7	00126005	刘宝龙	男	计算机应用	自考	74.8
8	00126006	李高亮	男	影视动画	中专	71.8
9	00126007	陈靖平	女	环境艺术	自考	65.3
10	00126008	徐文祥	男	环境艺术	中专	75.3
11	00126009	范思杰	女	软件技术	中专	81.3
12	00126010	黄一淼	女	软件技术	中专	76.3
13	00126011	曾凌峰	男	网络技术	自考	57.8
14	00126012	李丹	女	网络技术	自考	75.0
15	00126013	李璐	女	网络技术	中专	73.0
16	00126014	江家科	男	计算机应用	中专	73.5
17	00126015	许伶俐	女	计算机应用	高职	74.3
18	00126016	李晓磊	女	计算机应用	中专	84.0
19	00126017	秦曼云	女	环境艺术	高职	76.3
20	00126018	高翔森	男	软件技术	中专	90.5

图 4-61　新建的数据透视表数据源

步骤之 1：在所需创建的报表类型中选择“数据透视表”。 如图 4-62 所示。

步骤之 2：选定区域“数据透视表数据源!$A$2:$F$20”。 如图 4-63 所示。

步骤之 3：数据透视表位置选择“新建工作表”，即数据透视表将显示在新建工作表中，如图 4-64 所示。

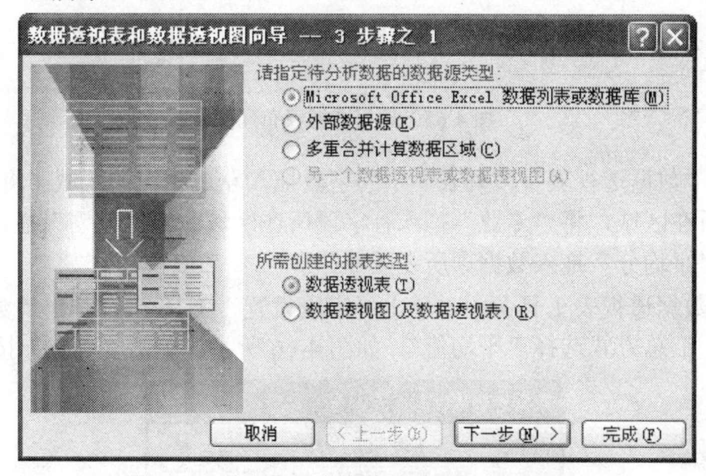

图 4-62　数据透视表和数据透视图向导步骤 1

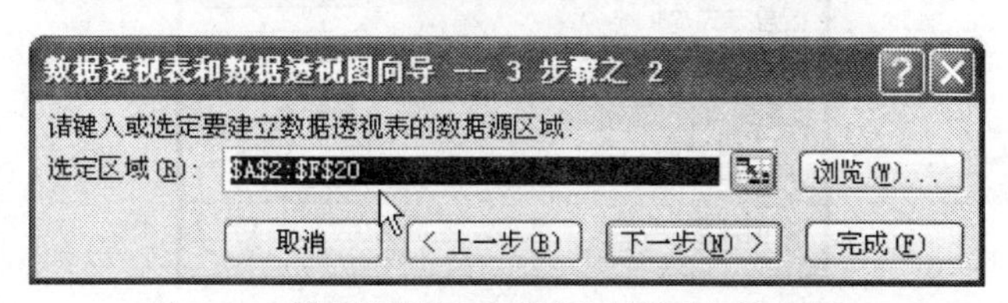

图 4-63　数据透视表和数据透视图向导步骤 2

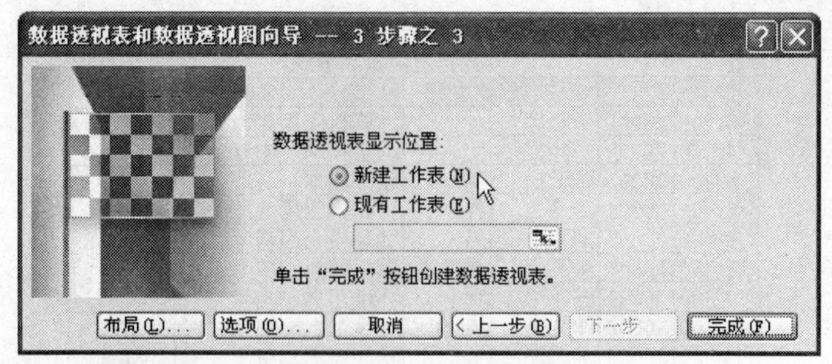

图 4-64　数据透视表和数据透视图向导步骤 3

（4）单击数据透视表向导“完成”按钮，在新的工作表中出现数据透视表布局图，如图 4-65 所示。

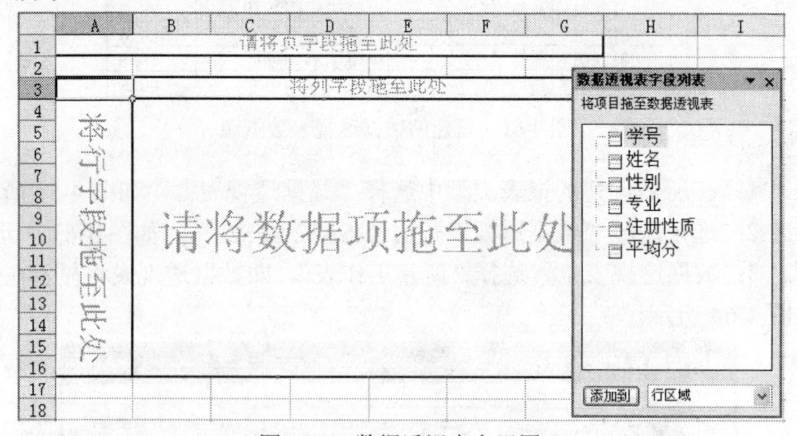

图 4-65　数据透视表布局图

（5）将“数据透视表字段列表”中的字段拖入左边相应的区域：将“注册性质”拖入页字段所在区域，将“专业”拖入行字段所在区域；将“性别”拖入列行字段所在区域；将“平均分”拖入数据项所在区域。

（6）在数据透视表工具条中，单击“字段设置”工具，弹出“数据透视表字段”对话框，汇总方式选择“平均值”，如图 4-66 所示。单击“确定”按钮。

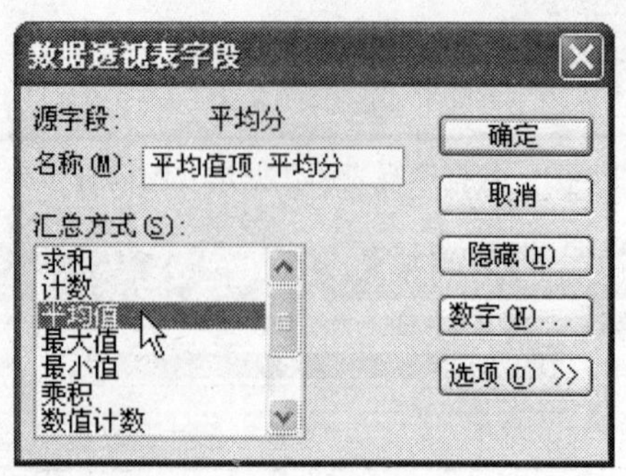

图 4-66　数据透视表－字段设置对话框

选定数据透视表的数值型数据区域即 B5:D10 区域，把小数点位数设置为 1。即得到图 4-51 所示的数据透视表。

【任务小结】

在任务 5 中，我们利用自动筛选和高级筛选，筛选出了符合条件的记录，既可以筛选出符合简单条件记录，也可以筛选出符合复合条件的记录；利用分类汇总，汇总各专业的各科成绩的平均值；利用数据透视表，从注册性质、专业、性别等多方面全方位的分析了学生成绩。

【拓展任务】

（1）在“员工档案工资管理表”工作簿的最后插入一张新工作表，数据来源于其他各工作表，如图 4-67 所示。

	A	B	C	D	E	F	G
1	员工收入分析统计表						
2	姓名	性别	部门	职称	应发工资	扣款合计	实发工资
3	徐倩丽	女	办公室	中级	3260	150	3110
4	刘欣	男	技术部	初级及以下	2740	131	2609
5	刘艳芳	女	人事部	中级	3140	149	2991
6	张小山	女	人事部	高级	3450	171	3279
7	彭文会	男	技术部	高级	5200	344	4856
8	李慧	女	技术部	初级及以下	2500	108	2392
9	武清风	男	技术部	高级	3940	211	3729
10	王雅莉	女	总工室	中级	3070	145	2925
11	李冬梅	女	技术部	高级	3990	220	3770
12	王丽楠	女	办公室	中级	2950	131	2820
13	张金生	男	后勤部	中级	3380	143	3237
14	李高强	男	后勤部	初级及以下	2570	127	2443
15	欧阳元香	女	技术部	中级	3040	137	2903
16	陈一凯	男	技术部	中级	2910	140	2771
17	姜韧	女	办公室	初级及以下	2820	149	2671

图 4-67　员工收入分析统计表原始数据

（2）用自动筛选，筛选出“技术部”中“实发工资”超过 3000 元的记录。

（3）筛选出职称是“初级及以下”或者实发工资低于 2800 员的记录。

（4）先按部门排序，然后按部门分类汇总汇总应发工资、实发工资的最大值。

（5）用数据透视表对本表进行分析，透视表产生在新工作表中，数据透视表的布局要求如下。

① 页字段：部门。

② 行字段：性别。

③ 列字段：职称。

④ 数据项：实发工资，汇总方式：求和。

【知识巩固】

（1）阅读辅助教材的第五章第 5.2 节中的 5.2.4 小节“选择性粘贴”相关内容和第 5.5 节中的内容。

（2）做辅助教材第五章相关习题。

拓展项目　处理某家电超市货物销售表

“货物销售表.xls”工作簿包括桥西、桥东、中心分店销售表和汇总表共 4 张工作表，分店货物销售表（以桥西分店为例）如图 4-68 所示，货物销售汇总表如图 4-69 所示。

	A	B	C	D	E	F
1	桥西分店货物销售表					
2	品牌	种类	数量	单价	折扣	金额
3	彩虹	冰箱	52	1980		
4	海飞	冰箱	15	1680		
5	恒信	冰箱	21	2200		
6	彩虹电视	电视机	18	4560		

桥西分店 / 桥东分店 / 中心店 / 汇总表

图 4-68　分店货物销售表（局部）

	A	B	C	D	E
1	某家电超市货物销售汇总表				
2	店名	品牌	种类	数量	金额
3	桥西分店	彩虹	冰箱	52	98600
4	桥西分店	海飞	冰箱	15	29800
5	中心店	海飞	洗衣机	16	30980
6	桥东分店	恒信	冰箱	35	56000

桥西分店 / 桥东分店 / 中心店 / 汇总表

图 4-69　货物销售汇总表（局部）

打开“货物销售表.xls”工作簿，进行如下操作处理。

（1）在各分店销售表中根据“单价”计算各种商品的“折扣”：单价≥2000 元的商品折扣为 10%，1000 元≤单价＜2000 元的商品折扣为 5%，其他的折扣为 2%。

（2）在各分店销售表中，计算各种商品的销售金额，统计销售总额。

（3）在各分店销售表中，按“种类”分类汇总销售“金额”的总和。

（4）将各分店的销售表汇总到“汇总表”中，汇总表中的数据要求和原来各分店销售表数据不再有关联。

（5）在汇总表中，利用数据透视表分析销售数量和金额

（6）根据数据透视表的结果（品牌、数量），用三维饼图表示各品牌的市场占有率（即销售数量的百分比）。

【要点提示】

（1）销售金额=单价*(1-折扣)*数量。

（2）分类汇总时，先要按“种类”排序，然后才能按“种类”分类汇总。

（3）将各分店的销售表汇总到“汇总表”时，必须采用“选择性粘贴”，只粘贴其数值。

（4）数据透视时，建议页字段为“店名”，行字段为“品牌”，列字段为“种类”，数据项为“数量”和“金额”，汇总方式是“求和”。

（5）根据透视结果绘制图表时，要选择合适的数据区域，本题利用“品牌”及相应的“数量”产生合适的图表。

模块五　利用 PowerPoint 2003 制作演示文稿

Office 系列软件中 PowerPoint 是专门用于编辑演示文稿的软件。它能够制作包含文字、图形、声音甚至视频图像的多媒体演示文稿，随着办公自动化的普及，PowerPoint 的应用也越来越广泛。

在本模块中，我们通过制作一个项目，学习如何利用 PowerPoint 2003 制作演示文稿。

培 养 目 标

知识目标

（1）了解演示文稿和幻灯片的概念。
（2）掌握幻灯片内容制作及管理的方法。
（3）熟练掌握演示文稿的放映方式。
（4）掌握演示文稿的发布的方法。

能力目标

（1）能制作图文并茂的演示文稿。
（2）能设置幻灯片切换、动画方案、自定义动画等演示文稿的放映效果。
（3）能放映、打印、打包演示文稿。

素质目标

（1）发挥想象力和创意，学会评价作品。
（2）培养发现美和创造美的能力，提高审美情趣。

项目　制作宣传某高职院校的演示文稿

利用 PowerPoint 制作一个包含多种媒体的演示文稿“学院宣传.ppt”，效果如图 5-1 所示，具体要求如下。

（1）演示文稿内容包括：学院简介（文字）、院系设置（表格）、校歌校训（图片、声音）、学院风光（图片）、学生风采（视频）。

（2）为演示文稿设计模板，模板样式参照学院网站首页。

（3）为演示文稿中的对象设置动画效果。

（4）创建交互式演示文稿。

（5）将演示文稿打包至文件夹。

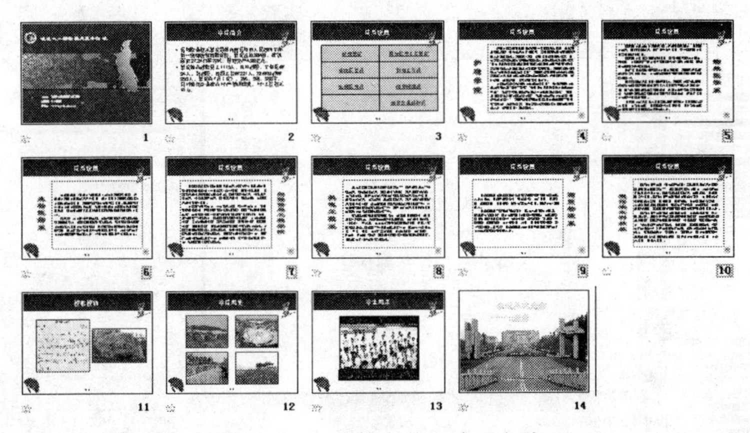

图 5-1　“学院宣传”演示文稿

任务 1　创建“学院宣传”演示文稿

【任务描述】

利用 PowerPoint 2003 提供的模板，新建“学院宣传”演示文稿，并制作其“封面”幻灯片。

【相关知识】

（1）PowerPoint 2003 的启动、新建、打开、保存、退出。

（2）PowerPoint 2003 的视图方式。

（3）PowerPoint 2003 的常用文件类型。

【任务实现】

1. 启动 PowerPoint 2003

单击“开始”→“程序”→“Microsoft Office”→“Microsoft Office PowerPoint 2003”菜单命令，系统会运行 PowerPoint 2003 并自动建立一个空白的演示文稿，如图 5-2 所示，这是 PowerPoint 2003 的基本工作窗口，它由标题栏、菜单栏、工具栏、大纲窗格、幻灯片编辑区、备注区、视图切换按钮、任务窗格等组成。

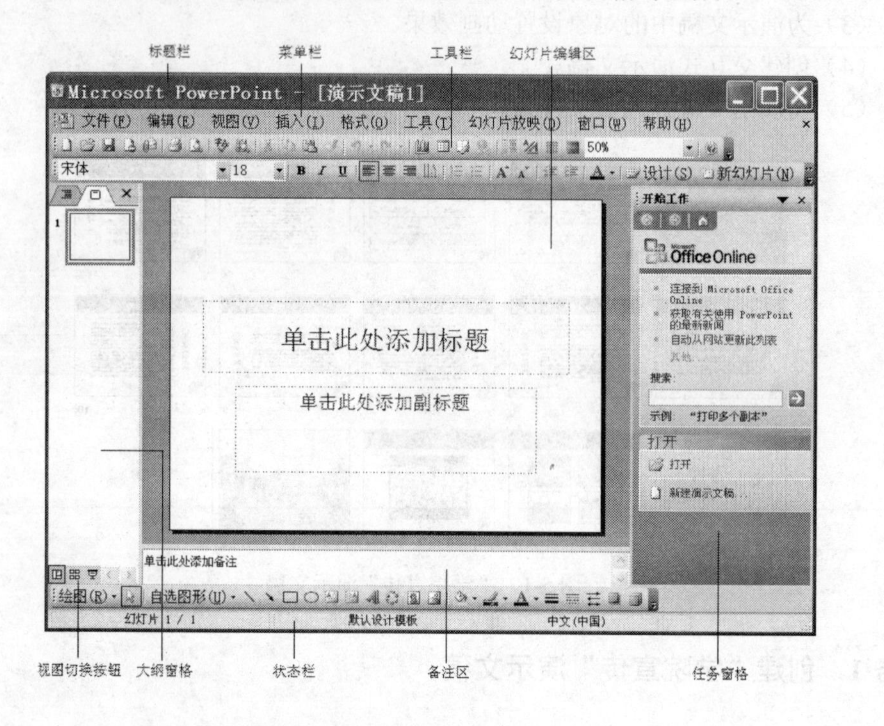

图 5-2　PowerPoint 2003 工作窗口

提示：为了方便使用 PowerPoint 2003，用户可定制窗口组成菜单，通过选择“视图”→“工具栏”菜单命令，单击相应选项，即可在相应的选项前面添加或清除“✓”号，从而让相应的工具条显示在 PowerPoint 2003 窗口中，方便随机调用其中的命令按钮。

2. 根据设计模板新建演示文稿

（1）单击“文件”→“新建”菜单命令，在窗口右侧显示“新建演示文稿”任务窗格。

（2）在“新建演示文稿”任务窗格中单击“根据设计模板”选项，如图 5-3 所示。

图 5-3 “根据设计模板”新建演示文稿

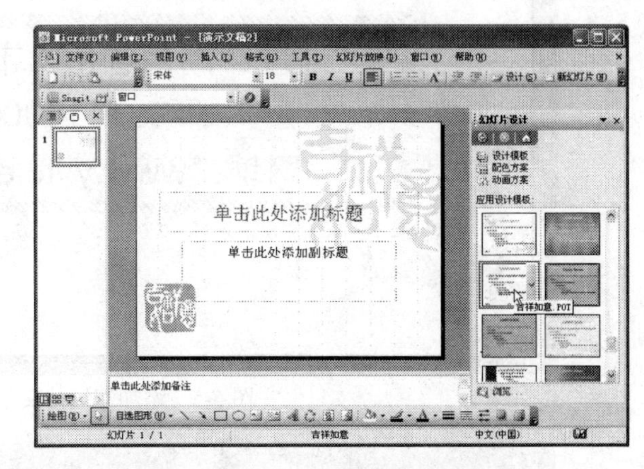

图 5-4 应用“吉祥如意”设计模板

（3）在可供使用的模板中双击名称为“吉祥如意”的幻灯片模板，将模板“吉祥如意”应用到当前的幻灯片中，如图 5-4 所示。

提示：在 PowerPoint 中如要更改设计模板，请单击“格式”→“幻灯片设计”菜单命令，即在窗口右侧显示“幻灯片设计”任务窗格，即可从中选择设计模板。

3. 录入文字内容

（1）幻灯片的标题占位符中显示“单击此处添加标题”，单击鼠标使光标在该占位符中闪烁，录入文字内容“欢迎进入岳阳职业技术学院”。

（2）幻灯片的副标题占位符中显示“单击此处添加副标题”，单击鼠标在该占位符中录入文字内容“地址：湖南省岳阳市学院路 邮编：414000 网址：www.yvtc.edu.cn”，如图 5-5 所示。

4. 保存演示文稿

（1）单击“文件”→“保存”菜单命令，弹出“另存为”对话框。

（2）在“另存为”对话框中选择保存位置，并录入文件名，选择默认的保存类型“演示文稿（*.ppt）”，如图 5-6 所示，单击“保存”按钮。

图 5-5　添加幻灯片文字内容

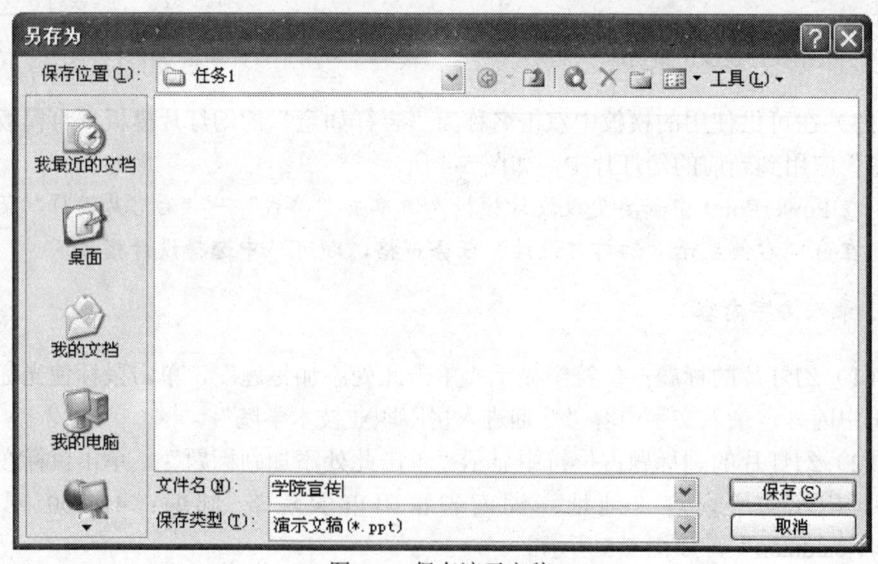

图 5-6　保存演示文稿

5. 退出 PowerPoint

选择“文件”→“退出”菜单命令，关闭演示文稿，并退出 PowerPoint 2003 应用程序。

提示： 在 PowerPoint 中演示文稿和幻灯片是两个不同的概念，利用 PowerPoint 制作的最终整体作品叫做演示文稿，而演示文稿中的每一张页面才叫做幻灯片，每张幻灯片都是演示文稿中各自独立又相互联系的内容。

【任务小结】

本任务根据设计模板创建了一个拥有 1 张幻灯片的演示文稿，并将演示文稿命名保存。

【拓展任务】

利用 PowerPoint 2003 提供的模板，新建“我的家乡”演示文稿，并制作其“封面”幻灯片。

【知识巩固】

阅读教材第六章 6.1 节的内容，做第六章习题的 1-8 题。

任务 2　编辑“学院宣传”演示文稿

对演示文稿的编辑包括两个部分，一是对每张幻灯片中的内容进行编辑操作；二是对演示文稿中的幻灯片进行插入、删除、移动、复制等操作。

【任务描述】

打开任务 1 制作的“学院宣传.ppt”演示文稿，制作余下的 7 张幻灯片，充分利用图片、艺术字、声音、视频等使幻灯片变得丰富多彩。

【相关知识】

（1）幻灯片的插入、复制、移动、删除。
（2）版式。
（3）页眉和页脚。

【任务实现】

1. 插入幻灯片

（1）选择“插入”→“新幻灯片”菜单命令，添加 1 张新幻灯片。

（2）重复以上操作，继续插入 6 张幻灯片，使演示文稿共有 7 张幻灯片。

2. 应用版式

第 1 张幻灯片使用默认的“标题幻灯片”版式，第 2 张幻灯片使用默认的“标题和文本”版式，第 3 张幻灯片使用“标题和内容”版式，第 4-6 张幻灯片使用默认的“只有标题”版式，第 7 张幻灯片使用“空白”版式。

（1）在大纲窗格中选定第 3 张幻灯片。

（2）单击“格式”→“幻灯片版式”菜单命令，窗口右侧显示“幻灯片版式”任务窗格。

（3）在“幻灯片版式”任务窗格的“内容版式”类别中单击“标题和内容”版式，如图 5-7 所示。

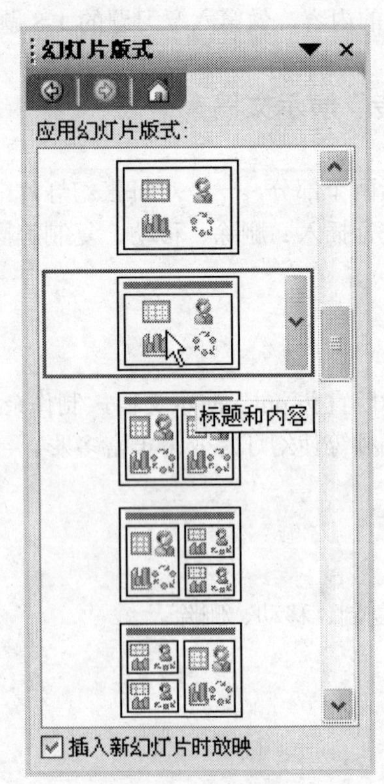

图 5-7　应用版式

（4）同时选定第 4-6 张幻灯片，应用“只有标题”版式。

（5）选定第 7 张幻灯片，应用“空白”版式。

小技巧：选定多个连续的对象：先选定第 1 个对象，按下【Shift】键的同时选定最后 1 个对象。

3. 录入文字内容

（1）依次在第 2-6 张幻灯片的标题占位符中录入文字“学院简介”、“院系设置”、“校歌校训”、“学院风光”、“学生风采”。

（2）在第 2 张幻灯片的文本占位符中录入“文字素材-学院简介.txt”中的文字内容。

4. 复制幻灯片

将第 3 张幻灯片复制 7 张，放在第 3 张幻灯片后面。

（1）在大纲窗格中选定第 3 张幻灯片。

（2）单击“插入”→“幻灯片副本”菜单命令，即在第 3 张幻灯片之后复制出一张一模一样的幻灯片。

（3）重复以上操作，将第 3 张幻灯片继续复制 6 张，共得到 8 张标题为“院系设置”的幻灯片，演示文稿的幻灯片数量增加至 14 张。

（4）同时选定新增加的第 4-10 张幻灯片，为其应用“只有标题”版式。

5. 插入表格

在第 3 张幻灯片中插入表 5-1，并做适当调整。

表 5-1　院系设置表

护理学院	国际信息工程学院
临床医学系	机电工程系
生物医药系	商贸物流系
	现代农业科技系

（1）插入表格。

① 在第 3 张幻灯片的内容占位符中单击“插入表格”按钮，如图 5-8 所示，弹出“插入表格”对话框。

② 在“插入表格”对话框中输入“2 列、4 行”，如图 5-9 所示，单击“确定”按钮。

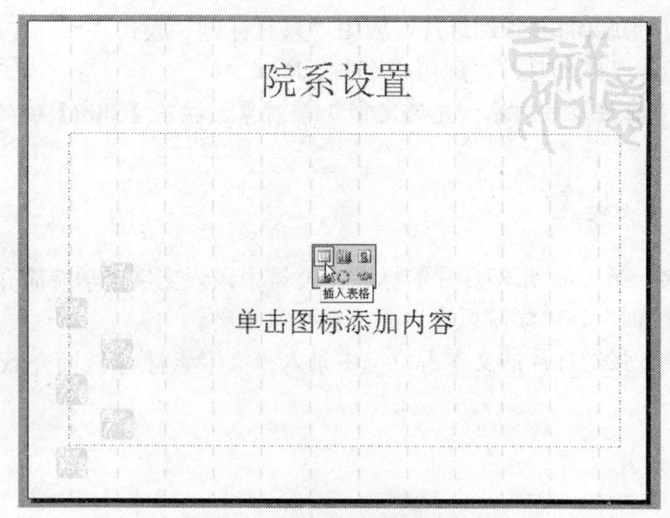

院系设置
插入表格
单击图标添加内容

图 5-8　利用内容版式插入表格

插入表格
列数(C):
2
行数(R):
4
确定
取消

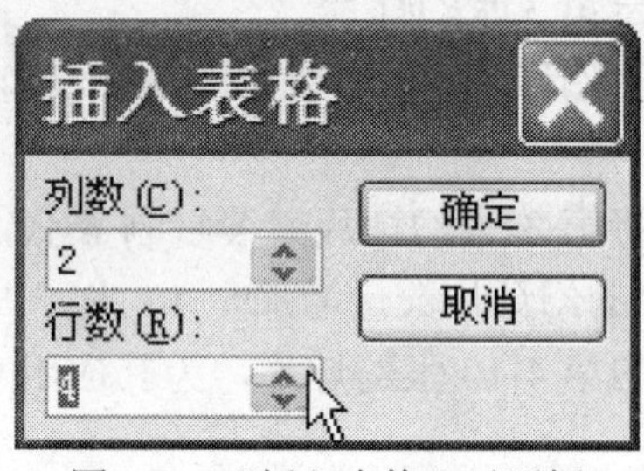

图 5-9　“插入表格”对话框

（2）录入表格文字。将表 5-1 中的文字内容录入到表格中，如图 5-10 所示。

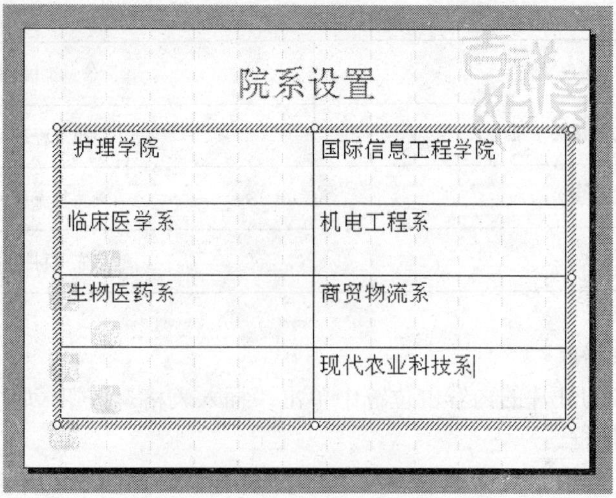

院系设置
护理学院
国际信息工程学院
临床医学系
机电工程系
生物医药系
商贸物流系
现代农业科技系

图 5-10　录入表格文字

（3）美化表格：将表格的边框、填充和文本框进行适当调整，效果如图 5-11 所示。

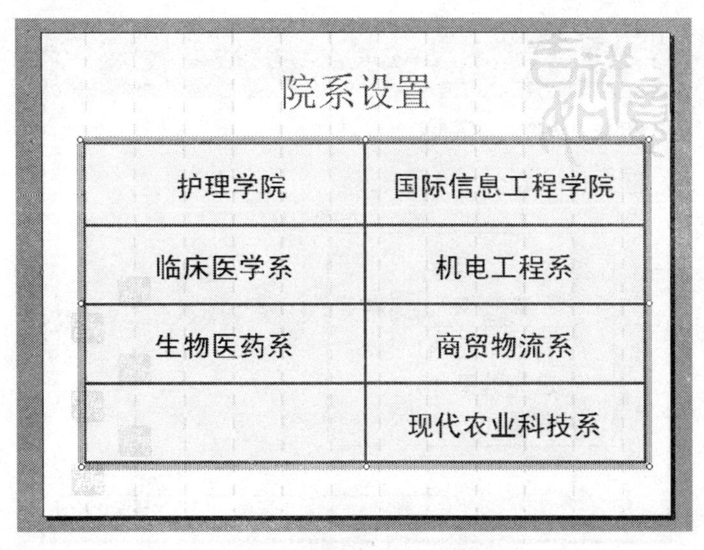

图 5-11　表格美化后效果

① 修改文字格式：单击表格边框选中表格，利用“格式”工具栏上的按钮将表格内文字设置为“黑体”、“32”。

② 修改边框样式：双击表格边框，弹出“设置表格格式”对话框，在“边框”选项卡中设置表格的边框“样式”为单实线、“颜色”为红色、“宽度”为 3.0 磅，并在对话框右侧单击相应按钮应用边框，如图 5-12 所示。

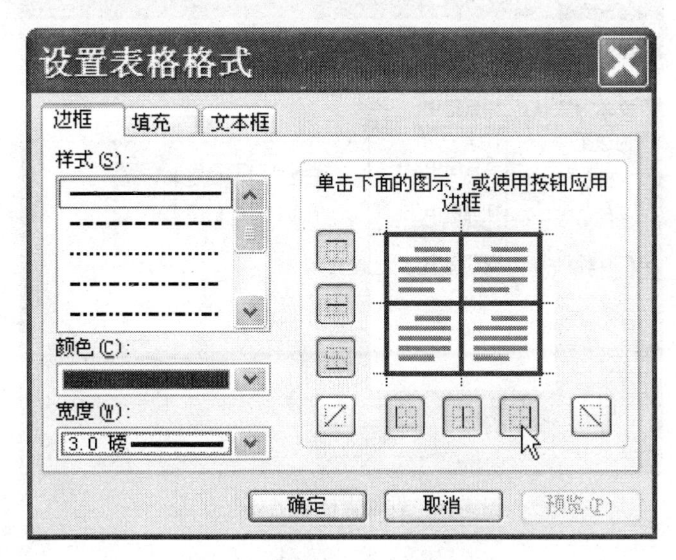

图 5-12　设置表格边框格式

③ 设置填充颜色：在“设置表格格式”对话框中单击“填充”选项卡，分别勾选“填充颜色”和“半透明”复选框，并在下拉列表中选择颜色，如图 5-13 所示。

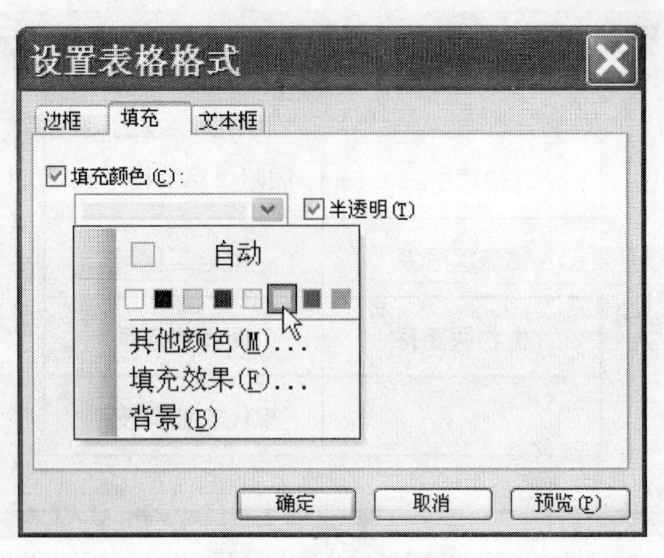

图 5-13　为表格填充颜色

④ 设置表格文字对齐方式：在“设置表格格式”对话框中单击“文本框”选项卡，在“文本对齐”下拉菜单中选择“中部居中”选项，如图 5-14 所示，单击“确定”按钮。

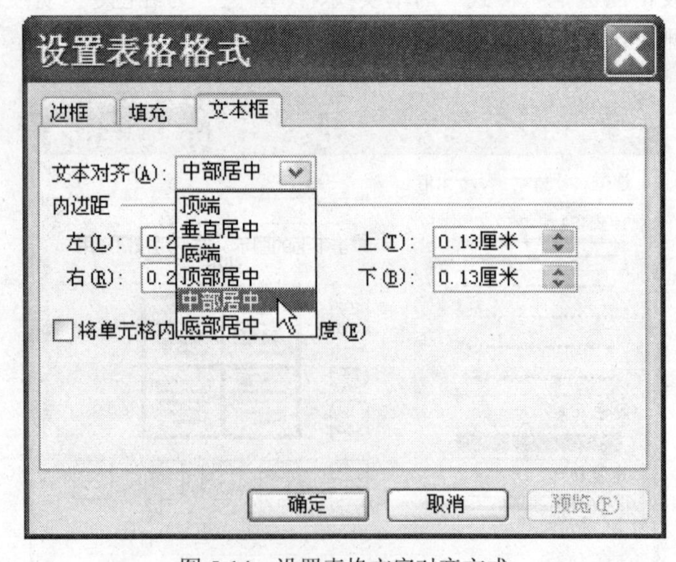

图 5-14　设置表格文字对齐方式

6. 插入图片

在第 11 张幻灯片插入“校歌”和“校训”两张图片，在第 12 张幻灯片插入三张“美丽校园”图片，并对图片做适当调整和美化，效果如图 5-1 中第 11、12 张幻灯片。

（1）插入图片。

① 在大纲窗格中选定第 11 张幻灯片。

② 单击“插入”→“图片”→“来自文件”菜单命令，弹出“插入图片”对话框。

③ 在弹出的“插入图片”对话框“查找范围”下拉列表中选择图片所在位置，同时选中“校歌”和“校训”两张图片，如图 5-15 所示，单击“插入”按钮。

图 5-15　插入图片

（2）调整图片大小。

① 在第 11 张幻灯片中并双击“校歌”图片，弹出“设置图片格式”对话框。

② 在“设置图片格式”对话框的“尺寸”选项卡中设置图片高度为“10 厘米”，勾选“锁定纵横比”和“相对于图片的原始尺寸”复选框，如图 5-16 所示，单击“确定”按钮。

（3）调整图片叠放秩序。

① 选定“校歌”图片，在图片上右击鼠标。

② 在弹出的快捷菜单中选择“叠放次序”→“置于底层”菜单命令，即将图片置于幻灯片的最底层。

（4）裁剪图片。

① 选定“校训”图片，单击“图片”工具栏上的“裁剪”按钮，如图 5-17 所示。

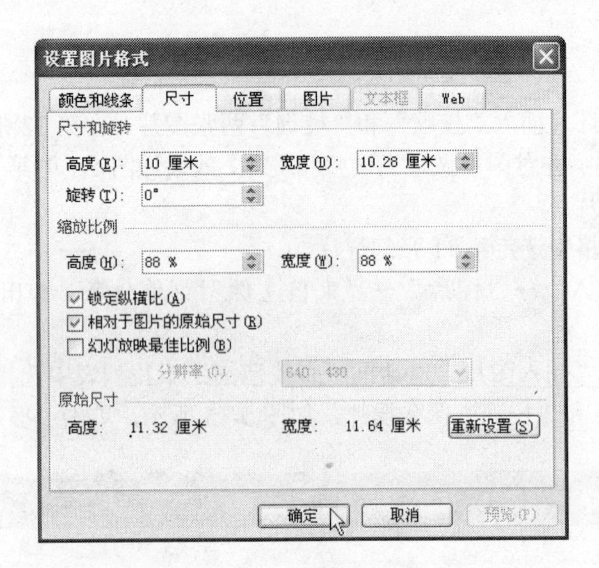

图 5-16　调整图片大小

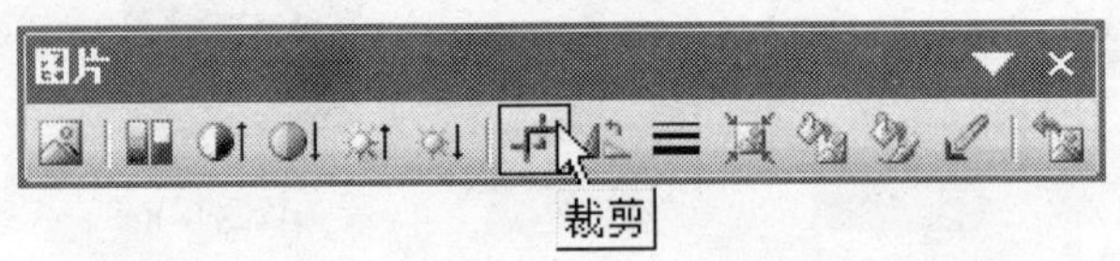

图 5-17　单击“图片”工具栏上的“裁剪”按钮

② 用鼠标左键拖放图像的边角，如图 5-18 所示，剪裁完毕再次单击“图片”工具栏上的“裁剪”按钮，适当调整图片大小，效果如图 5-19 所示。

图 5-18　鼠标拖放裁剪图片

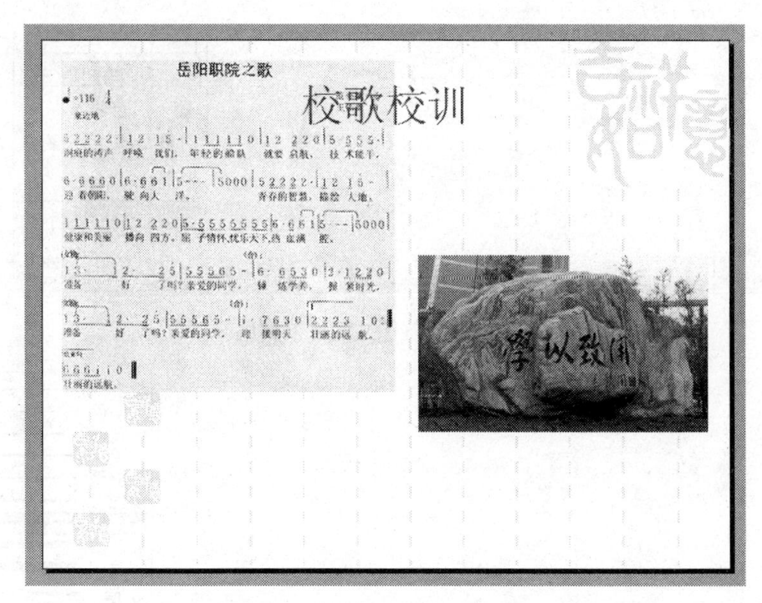

图 5-19　裁剪后的“校训”图片

（5）调整图片位置：用鼠标拖放的方式，将两张图片调整至适当位置，如图 5-20 所示。

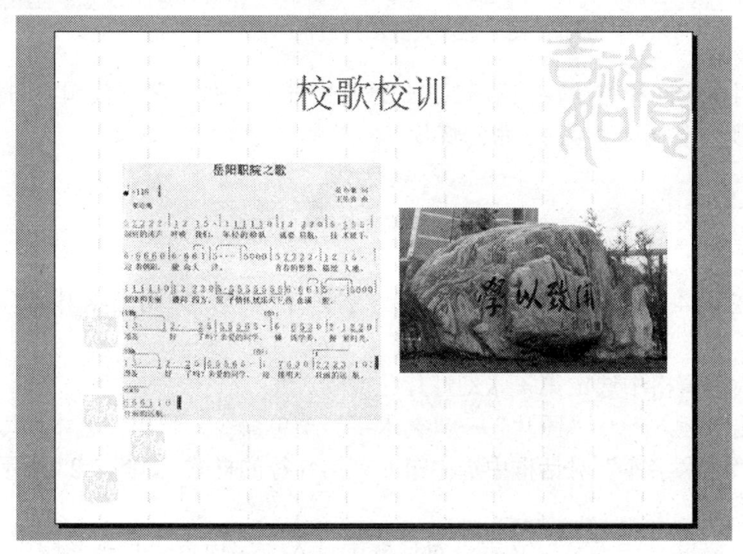

图 5-20　调整图片位置

（6）美化图片。同时选定“校歌”和“校训”2 张图片。单击“绘图”工具栏上的“线条颜色”按钮，选择“其他线条颜色”选项，如图 5-21 所示，在弹出的颜色对话框中选择红色；单击“绘图”工具栏上的“线型”按钮，为图片设置边框的线型为“3 磅”，如图 5-22 所示。

图 5-21　设置图片的边框颜色

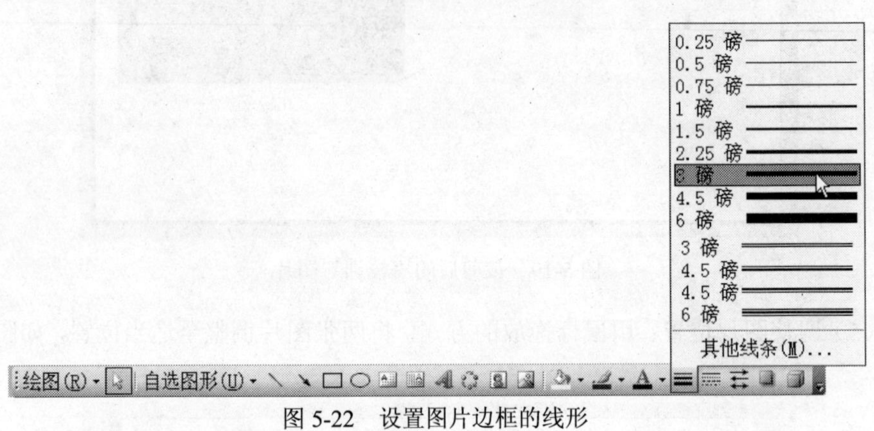

图 5-22　设置图片边框的线形

（7）用以上同样方法，在第 12 张幻灯片中插入 4 张“美丽校园”图片，并做适当调整，效果如图 5-1 中第 12 张幻灯片。

7. 插入艺术字

在第 10、14 张幻灯片中插入艺术字。

（1）在第 4 张幻灯片中插入艺术字“护理学院”，如图 5-1 中第 4 张幻灯片所示。

① 在大纲窗格中选定第 4 张幻灯片。

② 单击“插入”→“图片”→“艺术字”菜单命令，弹出“艺术字库”对话框。

③ 在“艺术字库”对话框中选中第 6 列第 5 行的样式，如图 5-23 所示，单击“确定”按钮。

④ 在“编辑‘艺术字’文字”对话框中录入文字内容“护理学院”，设置字体为“隶书”、字号为“48”，如图 5-24 所示，单击“确定”按钮。

⑤ 单击鼠标左键选定艺术字，将艺术字移动至幻灯片左侧，如图 5-25 所示。

（2）将第 4 张幻灯片中的艺术字复制至第 5-10 张幻灯片中，并修改文字内容。

① 选定“护理学院”艺术字，复制艺术字，在第 5-10 张幻灯片中各粘贴一次。

② 在第 5-10 张幻灯片中分别双击艺术字，将艺术字文字内容依次修改为“临床

图 5-23　选择艺术字样式

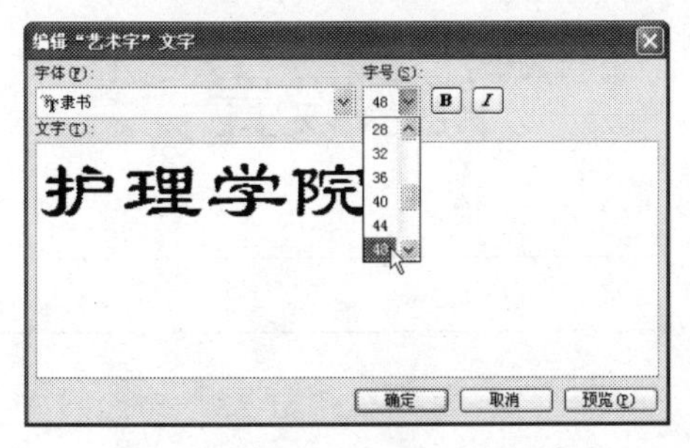

图 5-24　录入艺术字文字内容

图 5-25　移动艺术字位置

医学系”、“生物医药系”、“国际信息工程学院”、“机电工程系”、“商贸物流系”、“现代农业科技系”，调整艺术字位置，效果如图 5-1 所示。

（3）在第 14 张幻灯片中插入艺术字“欢迎再次光临 谢谢”，如图 5-1 中第 14 张幻灯片所示。

8. 插入文本框

在一张幻灯片中添加文字，必须要有文本框才行，我们可以通过选择不同的版式得到文本框，也可以在一张幻灯片中插入多个文本框，并能对每个文本框进行修饰，这里我们需要在第 4-10 张幻灯片中各插入一个文本框。

（1）插入文本框。

① 在大纲窗格中选定第 4 张幻灯片。

② 单击“插入”→“文本框”→“水平”菜单命令。

③ 用鼠标左键拖放直至合适的宽度，如图 5-26 所示。

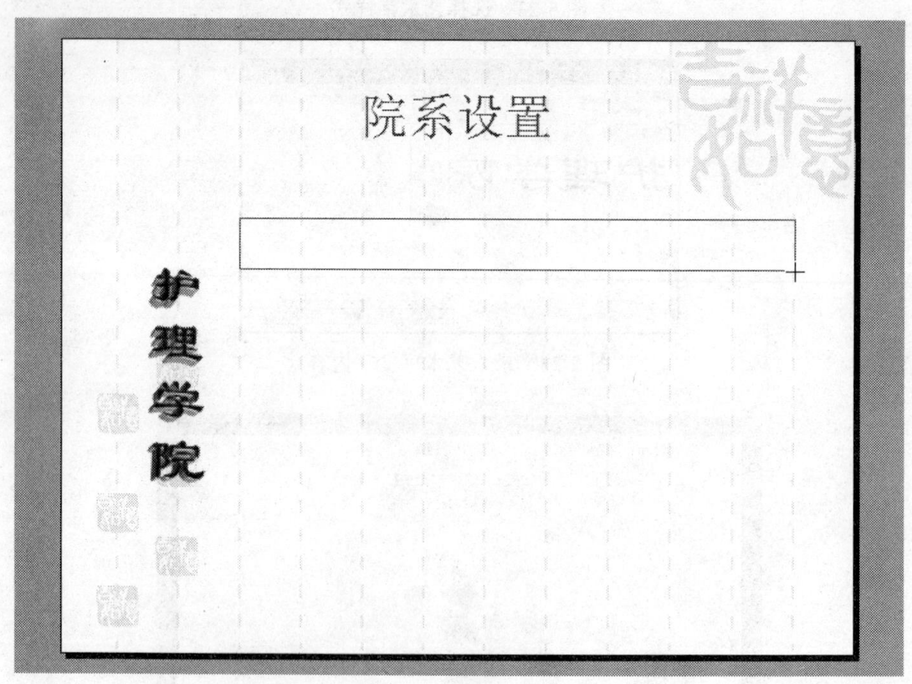

图 5-26 绘制文本框

④ 在文本框中录入“文字素材-护理学院.txt”文字内容，并设置字体格式为“黑体”、“24”、“黑色”。

提示：利用插入文本框来输入文本，起初的文本框无论怎样都只有一行的高度，能设置的只是文本框的宽度，当输入文本超过一行时，文本框会自动向下延伸，文本也随之自动换行。

（2）设置文本框格式。

双击文本框，弹出 “设置文本框格式”对话框。

① 在“颜色和线条”选项卡中，设置填充颜色为“无填充颜色”，线条颜色为“红色”，虚线选择第 2 种，粗细为“3 磅”，如图 5-27 所示。

② 在“尺寸”选项卡中设置高度为“13 厘米”、宽度为“18 厘米”，如图 5-28 所示。

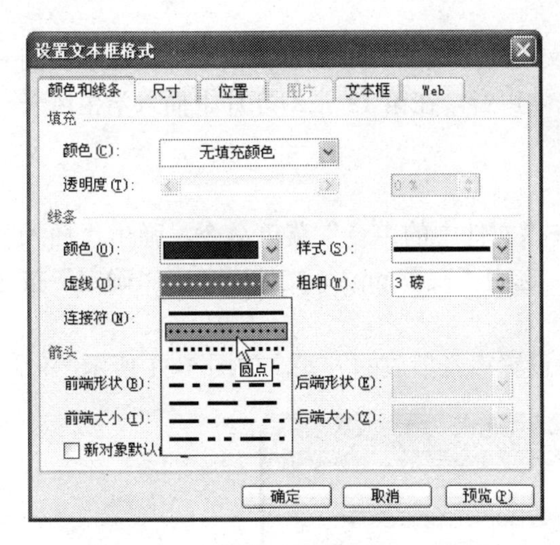

图 5-27　设置文本框的颜色和线条

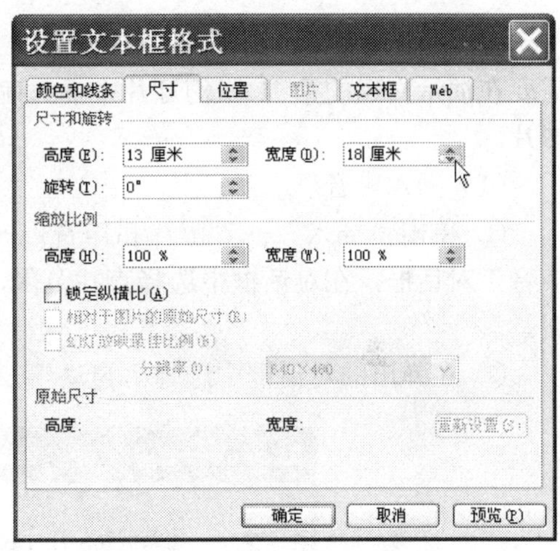

图 5-28　设置文本框的尺寸

③ 在“位置”选项卡中设置“水平”为“5.8 厘米”、“垂直”为“4.33 厘米”，如图 5-29 所示。

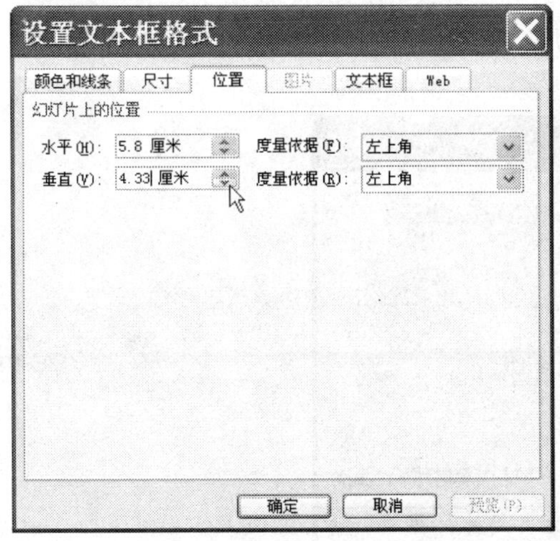

图 5-29　设置文本框的位置

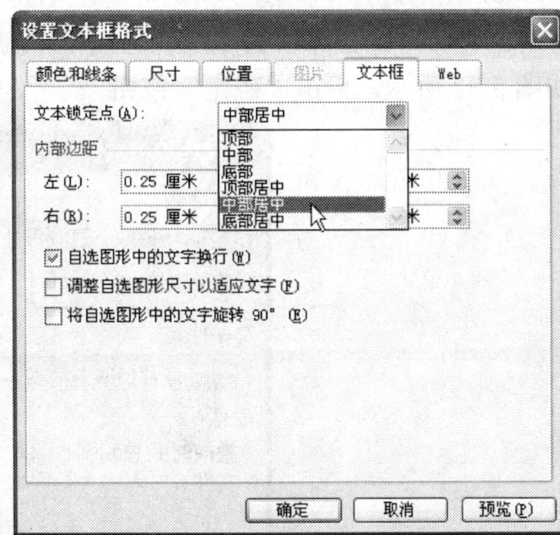

图 5-30　设置文本锁定点

④ 在“文本框”选项卡中设置“文本锁定点”为“中部居中”，如图 5-30 所示。

（3）将第 4 张幻灯片中的文本框复制至第 5-10 张幻灯片，调整至合适的位置，并依次将“文字素材-临床医学系.txt”、“文字素材-生物医药系.txt”、“文字素材-国际信息工程学院.txt”、“文字素材-机电工程系.txt”、“文字素材-商贸物流系.txt”、“文字素材-现代农业科技系.txt”中的文字内容，用复制粘贴的方法替换至相应文本框中。

9. 插入影片和声音

在一个演示文稿当中，可以根据演示文稿的主题插入一些乐曲或影片，这里我们需要在演示文稿的第 11 张幻灯片中插入院歌声音，在第 13 张幻灯片中插入学生风采影片。

（1）插入声音。

① 单击“插入”→“影片和声音”→“文件中的声音”菜单命令，弹出“插入声音”对话框，在对话框中选择查找范围，选中“院歌.mp3”文件，单击“确定”按钮。

② 在弹出的对话框中选择“自动”，设置声音播放的方式，如图 5-31 所示。

图 5-31　设置声音的播放方式

③ 在幻灯片中间的小喇叭图标上右击鼠标，在弹出的快捷菜单中选择“编辑声音对象”命令，在弹出的“声音选项”中勾选“幻灯片放映时隐藏声音图标”选项，如图 5-32 所示，单击“确定”按钮。

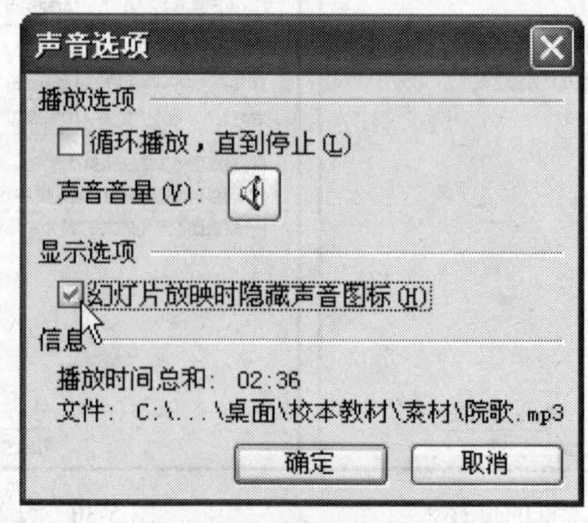

图 5-32　隐藏声音图标

（2）插入影片。

① 单击“插入”→“影片和声音”→“文件中的影片”，弹出“插入影片”对话框，在对话框中选择查找范围，选中“学院风采.mpg”文件，单击“确定”按钮。

② 在弹出的对话框中选择“自动”。

10. 插入页眉和页脚

（1）单击“视图”→“页眉和页脚”菜单命令，弹出“页眉和页脚”对话框。

（2）在“页眉和页脚”对话框中取消勾选“日期和时间”选项，勾选“页脚”、“标题幻灯片中不显示”复选框，在“页脚”文本框中输入自己的姓名，如图 5-33 所示，单击“全部应用”按钮。

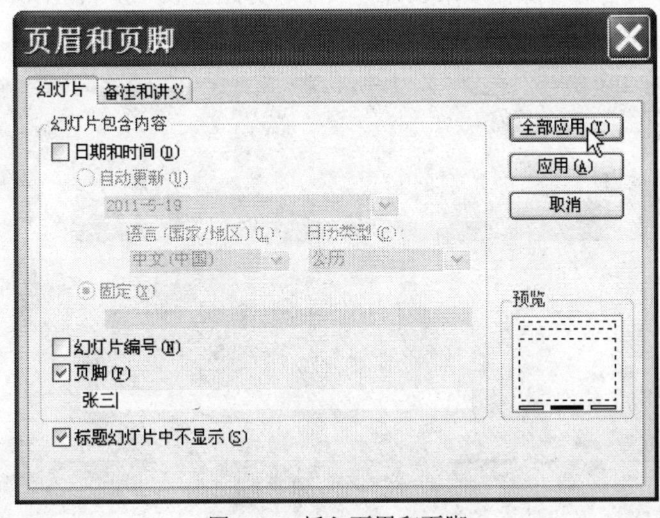

图 5-33　插入页眉和页脚

11. 完成以上操作后，按【F5】键放映演示文稿，观看演示文稿效果，最后保存并退出演示文稿。

【任务小结】

本任务在任务 1 的基础上，增加了幻灯片的数量，并通过插入表格、图片、艺术字、文本框、声影、视频等对象，使演示文稿声、图、文并茂。

【拓展任务】

继续制作“我的家乡.ppt”演示文稿，充分利用图片、艺术字等使幻灯片变得丰富多彩。

【知识巩固】

阅读教材第六章 6.2、6.3 节的内容，做第六节习题中的 9~13 题。

任务 3　设置“学院宣传”演示文稿的多媒体效果

【任务描述】

打开任务 2 保存好的“学院宣传.ppt”演示文稿，对整个演示文稿进行“母版”、“背景”、“动画”等多媒体效果设置，其中“标题母版”参照岳阳职业技术学院网站首页进行设计，如图 5-34 所示。

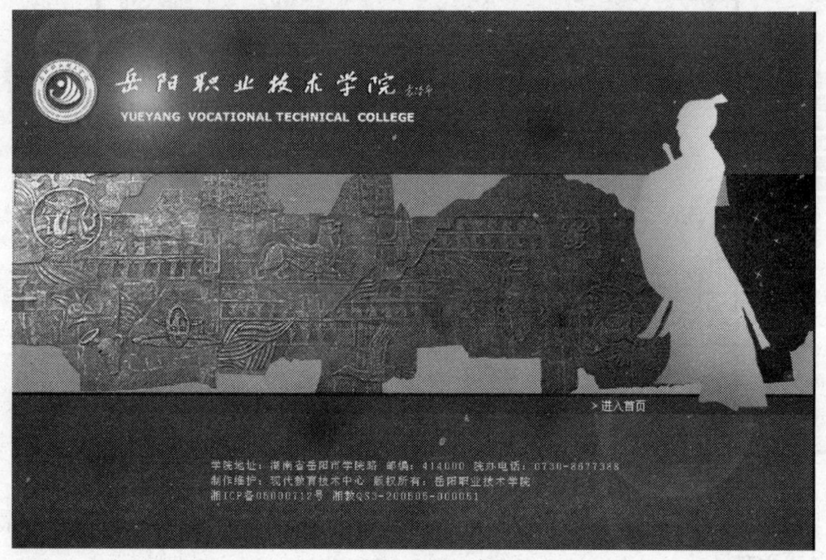

图 5-34　岳阳职业技术学院网站首页效果图

【相关知识】

（1）设计模板。
（2）配色方案。
（3）背景。
（4）动画方案。
（5）自定义动画。
（6）母版。

【任务实现】

1. 应用设计模板

在任务 1 中，我们根据设计模板创建“学院宣传”演示文稿时，我们选择了“吉祥如意”设计模板，按照本次任务的描述，我们需要设计一个新的模板，在设计之前，我们先为演示文稿应用一个空白的设计模板。

（1）打开任务 2 完成的“学院宣传.ppt”演示文稿。

（2）单击“格式”→“幻灯片设计”菜单命令，在窗口右侧显示“幻灯片设计”任务窗格。

（3）在“幻灯片设计”任务窗格的“应用设计模板”列表框中单击“默认设计模板”，如图 5-35 所示。

图 5-35　应用设计模板

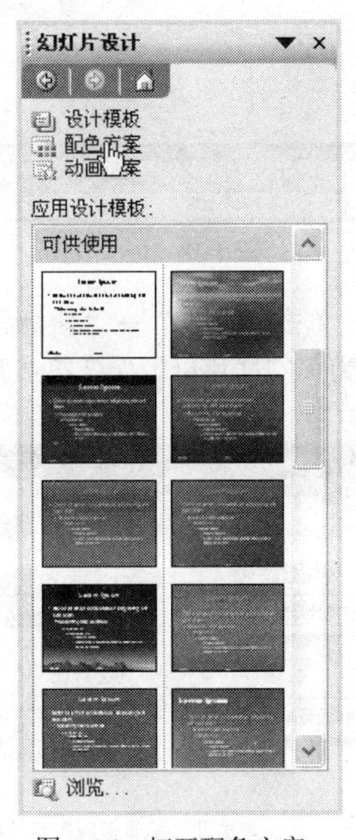

图 5-36　打开配色方案

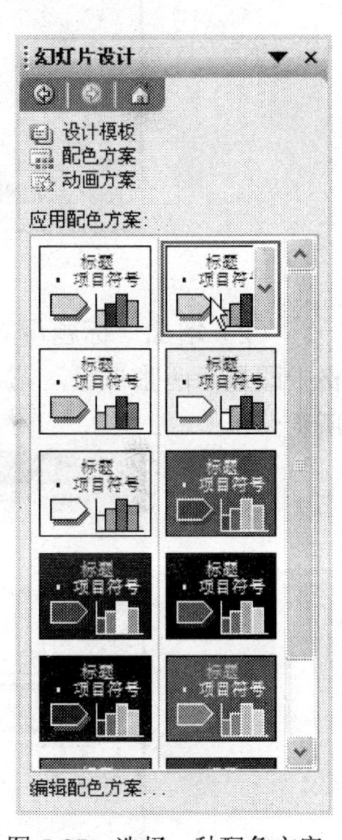

图 5-37　选择一种配色方案

2. 应用配色方案

（1）在“幻灯片设计”任务窗格中单击“配色方案”选项，如图 5-36 所示。

（2）在“应用配色方案”列表中单击第 1 行第 2 列的配色方案，如图 5-37 所示。

（3）单击“幻灯片设计”任务窗格右上方的“×”按钮关闭此窗格。

3. 母版的使用

（1）打开母版视图。单击“视图”→“母版”→“幻灯片母版”菜单命令，打开母版视图，如图 5-38 所示。

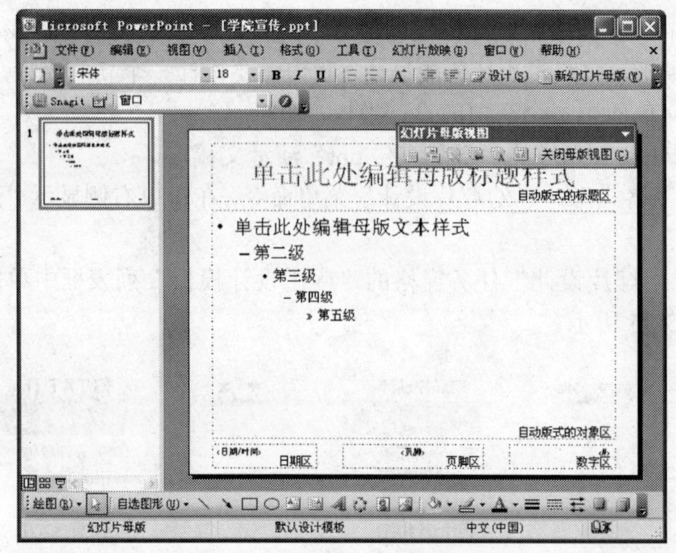

图 5-38　母版视图

（2）增加“标题母版”。单击“插入”→“新标题母版”菜单命令，在大纲窗格中即显示两张母版，第 1 张为“幻灯片母版”、第 2 张为“标题母版”，如图 5-39 所示。

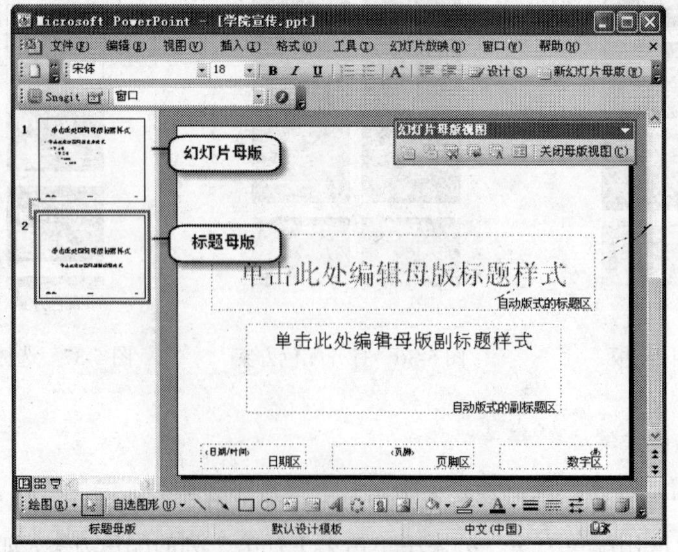

图 5-39　增加母版后

（3）设计“标题母版”。在母版视图的大纲窗格中选定标题母版（即第 2 张母版），做如下操作。

① 设置背景：单击“格式”→“背景”菜单命令，弹出“背景”对话框；在“背景”对话框中，打开下拉菜单，选择“填充效果”选项，如图 5-40 所示；在弹出的“填充效果”对话框的“渐变”选项卡中选择颜色为 “单色”-“红色”，选择底纹样式为“角部辐射”的第 1 种变形样式，如图 5-41 所示，单击“确定”按钮；返回“背景”对话框后，单击“应用”按钮。

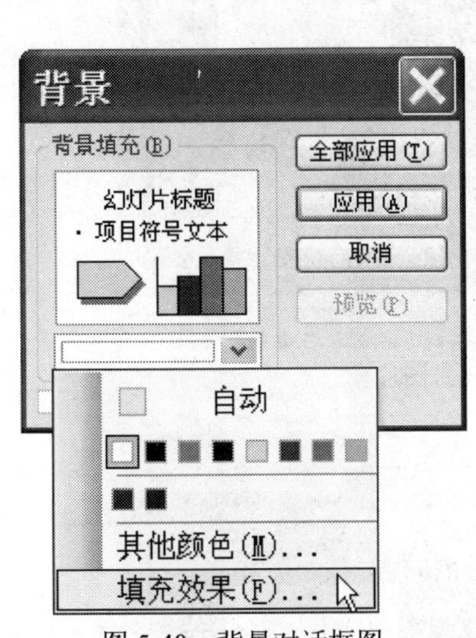

图 5-40　背景对话框图

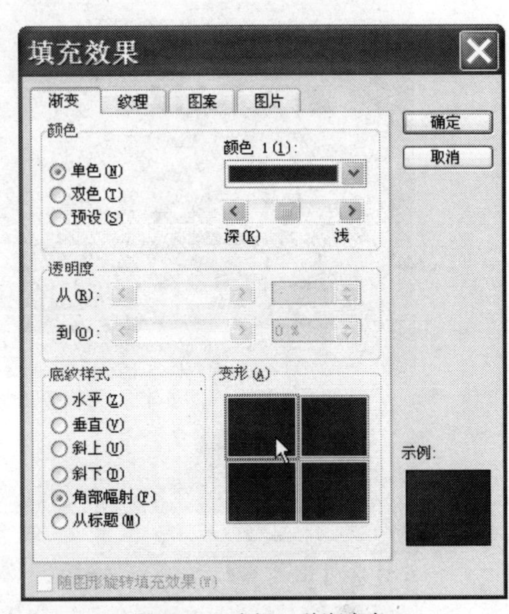

图 5-41　选择一种渐变色

② 插入图片对象并作适当调整：用之前学过的方法，在标题母版中插入“文化墙.jpg”、“屈原.jpg”、“校徽.jpg”三张图片，调整图片大小、位置和叠放次序，如图 5-42 所示；选中“屈原”图片，单击“图片”工具栏上的“设置透明色”按钮，将鼠标移至“屈原”图片的白色背景处单击，如图 5-43 所示。

③ 绘制矩形并做适当调整：单击“绘图”工具栏上的“矩形”按钮，在“屈原”图片的下方拖选出适当大小的矩形，如图 5-44 所示；双击矩形，在弹出的“设置自选图形格式”对话框的“颜色和线条”选项卡中为矩形设置填充颜色为“紫色”+“红色”的双色渐变色，底纹样式为“垂直”的第 2 种，线条无颜色，将矩形置于底层，效果如图 5-45 所示。

④ 调整版式：调整“标题区”和“副标题区”的占位符位置和大小；将母版标题样式设置为“黑体”、“36”、“白色”、“左对齐”，将母版副标题样式设置为“黑体”、“20”、“白色”、“左对齐”；删除“日期区”、“页脚区”、“数字区”；效果如图 5-46 所示。

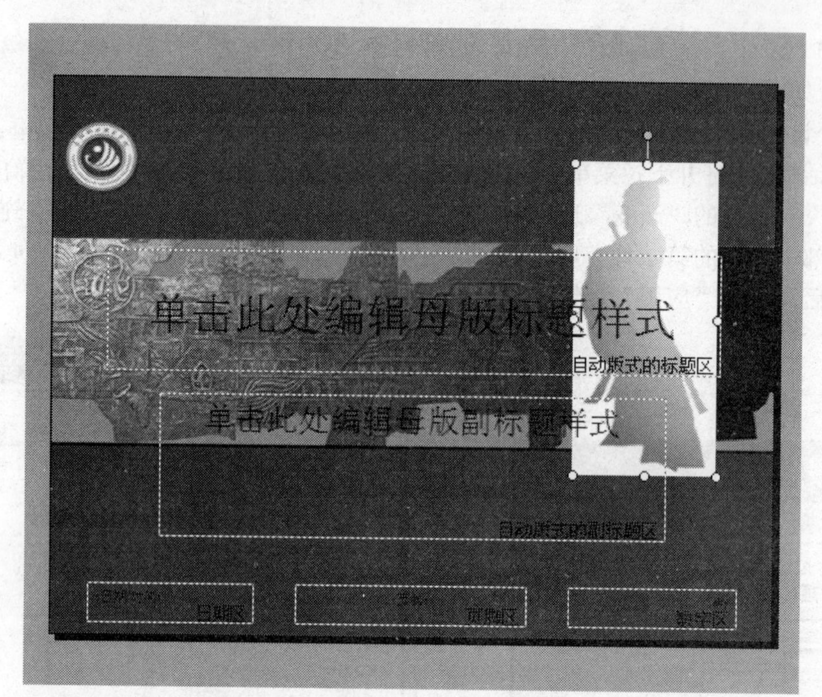

图 5-42　为标题母版插入三张图片

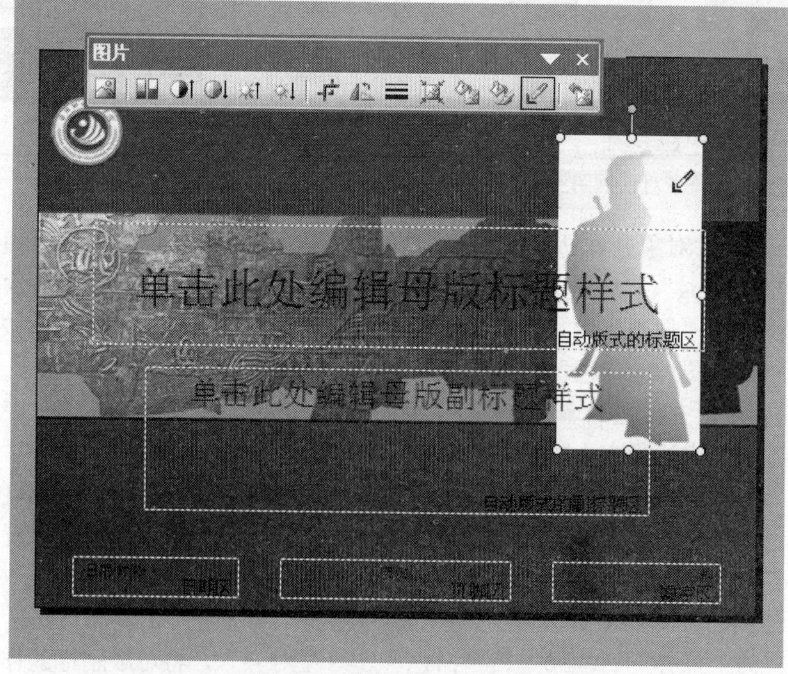

图 5-43　为图片设置透明色

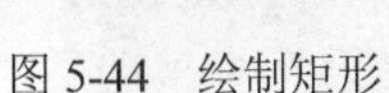

图 5-44　绘制矩形

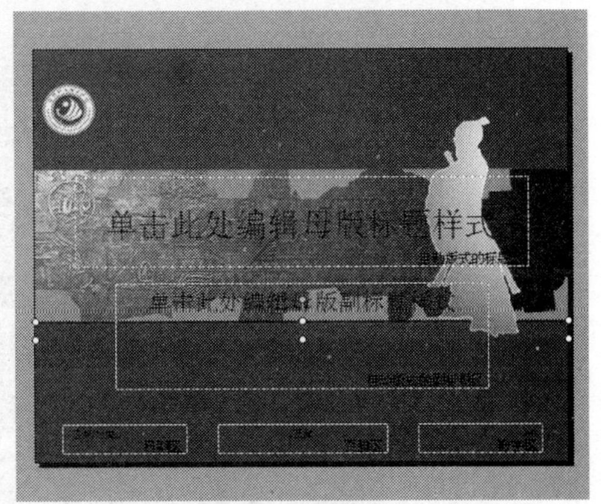

图 5-45　为矩形填充颜色并置于底层

图 5-46　调整版式

⑤ 绘制“十字星”对象并做适当调整：单击“绘图”工具栏上的“自选图形”→“星与旗帜”→“十字星”选项，用鼠标拖选出图形大小；为“十字星”填充“单色”-“白色”、“中心辐射”的渐变色；复制“十字星”至其他位置，如图 5-47 所示。

（4）设计“幻灯片母版”。在母版视图下，选中幻灯片母版（即第 1 张母版），

图 5-47　十字星位置及效果

做如下操作。

① 设置背景：在母版上右击鼠标，选择“背景”选项，在弹出的“背景”对话框中打开下拉菜单，选择一种浅黄色作为背景，单击“应用”按钮。

② 添加对象：在幻灯片顶端绘制矩形对象，填充“单色”-“深红色”渐变色、线条颜色无，置于底层，效果如图 5-48 所示；插入图片“笔筒.png”和“扇子.png”，调整其位置和大小并置于底层，如图 5-49 所示。

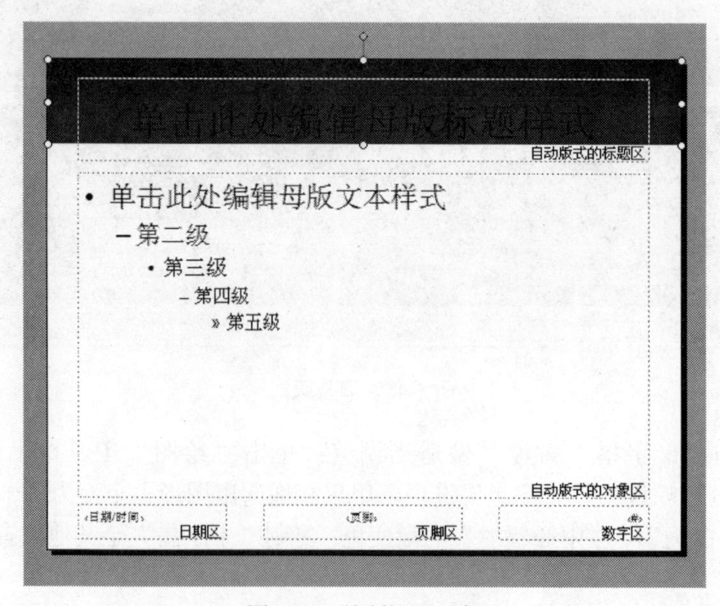

图 5-48　绘制矩形对象

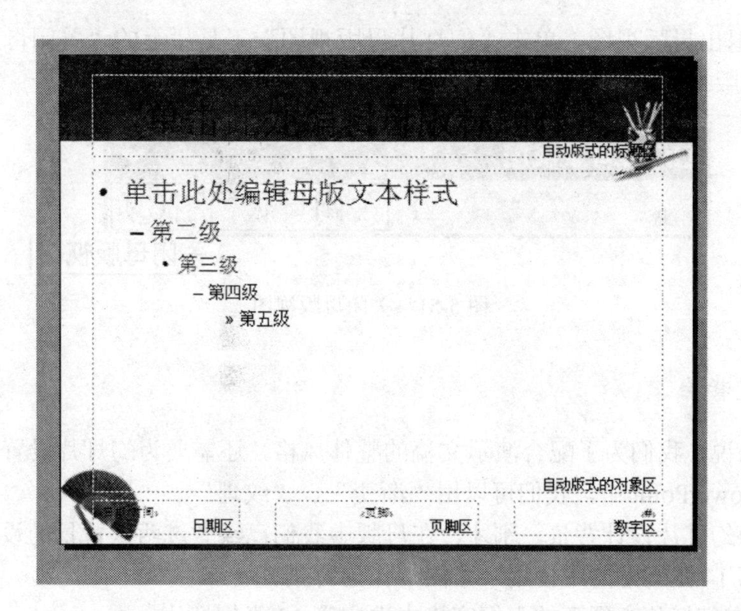

图 5-49　插入图片

③ 设置各占位符格式：设置标题样式为“黑体”、“36”、“白色”，并调整其文本框位置和大小；设置文本样式为“黑体”、“红色”，第一级 28 磅、第二级 24 磅、第三级 20 磅、第四级 18 磅、第五级 16 磅；设置“日期区”、“页脚区”、“数字区”的文本样式为“黑体”、“14”、“红色”，并调整文本框位置和大小。效果如图 5-50 所示。

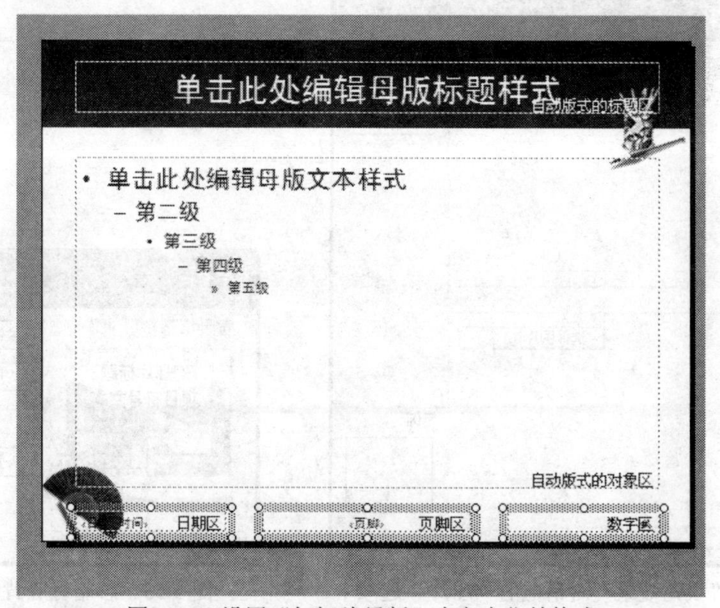

图 5-50　设置“幻灯片母版”中各占位符格式

（5）退出母版视图。单击“幻灯片母版视图”工具栏上的“关闭母版视图”按钮，退出母版视图，如图 5-51 所示。

图 5-51　关闭母版视图

4. 设置背景

一般来说，我们为了配合演示文稿的整体风格，还需要为幻灯片设置一定的背景图案，在 PowerPoint 中，我们可以用“渐变”、“纹理”、“图案”、“图片”四种不同样式为幻灯片设计背景。刚才，在母版中我们已经做过两次背景的设置，这里我们继续在第 14 张幻灯片中使用一张图片作为背景。

（1）在幻灯片视图下的大纲窗格中选定第 14 张幻灯片。

（2）单击“格式”→“背景”菜单命令，弹出“背景”对话框。

（3）在“背景”对话框中，打开下拉菜单，选择“填充效果”选项，弹出“填充效果”对话框。

（4）在“填充效果”对话框中单击“图片”选项卡。

（5）在“图片”选项卡中单击“选择图片”按钮，如图 5-52 所示。

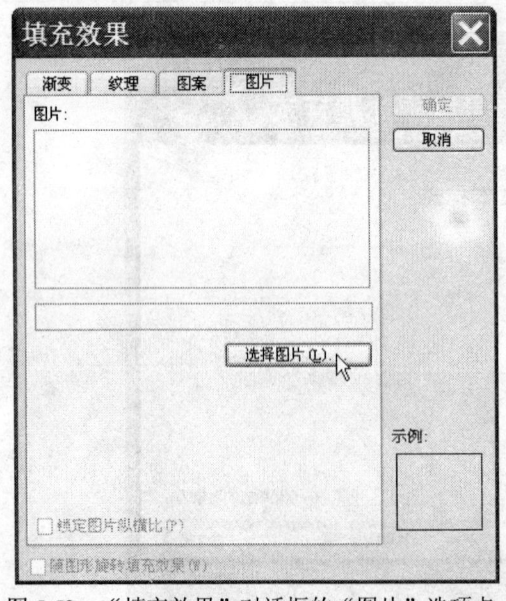

图 5-52　“填充效果”对话框的“图片”选项卡

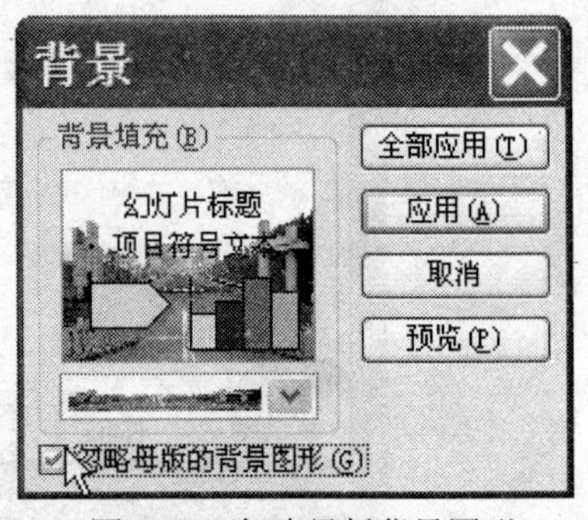

图 5-53　忽略母版背景图形

（6）在弹出的“选择图片”对话框中找到并选择“校门.jpg”图片，单击“插入”按钮，再单击“确定”按钮。

（7）返回“背景”对话框后，勾选“忽略母版的背景图形”，如图 5-53 所示，单击“应用”按钮。

5. 设置动画方案

动画方案是针对一张幻灯片设计的一套动画效果，这一套动画效果包括幻灯片切换效果以及幻灯片中的“标题”和“正文”占位符的动画效果。现在，我们为“学院宣传”的封面设置一种动画方案。

（1）选定第 1 张幻灯片。

（2）选择“幻灯片放映”→“动画方案”菜单命令，打开“动画方案”任务窗格。

（3）在“幻灯片设计”任务窗格中单击“华丽型”类别下的“浮动”动画方案，如图 5-54 所示。

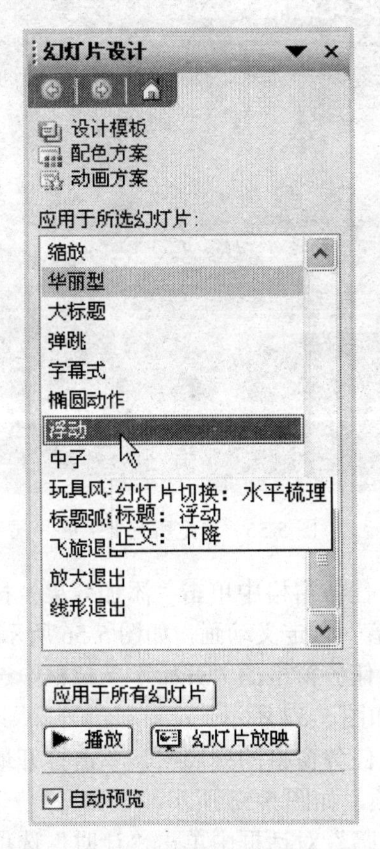

图 5-54　设置动画方案

6. 设置自定义动画

刚才，我们为封面幻灯片设置了一种动画方案，那么，动画方案中这一套动画效果能不能分开来单独设置呢？回答是肯定的，我们不但可以对幻灯片中的“标题”和“正文”占位符单独设置动画效果，还可以对幻灯片中的其他对象单独设置动画效果，现在，我们就按如下步骤对其余幻灯片中的对象逐个设置“自定义动画”效果。

（1）为“标题母版”设置自定义动画。

① 打开母版视图，选定标题母版。

② 单击“幻灯片放映”→“自定义动画”菜单命令，窗口右侧出现“自定义动画”任务窗格。

③ 用鼠标左键拖拉出一个虚框，选定所有“十字星”，如图 5-55 所示。

图 5-55　选定所有十字星

④ 在“自定义动画”任务窗格中单击“添加效果”按钮，在弹出的级联菜单中选择“强调”→“忽明忽暗”自定义动画，如图 5-56 所示。

⑤ 在“自定义动画”任务窗格的“开始”下拉框中选择“之前”，在“速度”下拉框中选择“中速”，如图 5-57 所示。

⑥ 在“自定义动画”任务窗格的列表中，单击打开最后一个动画效果的下拉菜单，单击“效果选项”选项，如图 5-58 所示。

⑦ 在弹出的“忽明忽暗”对话框中单击“计时”选项卡，在“重复”下拉菜单中选择“直到幻灯片末尾”，如图 5-59 所示，单击“确定”按钮。

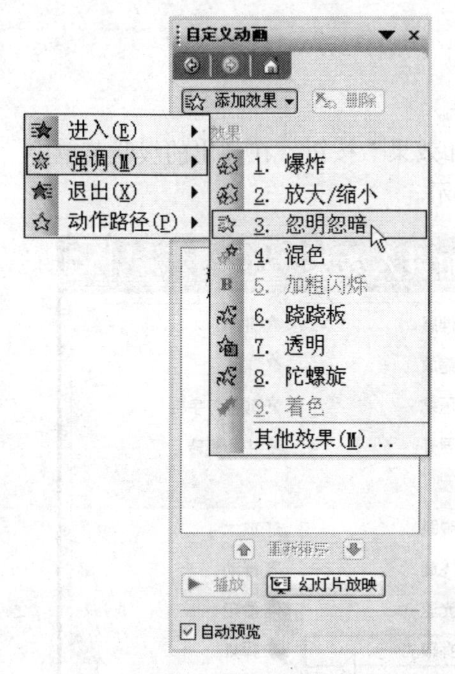

图 5-56 设置"强调"自定义动画

图 5-57 选择自定义动画的开始方式和速度

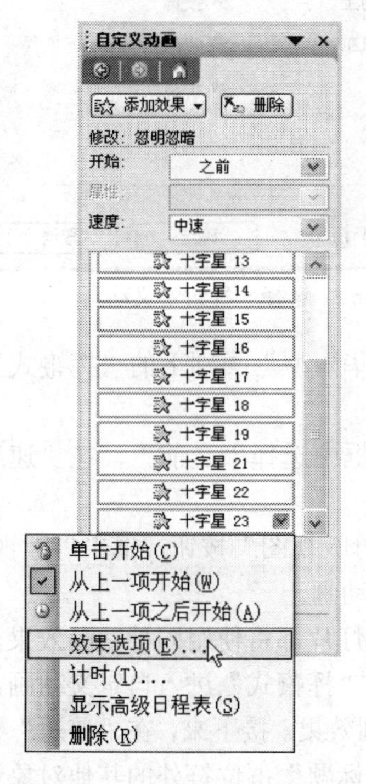

图 5-58 设置效果选项

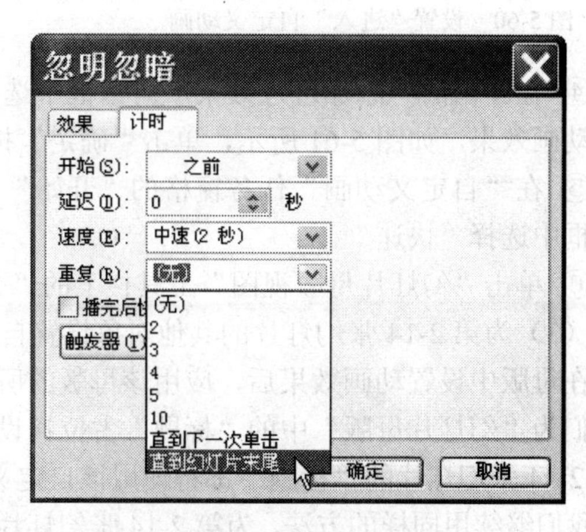

图 5-59 选择自定义动画的重复效果

（2）为“幻灯片母版”设置自定义动画。

① 在母版视图中选定“幻灯片母版”。

② 在“幻灯片母版”中选定“标题”占位符。

③ 在“自定义动画”任务窗格中单击“添加效果”按钮，在弹出的级联菜单中选择“进入”→“其他效果”选项，如图 5-60 所示。

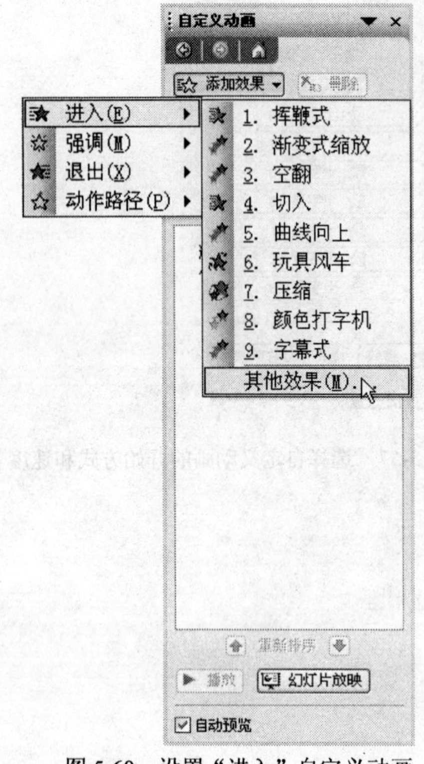

图 5-60　设置“进入”自定义动画

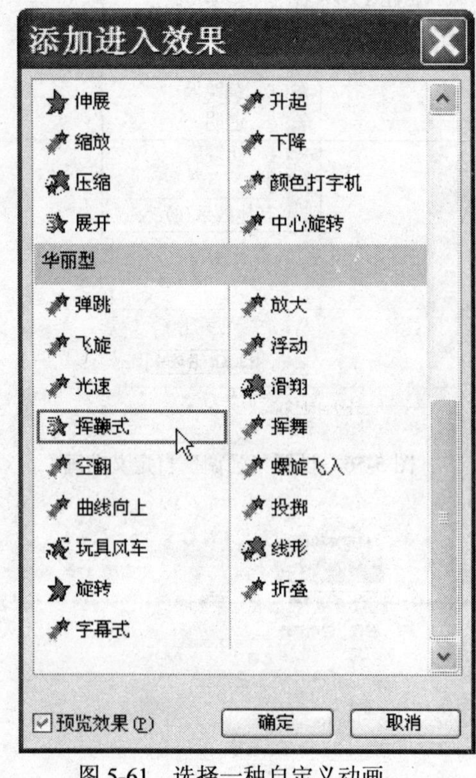

图 5-61　选择一种自定义动画

④ 在弹出的“添加进入效果”对话框中选择“华丽型”类别下的“挥鞭式”自定义动画效果，如图 5-61 所示，单击“确定”按钮。

⑤ 在“自定义动画”任务窗格的“开始”下拉框中选择“之前”，在“速度”下拉框中选择“快速”。

⑥ 单击“幻灯片母版视图”工具栏上的“关闭母版视图”按钮，退出母版视图。

（3）为第 2-14 张幻灯片的其他对象设置自定义动画。

在母版中设置动画效果后，应用该母版的所有幻灯片都将使用同种动画效果，刚才我们为“幻灯片母版”中的“标题”占位符设置了“挥鞭式”进入自定义动画，那么第 2-14 张幻灯片的“标题”都将使用该自定义动画效果。接下来，在“普通”视图下，我们继续用同样的方法，为第 2-14 张幻灯片除“标题”占位符外的其他对象设置不同的自定义动画，所有动画均为“进入”类型。

① 在第2张幻灯片中，为“文本”设置“升起”自定义动画，“开始”选项选择“之后”，“速度”选项选择“中速”。

② 在第3张幻灯片中，为表格设置“飞旋”自定义动画，“开始”选项选择“之后”，“速度”选项选择“快速”。

③ 在第4-10张幻灯片中，为艺术字设置“压缩”自定义动画，“开始”选项选择“之后”，“速度”选项选择“快速”。为文本框设置“颜色打字机”自定义动画，“开始”选项选择“之后”，“速度”选项选择“非常快”。

④ 在第11张幻灯片中，为两张图片同时设置“渐变式缩放”自定义动画，“开始”选项选择“之前”，“速度”选项选择“中速”。

⑤ 在第12张幻灯片中，为四张图片同时设置“玩具风车”自定义动画，“开始”选项选择“之后”，“速度”选项选择“快速”。

⑥ 在第14张幻灯片中，为艺术字设置“曲线向上”自定义动画，“开始”选项选择“之后”，“速度”选项选择“中速”。

【任务小结】

本任务，利用母版视图为演示文稿精心设计了个性化的模板，在演示文稿中插入了声音和影片，并为演示文稿设置了动画效果。

【拓展任务】

继续制作“我的家乡”演示文稿，对整个演示文稿进行“母版”、“背景”、“动画”等多媒体效果设置。

【知识巩固】

阅读教材第六章6.3和6.4节的内容，做第六章习题的14~18题。

任务4　放映“学院宣传”演示文稿

【任务描述】

打开任务3保存好的“学院宣传.ppt”演示文稿，使用超级链接和动作按钮实现如图5-63所示流程，并对“学院宣传”演示文稿的幻灯片设置切换效果以及放映方式。

【相关知识】

（1）幻灯片隐藏。

（2）超链接。

（3）动作按钮。

（4）放映方式。

【任务实现】

根据当前幻灯片的设计，幻灯片将从第一张到最后一张顺序播放，如图 5-62 所示，这里，我们借助“动作按钮”和“超链接”将这个流程更换一下，使其更加灵活、方便的展示整个演示文稿，如图 5-63 所示。

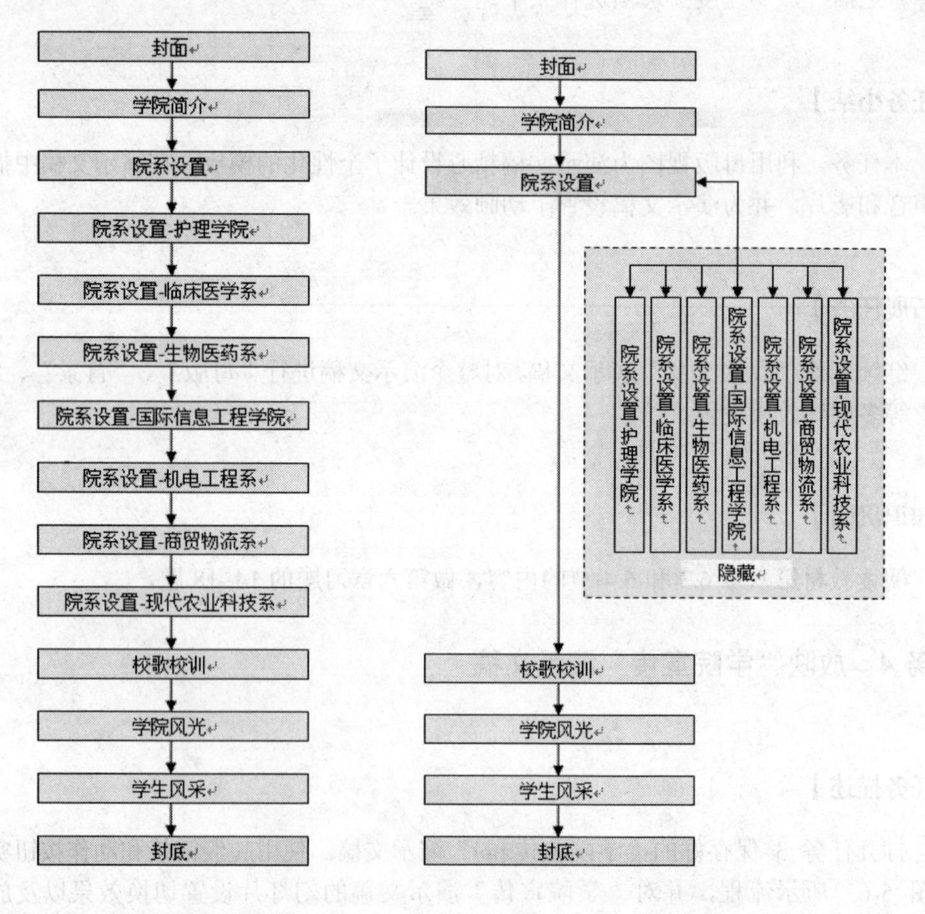

图 5-62　原幻灯片演示流程　　　　图 5-63　修改后幻灯片演示流程

1. 设置幻灯片隐藏

根据需要我们要将第 4-10 张幻灯片隐藏。被隐藏的幻灯片在放映时不播放，而只能通过“超链接”、“动作按钮”来放映。

（1）打开“学院宣传. ppt”演示文稿，在“幻灯片浏览视图”下选择第 4-10 张共 7 张“院系设置”的幻灯片。

（2）单击“幻灯片放映”→“幻灯片隐藏”菜单命令，隐藏 7 张“院系设置”幻灯片，在幻灯片浏览视图中被隐藏幻灯片的编号上有“ ”标记，如图 5-64 所示。

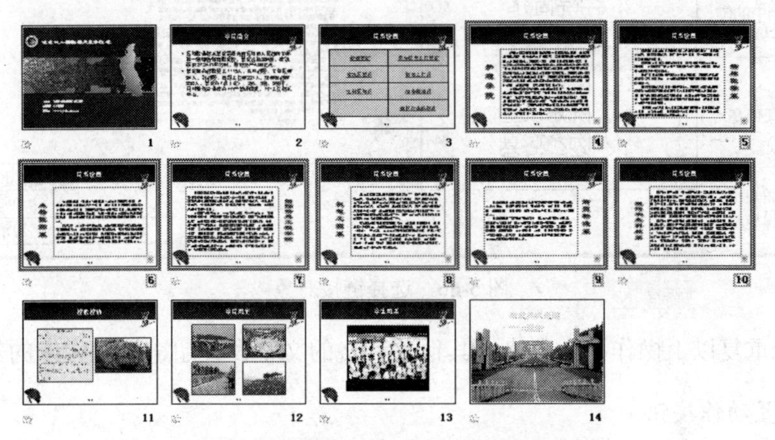

图 5-64　隐藏 7 张“院系设置”幻灯片

2. 设置超链接

（1）在“普通视图”下选择第 3 张幻灯片“院系设置”。

（2）选定第 1 个单元格内的文字。

（3）选择“插入”→“超链接”菜单命令，弹出“插入超链接”对话框。

（4）在对话框左侧“链接到”列表单击“本文档中的位置”，如图 5-65 所示。

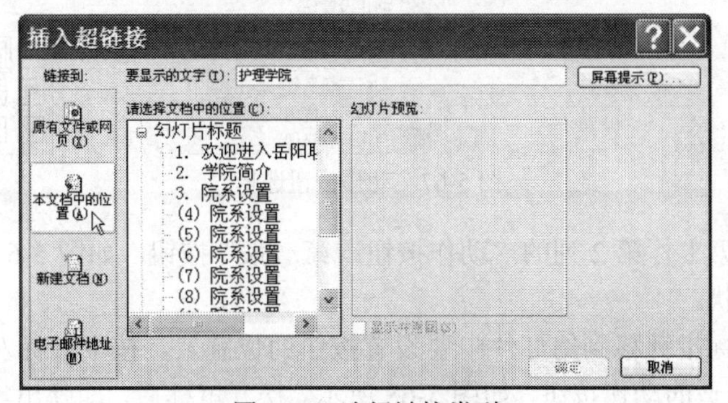

图 5-65　选择链接类型

（5）在“请选择文档中的位置”列表框中选择建立超链接的位置，此处选择幻灯片“（4）院系设置”，如图 5-66 所示，单击“确定”按钮。

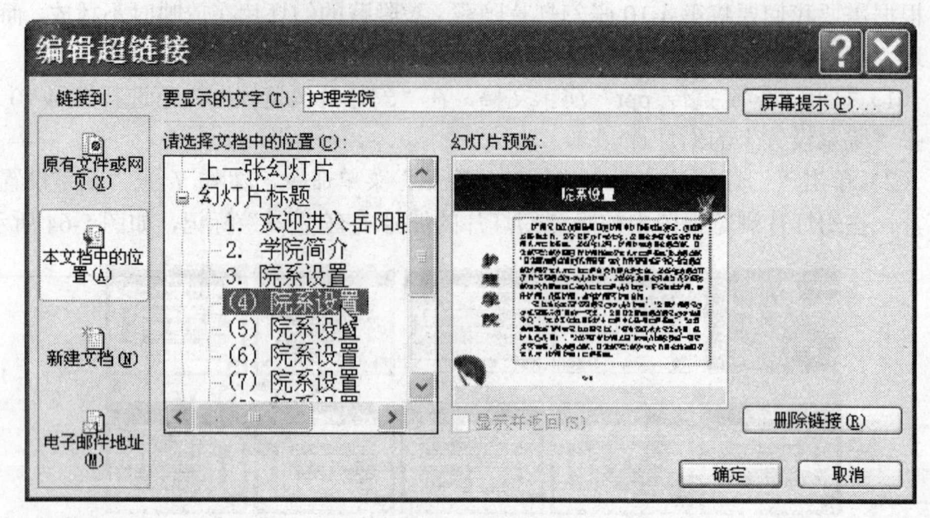

图 5-66　选择链接对象

（6）重复以上操作，为表格内其他单元格的文字设置超链接到相应的幻灯片。

3. 设置动作按钮

（1）在“普通视图”下选定第 4 张幻灯片“院系设置-护理学院”。

（2）选择“幻灯片放映”→“动作按钮”菜单命令，在出现的级联菜单中有各种动作按钮图标，如图 5-67 所示。

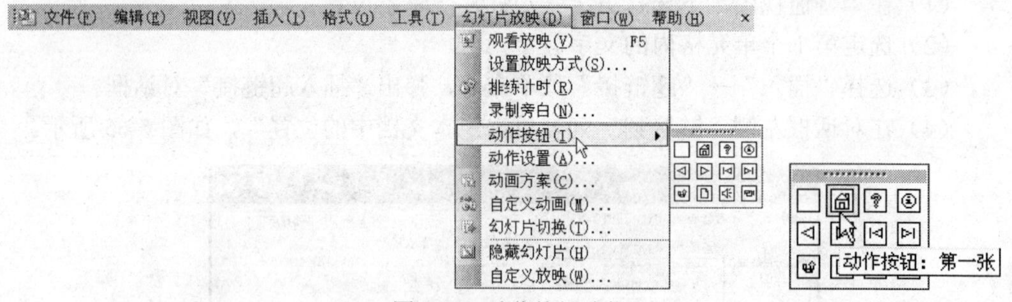

图 5-67　动作按钮选择

（3）单击第 1 行第 2 列的“动作按钮：第一张”按钮，如图 5-67 所示，鼠标指针变成“+”形状。

（4）把鼠标指针移到幻灯片中要设置按钮的位置上，按下鼠标左键并拖动，绘制出一个大小合适的动作按钮，如图 5-68 所示。松开鼠标后，即弹出“动作设置”对话框。

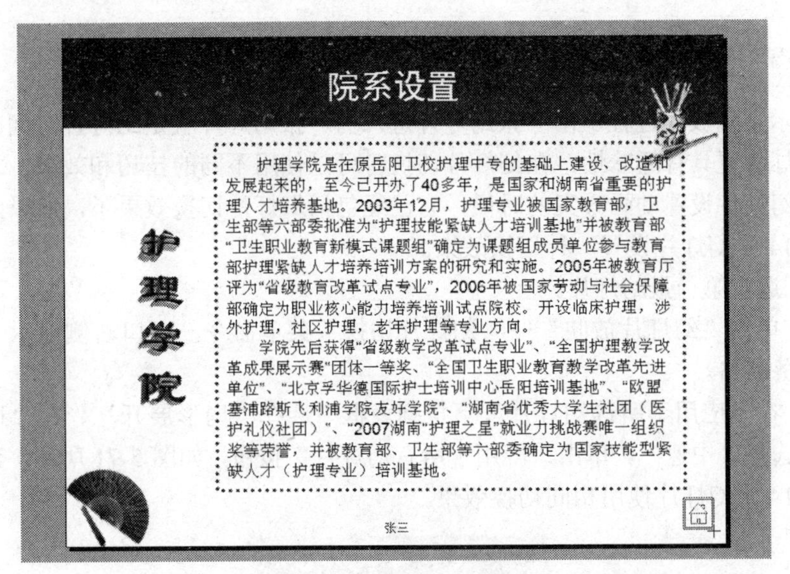

图 5-68　绘制动作按钮

（5）在弹出的“动作设置”对话框中，选择“单击鼠标时的动作”→“超链接到”→“幻灯片”，如图 5-69 所示。在弹出的“超链接到幻灯片”对话框中选择要链接的幻灯片，选择“3. 院系设置”，如图 5-70 所示，单击“确定”按钮。

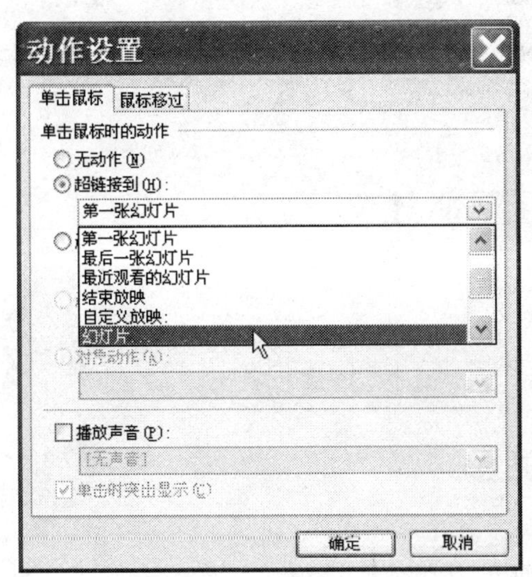

图 5-69　选择动作

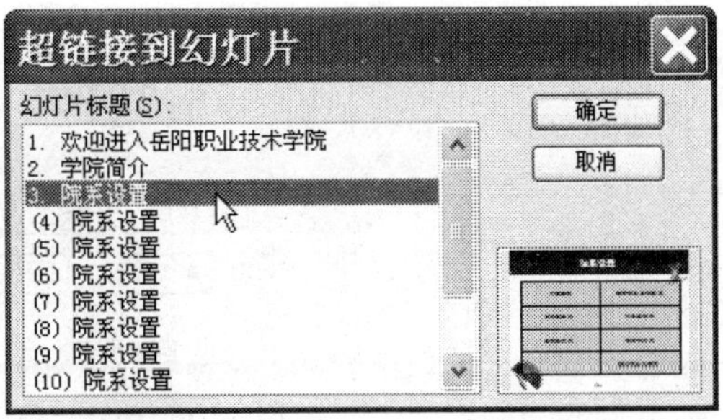

超链接到幻灯片
幻灯片标题(S):
1. 欢迎进入岳阳职业技术学院
2. 学院简介
3. 院系设置
(4) 院系设置
(5) 院系设置
(6) 院系设置
(7) 院系设置
(8) 院系设置
(9) 院系设置
(10) 院系设置
确定
取消

图 5-70　选择一张幻灯片作为链接对象

（6）选定刚刚设置完成的动作按钮，将它复制，然后在第 5-10 张幻灯片中依次粘贴，这样第 5-10 张幻灯片都可以利用动作按钮返回第 3 张幻灯片“院系设置”，达到如图 5-63 所示的流程。

4. 设置幻灯片的切换效果

在演示文稿放映过程中由一张幻灯片进入另一张幻灯片就是幻灯片之间的切换。为了使幻灯片更具有趣味性，在幻灯片切换时可以使用不同的技巧和效果，之前，我们为封面幻灯片设置动画方案的时候，它已经包括幻灯片切换效果了，所以，现在我们为第 2-14 张幻灯片设置一种切换效果。

（1）选定第一张幻灯片。

（2）单击“幻灯片放映”→“幻灯片切换”菜单命令，窗口右侧显示“幻灯片切换”任务窗格。

（3）在“应用于所选幻灯片”下拉列表框中选择“扇形展开”、在“速度”下拉菜单中选择“中速”，单击“应用于所有幻灯片”按钮，如图 5-71 所示，让演示文稿中第 2-14 张幻灯片使用相同切换效果。

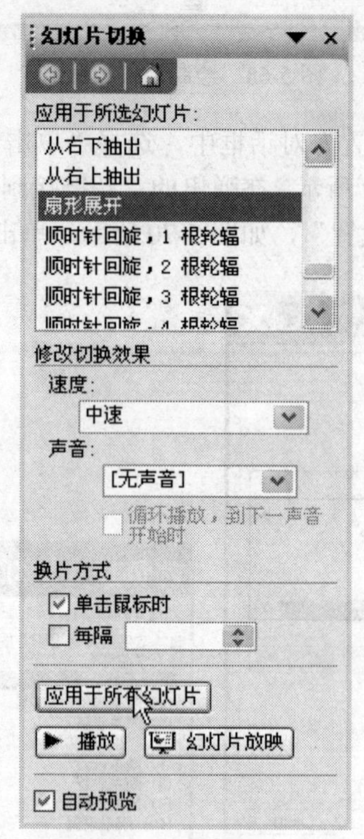

图 5-71　选择“扇形展开”切换效果

5. 设置放映方式

在 PowerPoint 2003 中有三种不同的方式进行幻灯片的放映，即“演讲者放映方式”、“观众自行浏览方式”以及“在展台浏览放映方式”。

（1）选择“幻灯片放映”→“设置放映方式”，弹出“设置放映方式”对话框。

（2）在该对话框中，设置“放映类型”为“演讲者放映（全屏幕）”、“放映幻灯片”为“全部”、“换片方式”为“手动”， 如图 5-72 所示，单击“确定”按钮。

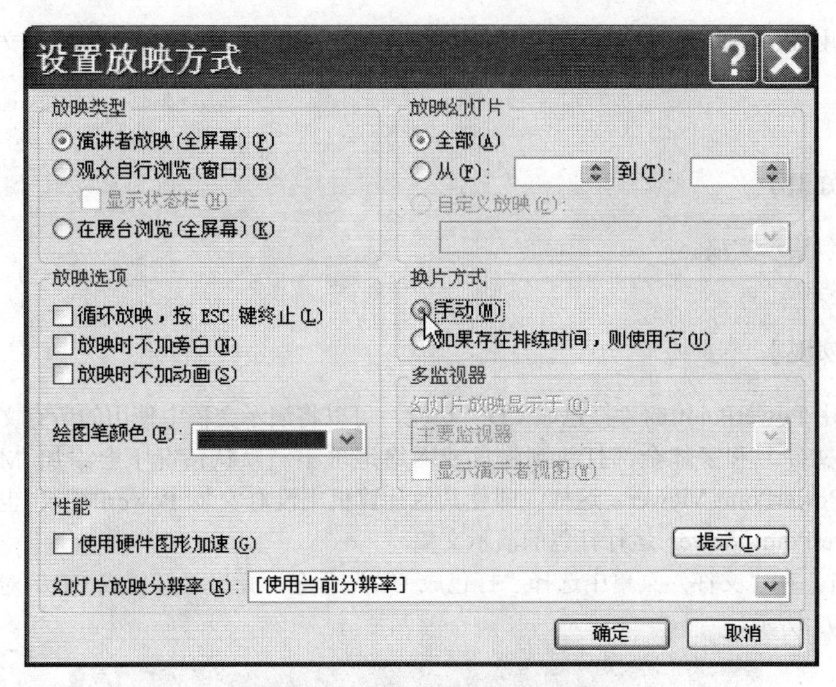

图 5-72 “设置放映方式”对话框

【任务小结】

本任务，为幻灯片设置了切换效果，并通过设置超链接、动作按钮和放映方式使演示文稿有更合理的放映流程。

【拓展任务】

继续制作“我的家乡”演示文稿，使用超级链接和动作按钮制作交互式演示文稿，并对演示文稿设置幻灯片切换效果及放映方式。

【知识巩固】

阅读教材第六章 6.4 节的内容，做第六章习题的 19~24 题。

任务5　打包“学院宣传”演示文稿

【任务描述】

利用 PowerPoint 打包向导将任务 4 制作完成的“学院宣传.ppt”演示文稿打包输出。

【相关知识】

打包演示文稿。

【任务实现】

使用 PowerPoint 的“打包成 CD”功能，可以将演示文稿中使用的所有文件（包括链接文件）和字体全部打包到磁盘或网络地址上。默认情况下会添加 Microsoft Office PowerPoint Viewer。这样，即使其他计算机上没有安装 PowerPoint，也可以使用 PowerPoint Viewer 运行打包的演示文稿。

（1）在“文件”菜单中选择“打包成 CD”命令，弹出“打包成 CD”对话框，如图 5-73 所示。

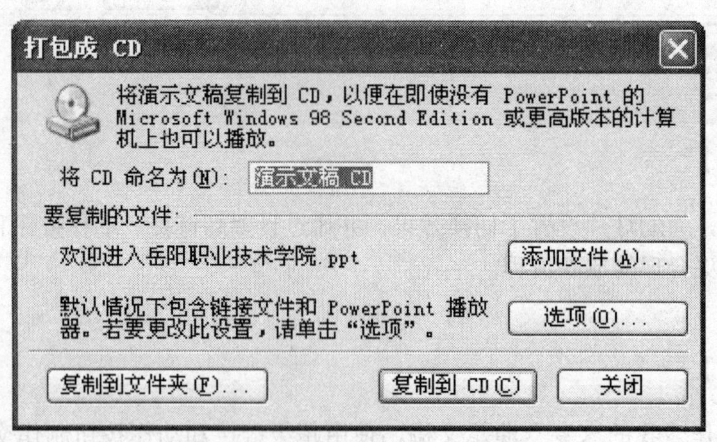

图 5-73　“打包成 CD”对话框

（2）单击“复制到文件夹”按钮，在打开“复制到文件夹”对话框中，为文件夹录入名称“学院宣传”，并设置好保存路径，如图 5-74 所示，单击“确定”按钮，系统将上述演示文稿复制到指定的文件夹中，同时复制播放器及相关的播放配置文件到该文件夹中，如图 5-75 所示。

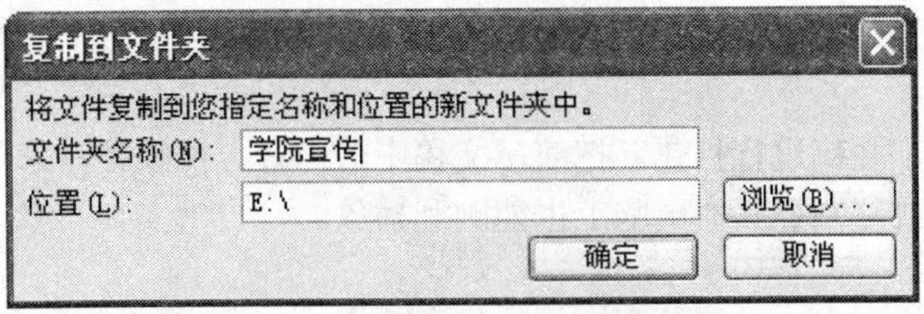

复制到文件夹

将文件复制到您指定名称和位置的新文件夹中。

文件夹名称(N): 学院宣传

位置(L): E:\ 浏览(B)...

确定 取消

图 5-74 “复制到文件夹”对话框

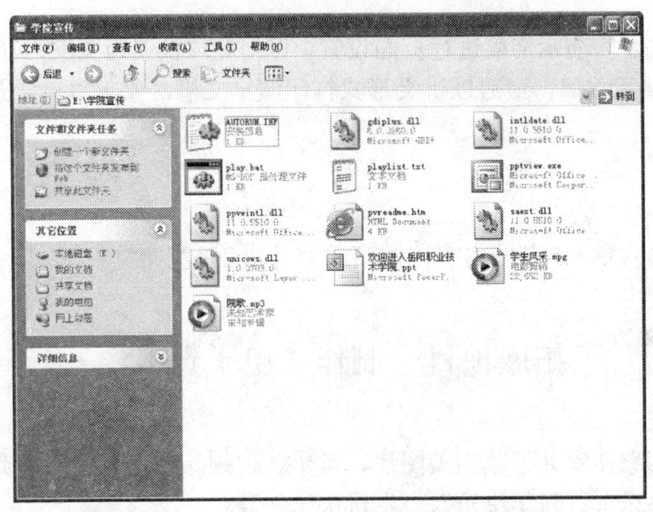

图 5-75 “欢迎进入岳阳职业技术学院”文件夹

提示：如果需要将多个演示文稿打包在一起，可以在“打包成 CD”对话框中单击“添加文件”按钮来进行添加，还可以设置这多个演示文稿的播放顺序；单击“选项”按钮，则可以选择需要打包的对象，还可以设置打开和修改演示文稿的密码，如图 5-76 所示。

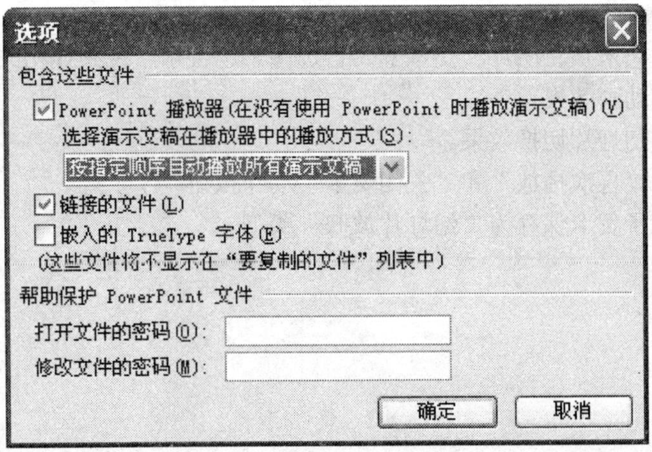

选项

包含这些文件

☑ PowerPoint 播放器(在没有使用 PowerPoint 时播放演示文稿)(V)

选择演示文稿在播放器中的播放方式(S):

按指定顺序自动播放所有演示文稿

☑ 链接的文件(L)

☐ 嵌入的 TrueType 字体(E)

(这些文件将不显示在“要复制的文件”列表中)

帮助保护 PowerPoint 文件

打开文件的密码(O):

修改文件的密码(M):

确定 取消

图 5-76 “选项”对话框

【任务小结】

本任务将演示文稿进行打包，把演示文稿中的声音、视频等对象打包至一个文件夹中，使其移动或复制至其他电脑上也能顺利播放。

【拓展任务】

对“我的家乡”演示文稿进行页面设置，将幻灯片设置为宽度为26 厘米、高度为16 厘米的宽屏演示文稿，最后以讲义形式打印演示文稿，要求每页 4 张幻灯片。

【知识巩固】

阅读教材第六章 6.5 节的内容，做第六章习题 25~27 题。

拓展项目　制作“电子贺卡”

利用搜索引擎搜索并下载相关图片、音乐、视频，制作主题电子贺卡，如“中秋快乐”、“圣诞快乐”、“新年快乐”、“生日快乐”等。

【要点提示】

（1）选择主题并下载相关素材。
（2）新建空白演示文稿。
（3）设置背景。
（4）插入艺术字、图片、文本框、自选图形、音乐、视频等相关对象。
（5）设置动画效果。
（6）设置幻灯片切换效果。
（7）设置“再次播放”和“关闭贺卡”动作按钮。
（8）将电子贺卡保存为“幻灯片放映”类型。

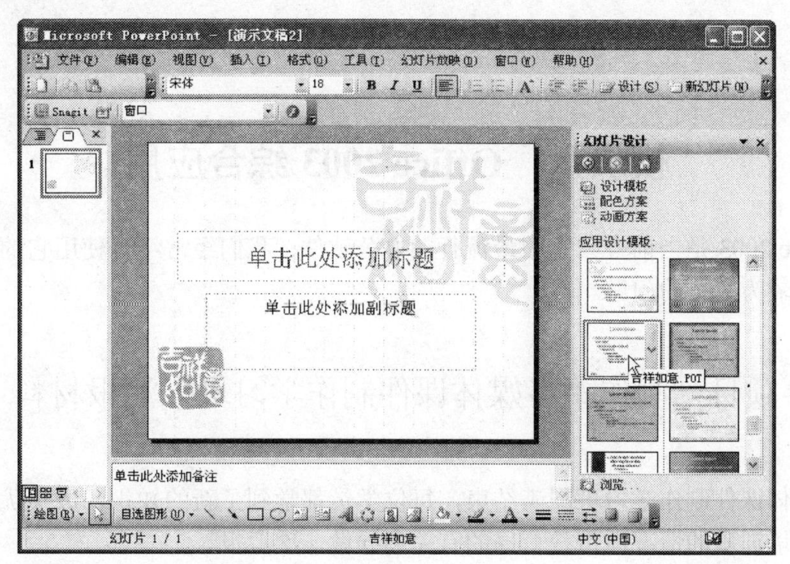
Microsoft PowerPoint - [演示文稿2]
文件(F) 编辑(E) 视图(V) 插入(I) 格式(O) 工具(T) 幻灯片放映(D) 窗口(W) 帮助(H)
宋体
18
设计(S)
新幻灯片(N)
Snagit
窗口
幻灯片设计
设计模板
配色方案
动画方案
应用设计模板:
吉祥如意.POT
单击此处添加标题
单击此处添加副标题
单击此处添加备注
浏览...
绘图(R)
自选图形(U)
幻灯片 1 / 1
吉祥如意
中文(中国)

图 5-4

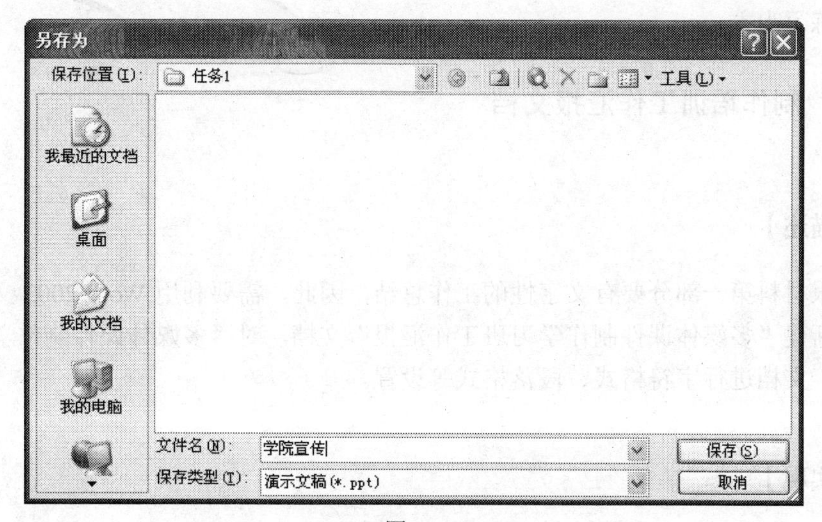
另存为
保存位置(I):
任务1
工具(L)
我最近的文档
桌面
我的文档
我的电脑
文件名(N):
学院宣传
保存类型(T):
演示文稿(*.ppt)
保存(S)
取消

图 5-6

模块六　Office 2003 综合应用

Office 2003 是当前办公室中最流行的办公软件，我们经常结合使用它的几个组件一起处理较为复杂的问题。

项目　制作“多媒体课件制作学习班”汇报材料

多媒体课件制作学习班圆满结束，每位学员都学到了新的知识，成绩优秀。我们将对这次培训班的情况向市教育局的有关领导做一次汇报。

本项目将由培训工作汇报、学生成绩分析和汇报演示文稿 3 个任务构成。本项目以巩固练习为主。

任务 1　制作培训工作汇报文档

【任务描述】

汇报材料第一部分要有文字性的工作总结，因此，需要利用 Word 2003 文字处理软件，新建“多媒体课件制作学习班工作汇报”文档，对“多媒体课件制作学习班工作汇报”文档进行字符格式、段落格式等设置。

【任务实现】

（1）设置第一自然段落格式为：黑体、小二号、居中、段后 20 磅。

（2）设置第二自然段至第十五自然段格式为：宋体、四号、首行缩进 2 字符、行间距固定值 36 磅。

（3）设置第十六自然段格式为：宋体、小四号、段前 2 行、字符间距加宽 3 磅、右对齐。

（4）设置第十七自然段格式为：宋体、小四号、右对齐。

（5）页眉和页脚：设置页码为页面底端、右侧，设置奇数页页眉为“多媒体课件制作学习班”，偶数页为“工作汇报”。

（6）设置文字水印：文字为“多媒体课件制作”、宋体、尺寸 80、颜色为灰度

–25%、半透明、斜式。

（7）页面设置：设置上、下页边距为 2.54 厘米，左、右页边距为 3.17 厘米，纸张大小为 A4。

（8）保存文档，退出 Word：将编辑好的文档保存到“E:\多媒体课件制作学习班资料”中，没有该文件夹请自建。

（9）设置样式：将第一自然段“多媒体课件制作培训班工作总结”设置为“标题 1”样式，将文中各小标题设置为“标题 2”样式。

选择“文件”→“退出”菜单命令，关闭 Word 文档，并退出 Word 2003 应用程序。

任务 2　制作学生成绩分析表

【任务描述】

为了说明学习培训所达到的效果，汇报材料第二部分要对学生的学习成绩进行汇报，因此需要制作学生成绩分析表和学生成绩分析图。

【任务实现】

（1）启动 Excel 2003 建立工作簿“多媒体课件制作学习班成绩表”，内含普及班（学生）、普及班（总）、提高班（学生）和提高班（总）四个工作表。

（2）选择“普及班（学生）”工作表，计算出“总评”，即平均分，并排出名次。

（3）在上表中计算出每个科目的总评分，填入“普及班（总）”工作表中。

（4）插入图表。

① 簇状柱形图。

② 数据区域为全部表格，数据产生在行。

③ 图表标题为“普及班成绩图”，分类（X）轴为“科目”，数值（Y）轴为“分数”，图例显示靠右，显示数据表。

④ 将图表作为对象插入工作表中。

（5）按上述要求完成“提高班”工作表。

（6）保存文档，退出 Excel 2003：将编辑好的工作簿保存到“E:\多媒体课件制作学习班资料”中，没有该文件夹请自建。

选择“文件”→“退出”菜单命令，关闭工作簿，并退出 Excel 2003。

任务 3 制作培训班汇报演示文稿

【任务描述】

最后，为了使汇报更加方便，也为了更直观的展示成果，可以将全部汇报材料做成一个简单的汇报演示文稿。本任务中将完成九张演示文稿的制作。

【任务实现】

（1）启动 PowerPoint 2003，建立“多媒体课件制作学习班汇报”的演示文稿。

（2）制作第一张 PPT。选择标题幻灯片，应用“吉祥如意”设计模板，输入标题“多媒体课件制作学习班成果汇报”。

（3）制作第二张 PPT。选择空白版式，介绍教师团队。插入 3 张照片，依次出现在幻灯片左边，右边以标注方式给出每一位老师的简介，标注设置动画播放后隐藏。

（4）制作第三张 PPT。选择空白版式，列出本次培训课表，并设置进入动画效果为单击时、左下角飞入、中速。

（5）制作第四张 PPT。以文档大纲结构，创建“多媒体课件制作学习班工作总结”的幻灯片。

（6）制作第五张 PPT。选择标题和两项内容版式，输入标题“普及班成绩”，打开“多媒体课件制作学习班成绩表（普及班总）”工作表，以“Excel 工作表对象”的形式插入左框，右框插入图表，数据来源于“多媒体课件制作学习班成绩表（普及班总）”工作表。效果如图 6-1 所示。左框以“螺旋飞入”方式进入，右框以动作路径方式进入。

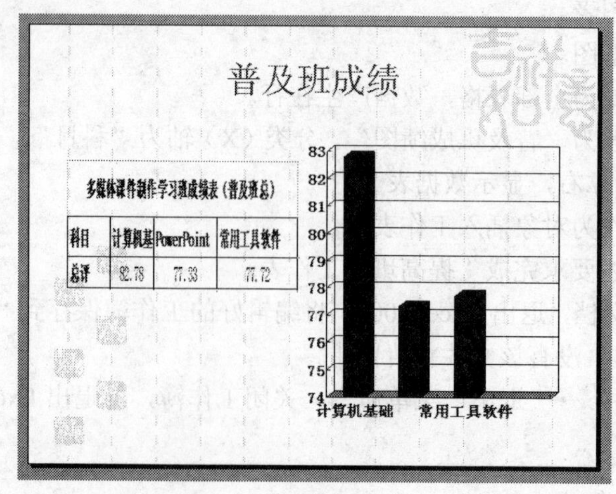

图 6-1 第五张 PPT

（7）制作第六张 PPT。选择标题和两项内容版式，输入标题“提高班成绩”，打开“多媒体课件制作学习班成绩表（提高班总）”工作表，以“Excel 工作表对象”的形式插入左框，右框插入图表，将“多媒体课件制作学习班成绩表（提高班总）”工作表中的数据生成数据点折线图，再以 Excel 对象的形式粘贴过来。

（8）制作第七张 PPT。选择空白版式，展示学生在班报制作比赛中的六个优秀作品，每一张作品以“放大”方式进入，最后六张图片排列整齐。

（9）制作第八张 PPT。选择空白版式，展示师生篮球赛中比赛剪影，动画效果任设。

（10）制作第九张 PPT。选择空白版式，选择一张图片作为底色，插入艺术字“谢谢大家!”

（11）设置幻灯片切换方式。在幻灯片浏览视图中，将所有幻灯片统一设置为“新闻快报”切换方式。

（12）保存文档，退出 PowerPoint 2003。将编辑好的幻灯片保存到“E:\多媒体课件制作学习班资料”中，没有该文件夹请自建。

选择“文件”→“退出”菜单命令，关闭幻灯片，退出 PowerPoint 2003。

拓展项目　讲座材料的制作

医院领导想对全院医护人员进行一次讲座，介绍医院的发展历程，展示这些年来医院的辉煌成果、病人及社会对医院的认可、现有各科室病人情况等，号召大家医德、医术至上，增强医生的荣誉感、珍惜医生的光荣称号。请你来完成任务。

【要点提示】

（1）收集整理医院的发展历程、辉煌成果、病人及社会对医院的认可的资料。

（2）分析统计各科室病人情况，给出分析数据。

（3）写一篇讲座文档。

（4）按照讲座文档介绍的条理，制作 PPT 演示文稿。

（5）本项目主要由自己设计并完成。

附录　中文输入法

一、中文输入方法概述

计算机要处理中文（主要是汉字），首先必须将汉字输入到计算机中。目前，汉字输入的方法可分两大类：键盘输入法和非键盘输入法。

1. 键盘输入法

所谓键盘输入法就是利用英文键盘，根据一定的编码规则输入中文的方法。

英文字母只有 26 个，它们对应着键盘上的 26 个字母。所以，对于英文而言是不存在什么输入法的。汉字有几万个，它们和键盘没有任何对应关系，但为了向计算机中输入汉字，我们必须采用一些技术手段，按照一定的规则使键盘上的键与汉字对应起来，这就是汉字编码。

作为一种图形文字，汉字是音、形、义来共同表达的，汉字输入的编码方法，基本上都是采用将音、形、义与特定的键相联系，再进行组合来完成汉字的编码。目前，汉字编码方案已经有数百种，用户较多的就有几十种，而且新的输入法也在不断涌现。各种输入法各有各的特点，各有各的优势。随着各种输入法版本的更新，其功能也越来越强。常用的键盘输入法主要有以下几类：

1）流水码

流水码又称对应码，是过去专业文字录入人员（如电报员、通讯员）常采用的一种输入法。它根据某种编码规则给每个汉字一个编码，一个编码也只对应一个汉字。所以这种输入法无重码，输入效率高，可以高速盲打。但缺点是需要的记忆量极大。常见的流水码有区位码、电报码、内码等。

2）音码

音码输入法是按照汉字拼音规则来进行汉字输入，非常适合普通的计算机操作者。其优点是符合人的思维习惯，只要会拼音就可以输入汉字。缺点是同音字较多，重码率高，输入效率低，对用户的发音要求较高且难以处理不认识的生字。

随着人们对音码输入法的不断改进，新的拼音输入法在模糊音处理、自动造词、兼容性、字词联想、整句输入等方面都有很大提高，重码选择、发音等已不再成为音码输入的障碍。

常见的拼音输入法主要有全拼、双拼、智能 ABC、洪恩拼音、考拉、拼音王、拼音之星、微软拼音等。

3）形码

形码是按汉字的字形（笔画、部首）来进行编码的。常用的形码有五笔字型、表形码等。 形码的最大的优点是重码少，不受方言干扰，只要经过一段时间的训练，输入的效率会有大大提高，缺点就是入门较难。

4）音形码

音形码吸取了音码和形码的优点，将二者混合使用。其特点是速度较快，又不需要专门培训。适合于对打字速度有些要求的非专业打字人员使用，如记者、作家等。相对于音码和形码，音形码使用的人还比较少。常见的音形码有郑码、钱码、丁码等。

5）混合输入法

为了提高输入效率，某些汉字系统结合了一些智能化的功能，同时采用音、形、义多途径输入，使一种输入法中包含多种输入方法。例如万能五笔，它包含五笔、拼音、中译英、英译中等多种输入法。全部输入只在一个输入法窗口里，不需要切换，可以自动识别。

2. 非键盘输入法

无论多好的键盘输入法，都需要经过一段时间的练习，对键盘、指法比较熟悉，才可能达到基本要求的速度。非键盘输入法不通过键盘，而通过手写、听、听写、读听写等方式输入汉字。

非键盘输入法的特点是使用简单，但都需要配备一些相关设备。

1）手写输入

手写输入是一种笔式环境下的手写中文识别输入方法，只要在手写板上按平常的习惯写字，电脑就能将其识别并显示出来。手写输入方便、快捷、错字率也比较低，手机、平板电脑上常配有此功能。

此外，微软拼音输入法除了支持键盘输入外，也支持鼠标手写输入，使用起来也很灵活。

2）语音输入法

语音输入法是将声音通过话筒转换成文字的一种输入方法。语音识别以 IBM 推出的 Via Voice 为代表，国内则有 Dutty ++语音识别系统、天信语音识别系统、世音通语音识别系统等。

3）OCR

OCR 是光学字符识别技术的英文缩写，它是用扫描仪对要输入的文稿进行扫描，转化为图形进行识别。OCR 软件种类比较多，主要有清华 OCR 等。

二、智能 ABC

智能 ABC 输入法是由北京大学的朱守涛先生发明的，内置于 Microsoft Windows

简体中文版操作系统的一种输入法。它从汉语拼音、汉字笔画和书写顺序等基本知识出发，充分利用计算机的智能来处理汉字输入问题。简单易学、快速灵活，是用户较多的一种中文输入法。

智能 ABC 输入法提供了标准和双打两种方式。单击“标准”输入法按钮，可切换到“双打”方式，再单击“双打”可切换到“标准”方式。本书主要介绍“标准”方式的基本使用方法。在“标准”方式下，可用全拼、简拼、混拼、笔形、混合等输入方式，而且这几种方式可以自动切换，使用起来非常灵活方便。

1. 全拼输入

全拼输入类似于全拼输入法，指利用规范的汉语拼音输入，输入过程和书写汉语拼音的过程完全一致（注意隔音符号的使用以及韵母“ü”要用“V”代替）。词输入时，词与词之间用空格或者标点隔开。如果不会输词，可以一直写下去，超过系统允许的字符个数时，系统将响铃警告。例如：要输入“亲爱的爸爸妈妈”，可以这样输入：qin’aidebabamama。

2. 简拼输入

简拼输入适合于对汉语拼音把握不甚准确的用户，输入时只输入各个音节的第一个字母，对于包含 zh、ch、sh（知、吃、诗）的音节，也可以取前两个字母。例如：

汉字	全拼	简拼
计算机	jisuanji	jsj
长城	changcheng	cc 或 cch 或 chc 或 chch

在简拼时，隔音符号的作用进一步扩大。例如：

汉字	全拼	简拼	辨析
中华	zhonghua	zhh 或 z’h	如果简拼为 zh 不正确，因为它是复合声母“知”。
愕然	eran	e’r	如果简拼为 er 不正确，它是“而”等字的全拼。

3. 混拼输入

汉语拼音开放式、全方位的输入方式是混拼输入。混拼输入指两个音节以上的词语，有的音节全拼，有的音节简拼（与简拼一样，也要特别注意隔音符号的使用）。例如：

汉字	全拼	混拼
金沙江	jinshajiang	jinsj 或 jshaj

4. 笔形输入

在不会汉语拼音或者不知道某字的读音时，可以使用笔形输入法（使用前，要在“输入法设置”对话框中勾选“笔形输入”选项）。

按照基本的笔画形状，笔划分为八类，见表1。

表1

笔形代码	笔形	笔形名称	实例	注解
1	一（㇀）	横（提）	二、要、厂、政	“提”也算作横
2	丨	竖	少、同、师、党	
3	丿	撇	但、箱、斤、月	
4	丶（㇏）	点（捺）	冗、忙、定、间	
5	㇕（㇆）	折（竖弯勾）	对、队、刀、弹	“捺”也算作点
6	ㄴ	弯	匕、妈、线、以	逆时针方向弯曲，多折笔画，以尾折为准，如“乙”
7	十（乂）	叉	黄、希、档、地	交叉笔画只限于正叉
8	囗	方	困、跃、是、吃	四边整齐的方框

取码时按照笔顺，最多取 6 笔。含有笔形“十（7）”和“□（4）”的结构，按笔形代码 7 或 8 取码，而不将它们分割成简单笔形代码 1～6。例如：汉字“簪”笔形描述为“314163”，“果”笔形描述为“87134”。

5. 音形混合输入

笔形输入并不方便，除非万不得已，一般情况下并不单独使用，而是采用音形混合输入的方法。音形混合输入可以极大地减少重码率。其规则为：

（拼音＋[笔形描述]）＋（拼音＋[笔形描述]）＋……＋（拼音＋[笔形描述]）其中，“拼音”可以是全拼、简拼或混拼。对于单音节词或字，允许纯笔形输入；对于多音节词的输入，“拼音”一项是不可少的；“[笔形描述]”项可有可无，最多不超过 2 笔。例如：

汉字	输入	笔形描述注释
的	d	简拼，不加笔形
对	d5	简拼，加 1 笔：折
刀	d53	简拼，加 2 笔：折、撇
纛	dao7	全拼，加 1 笔：叉
形式	xs	简拼，不加笔形
迅速	xs7	简拼，第二字加 1 笔：叉
现实	xs44	简拼，第二字加 2 笔：点
显示	x8s	简拼，第一字加 1 笔：口
蟋蟀	x8s8	简拼，每个字加 1 笔：口

三、五笔字型输入法

五笔字型输入法简称五笔，是目前中国以及一些东南亚国家最常用的汉字输入法之一。它根据汉字的字型信息进行编码，击键次数少，重码率低，基本不用选字，字词兼容无需换档，因此能实现快速盲打，是专业文字录入人员普遍使用的一种输入法。

由于五笔字型输入法是由王永民教授研制成功的，所以又常称王码五笔。王码五笔主要的版本有 86 版、98 版。其他一些五笔如陈桥五笔、万能五笔、搜狗五笔、极点五笔和小鸭五笔等都是在王码五笔的基础上衍生而来。本书所述五笔指的是 86 版。

1. *五种笔画*

汉字来源于甲骨文，当时的书写并不规范，经过漫长的时间才逐渐演变成今天以楷书为主要的书写形式。每一个笔画就是楷书中一个连续书写的不间断线条。在王码五笔中，汉字的笔画共有五种，即"一"、"丨"、"丿"、"、""乙"(中文名分别为：横、竖、撇、捺、折)，代码分别为 1、2、3、4、5。汉字的其他笔画按其运笔方向（不管其轻重长短）并入以上笔画中，如表 2 所示。

表 2　汉字的 5 种笔画及代号

代号	笔画	笔画名称	笔画走向	按运笔方向并入的笔画
1	一	横	从左到右	提笔视为横：如地、扣、刁
2	丨	竖	从上到下	左竖钩视为竖：如丁、小
3	丿	撇	从右上到左下	
4	、	捺	从左上到右下	点视为捺：如六、立、注、兴
5	乙	折	带转折	带弯视为折：如乙、ㄱ、乛、乚、㇋

2. 字根

王永民先生通过对汉字的大量分析、研究，将汉字从结构上分为 3 个层次：笔画、字根和单字。笔画构成字根，字根拼形组成单个汉字。

汉字的五种笔画交叉连接而形成的相对不变的结构称为字根。在王码五笔中，归纳了 130 个组字能力强、使用频率高的字根作为基本字根。在这 130 个基本字根中，有些是汉语词典中传统的偏旁部首，有些是根据五笔编码的需要硬性规定的。另外，五种单笔画横、竖、撇、捺、折也是作为基本字根来看待。

按照字根的首笔代号，五笔字型将所有字根分到 5 个区中，每个区又分成 5 个位，每个位安排 3~11 个字根。五笔字型字根键盘分布如图所示。

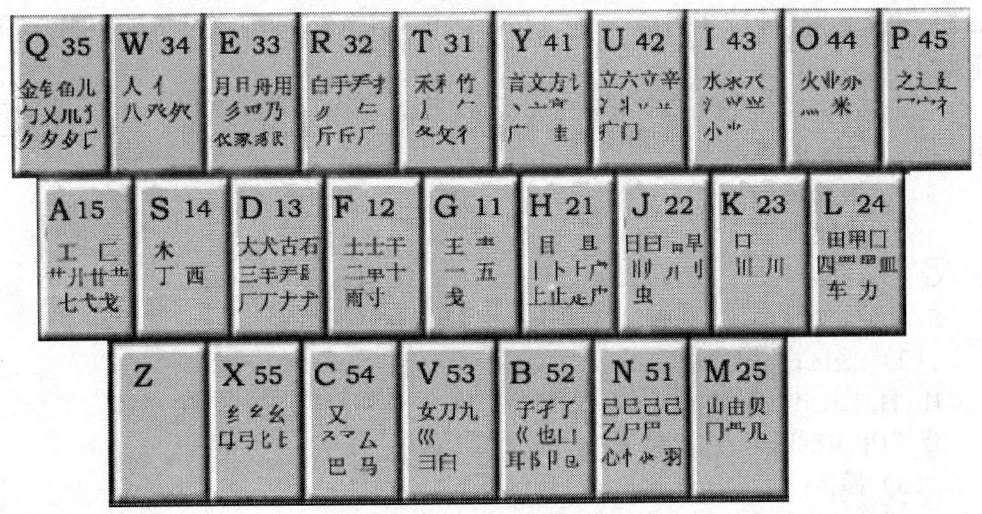

附图　五笔字型字根键盘分布图

1）键盘区、位划分

（1）1 区为横起笔区，有 5 个位，分别对应键盘上的 G、F、D、S、A 键。故 G、F、D、S、A 键的代号分别为 11、12、13、14、15（前为区代号，后为位代号）。

（2）2 区为竖起笔区，有 5 个位，分别对应键盘上的 H、J、K、L、M 键。故 H、J、K、L、M 键的代号分别为 21、22、23、24、25。

（3）3 区为撇起笔区，有 5 个位，分别对应键盘上的 T、R、E、W、Q 键。故 T、R、E、W、Q 键的代号分别为 31、32、33、34、35。

（4）4 区为捺起笔区，有 5 个位，分别对应键盘上的 Y、U、I、O、P 键。故 Y、U、I、O、P 键的代号分别为 41、42、43、44、45。

（5）5 区为折起笔区，有 5 个位，分别对应键盘上的 N、B、V、C、X 键。故 N、B、V、C、X 键的代号分别为 51、52、15、54、55。

说明：英文有 26 个字母，五笔字型区位划分用了 25 个，剩下的 Z 键为学习键，也称万能键，用它可以代替任意一个键。

2）字根分布规律

（1）字根的区代号与其第一笔的笔画代号一致，如“王”字，第一笔为横，可知区代号为 1。

（2）绝大部分字根的位代号与第二笔的笔画代号一致。如“王”字，第二笔为横，可知位代号为 1。

（3）部分字根的位代号与笔画数一致： 如横笔一横、二横、三横，位代号分别为 1、2、3。

（4）按以上规则分配，有些键上分配字根较少的，将字根分布过于集中的键上的字根调剂进去。如汉字书写笔画中没有首笔为横或竖，第二笔为捺的字根，于是在

14 和 24 键上分别安排了‘木、丁、西’和‘田、甲、车’，这都是从其他键位调剂过来的。

（5）按汉字传统偏旁部首有相应关系的，虽笔画走向不同，为便于记忆，也安排在一起，如水、耳等。

3）字根助记词

（1）横区：

G 王旁青头戋五一 ；F 土士二干十寸雨；D 大犬三(羊)古石厂；

S 木西丁；　　　　A 工戈草头右框七。

（2） 竖区：

H 目具上止卜虎皮 ；J 日早两竖与虫依；K 口与川，字根稀；

L 田甲方框四车力 ；M 山由贝，下框几。

（3）撇区：

T 禾竹一撇双人立反文条头三一 ；R 白手看头三二斤；E 月衫乃用家衣底；

W 人和八，三四里 ；Q 金勺缺点无尾鱼，犬旁留儿一点夕，氏无七(妻(衣)。

（4）捺区：

Y 言文方广在四一，高头一捺谁人去；U 立辛两点六门病；I 水旁兴头小倒立；

O 火业头，四点米；P 之宝盖，摘示衣。

（5）折区：

N 已半巳满不出己，左框折户心和羽；B 子耳了也框向上；V 女刀九臼山朝西；

C 又巴马丢矢矣； X 慈母无心弓和匕，幼无力。

2. 3种字型

汉字的字型是指构成汉字的各个基本字根的位置关系。汉字是一种平面文字，同样的字根，如果摆放的位置不同，就是不同的字，如“吧”和“邑”。由此可见，字型是汉字的一种重要特征信息。在五笔输入法中，根据构成汉字的各字根之间的位置关系，将所有的汉字分为 3 种字型：左右型、上下型和杂合型。

1）左右型（代号为 1）

如果一个汉字能分成有一定距离的左右两部分或左中右三部分，则这个汉字称为左右型汉字。如肝、理、种、部、谁、侧等。

2）上下型（代号为 2）

如果一个汉字能分成有一定距离的上下两部分或上中下三部分 ，则这个汉字称为上下型汉字。如字、意、照、息等。

3）杂合型（代号为 3）

汉字的各部分之间没有明确的左右或上下型关系，都属于杂合型汉字。如同、串、库、团、头、天、这、半、习、巫、夭、册、凶等。

3. 汉字的结构

汉字的结构有“单”、“散”、“连”、“交”4种。

1）单

字根本身就是一个汉字。如金、人、月、白、工、木、大、土、古、石、厂、水、火等。

2）散

一个汉字由几个字根构成，字根之间有一定的距离。如结、汉、湘、赢、吕等。

3）连

连有两种情况，一是指单笔画与字根相连构成的汉字，如自（撇下连目）、千（撇下连十）、且（横上连月）、天（横下连大）、血（撇下连皿）等；另一种是指带点结构，单独的点与一个字根构成的汉字认为是连的结构，如太、勺、术、主等。

4）交

指几个字根相交构成的汉字，字根之间有重叠部分。如果（日、木）、申（日、丨）、里（日、土）、夷（一、弓、人）等。

4. 单个汉字编码规则

1） 键名汉字

每个键左上角的那个字根，即助记词中的第一个汉字，称为“键名”汉字。这样的汉字共有25个，其输入的方法是把所在的键连打4下(不再打空格键)。如“禾”字根，位于T键的左上角，则输入汉字 “禾”的方法就是连按4下T键(即汉字 “禾”的五笔字型编码为TTTT） 。

2）成字字根

在字根表中除键名字根外，凡本身又是汉字的字根，称“成字字根”。其输入法是：先按一下它所在的键（俗称“报户口”），再依次按其第一笔、第二笔、末笔所在键，共按4个键，不足4个键的补一个空格键。如“早”（JHNH ），“用”（ETNH），“寸”（FGHY），“十”（FGH 加空格），“手”（RTGH）等。

特殊规定：

一（GGLL）　　丨（HHLL）　　丿（TTLL）

\（YYLL）　　乙（NNLL）

3） 键外字

既不是键名汉字，又不是成字字根的汉字称为键外字，其输入方法：按书写顺序依次打它的第1、2、3及最后一个字根所在的键位,不足加空格。例如：湖（IKE__），南（FMUF），赣（UJTM）。

键外字输入时要考虑两个问题：一是怎样将汉字拆成一个个字根；二是少量的汉字所含字根只有二个或三个，不足四个，加打空格后也输不进去，怎样处理。

（1）汉字拆分原则。

① 按书写顺序。例如：“新”应拆为“立 木 斤”，不能拆分为“立 斤 木；“夷”应拆为“一 弓 人”，不能拆分为 “大 弓”。

② 取大优先。拆分的字应尽量少，多种拆分中大字根在前的拆分为佳（这说明按书写顺序拆分时，应当以“再添加一个笔画便不能成为字根为限）。例如：“世”应拆为“廿 乙”，不能拆为“一 凵 乙”。

③ 兼顾直观。为保持字根的完整性，有时不按“书写顺序”和“取大优先”原则，形成少数例外的拆分情况。例如：“国” 应拆为“口 王 丶”，不能拆为“冂 王 丶 一”；“自”应拆为“丿 目 ”，不能拆为“亻 乙 三”。

④ 能连不交。一个汉字能够按照“连”的结构拆分就不要按“交”的结构拆分。例如：“于”应拆为“一 十”，不能拆为“二 丨”。

⑤ 能散不连。一个汉字能够按照 “散”的结构拆分就不要按“连”的结构拆分。例如：占应拆为“卜 口”，不应拆为“上 凵”。

（2）末笔字型交叉识别码。

少量的汉字所含字根只有二个或三个，不足四个，加打空格后也输不进去，这时需在后面添加“末笔字型交叉识别码”，简称“识别码”。识别码由末笔笔画代号（定区）和字型代号（定位）共同确定。

例如：齐，可拆分为“文”（Y 键）和“刂”（J 键）两个字根，末笔为“丨”代号为 2，结构为上下型，代号为 2，故其识别码为 22，为 2 区第 2 个键位，即键 J，故“齐”的五笔字型编码为 YJJ+空格。

4）单个汉字编码歌诀

单字的五笔字型输入编码歌诀如下：

五笔字型均直观，依照笔顺把码编；

键名汉字打四下，基本字根请照搬；

一二三末取四码，顺序拆分大优先；

不足四码要注意，交叉识别补后边。

5. 提高汉字输入速度的方法

1）词组的输入

（1）二字词。取各字前两码，例如：湖南（IDFM），应用（YIET）。

（2）三字词。先取每个单字第一码，再取最后一个字的第二码，例如：计算机（YTSM），电视台（JPCK）。

（3）四字或四字以上词组。取第一、二、三、末字的第一码。例如：中华人民共和国（KWWL），全国人民代表大会（WLWW）。

2）简码

一般一个汉字的标准编码由四个键组成，为了提高输入的速度，对于一些常用的汉字，除了按标准编码输入外，也可以采用简码输入。

（1）一级简码。一级简码，即高频汉字。五笔字型有25个编码键，根据每键位上的字根形态特征，每键安排一个最为常用的高频汉字，这类字只要击键一次，再加击一次空格键，即可输入。这些高频字及编码如下：

一（G） 地（F） 在（D） 要（S） 工（A）

上（H） 是（J） 中（K） 国（L） 同（M）

和（T） 的（R） 有（E） 人（W） 我（Q）

主（Y） 产（U） 不（I） 为（O） 这（P）

民（N） 了（B） 发（V） 以（C） 经（X）

（2）二级简码。二级简码是取汉字五笔编码的前两个编码。二级简码按照排列组合计算共有 25×25＝625 个。一些常用的汉字都是二级简码汉字，因此对于初学者应当尽量记住二级简码汉字，这样有利于提高输入的速度。

（3）三级简码。三级简码是取汉字五笔编码的前三个编码。三级简码字也需击四次键（含一个空格键），虽然没有减少总的击键次数，但由于省略了前三个字根之后的字根判定或者交叉识别码的判定，因而可达到提高输入速度的目的。